草业科学专业（卓越草原师）实践教学指导书

张　英　杨元武　魏卫东　芦光新　主编

中国农业科学技术出版社

图书在版编目（CIP）数据

草业科学专业（卓越草原师）实践教学指导书 / 张英等主编. --北京：中国农业科学技术出版社，2023.10（2025.1重印）

ISBN 978-7-5116-6034-3

Ⅰ.①草… Ⅱ.①张… Ⅲ.①草原学-高等学校-教学参考资料 Ⅳ.①S812

中国版本图书馆 CIP 数据核字（2022）第 222522 号

责任编辑	贺可香
责任校对	李向荣　贾若妍
责任印制	姜义伟　王思文

出 版 者	中国农业科学技术出版社
	北京市中关村南大街 12 号　　邮编：100081
电　　话	（010）82106638（编辑室）　　（010）82109702（发行部）
	（010）82109709（读者服务部）
网　　址	https://castp.caas.cn
经 销 者	各地新华书店
印 刷 者	北京建宏印刷有限公司
开　　本	185 mm×260 mm　1/16
印　　张	21.5
字　　数	520 千字
版　　次	2023 年 10 月第 1 版　2025 年 1 月第 2 次印刷
定　　价	108.00 元

《草业科学专业（卓越草原师）实践教学指导书》
编委会名单

主　　编　　张　英　杨元武　魏卫东　芦光新

副 主 编　　孙海群　李宗仁　李希来　温小成　谷艳杰

编写人员　（按姓氏汉语拼音排序）

褚　晖　谷艳杰　何长芳　海存秀　李长斌

李长慧　李兰平　李晓晴　刘育红　李淑娟

芦光新　李希来　马莉贞　马玉寿　孙海群

孙海松　王宏生　王钊齐　魏卫东　魏琳娜

温小成　谢久祥　许新新　徐志伟　杨　帆

杨元武　姚喜喜　赵玉婷　张　静　张　英（青海大学）

聂学敏（青海省生态环境监测中心）

王立亚（青海省自然资源综合调查监测院）

徐公芳（青海省草原总站）

张东杰（青海畜牧职业技术学院）

周华坤（中国科学院西北高原生物研究所）

前　言

近年来，教育改革对高等院校提出了很多新的要求，教育部在历次文件中强调，"高度重视实践环节，提高学生实践能力"。党的二十大精神也明确指出，加强高校实践育人工作，是全面落实党的教育方针，把社会主义核心价值体系贯穿于国民教育全过程，深入实施素质教育，大力提高高等教育质量的必然要求。党和国家十分关注大学生实践和创新能力的培养。坚持教育与生产劳动和社会实践相结合，是党的教育方针的重要内容。

高校草业科学专业培养具备草业科学方面（草坪、园林绿化、牧草栽培育种与加工、人工草地建植与管理、草地改良等）的基本理论、基本知识和基本技能，能在农业以及其他相关的部门或单位从事草业生产与保护工作的技术与设计、推广与开发、经营与管理、教学与科研等工作的高级科学技术人才。传统的草业科学专业实践教学一般以课程为单位，采用固定学时、以单元操作为模块、以验证性实验为主体的教学模式，实验内容简单，相互融合较少；验证性实验较多，综合性、设计性、研究性实验较少；传统型、经典型实验较多，实用型、反映学科前沿的实验较少。这种以老师为主、学生为辅的做法，使实践流于形式，教学效果较差，既不能调动学生学习的积极性和主动性，也很难体现草业实践的综合性特点，不利于学生综合应用所学理论与技术解决实际问题能力的培养，也不利于学生对于生物工程知识与技术全面的了解和掌握。草业科学专业注重实践教学体系建设，加强实践教学改革，从实验教学、综合实践和创新实践3个方面，实现科研教学资源共享、校内校外结合，促进学生在知识、能力和素质等方面的协调与全面发展，培养"厚基础、重实践、强能力、高素质"的应用型人才。

草业科学专业作为一门实验性及应用性较强的学科，不仅要求培养的人才具有深厚的理论基础，还应具备较强的独立分析和解决问题的能力。因此，草业科学专业建设过程中，如何规划与开设该专业的实践课程就成为一个非常重要的问题，尤其是如何建设能够体现草业科学专业特点和培养方向的专业综合性实践课程就显得更为迫切与关键。

本书的编写人员为在高校、科研院所和企业常年从事草业科学教学、科研与生产的专家及青年学者，他们在参阅了大量相关论著和文献的基础上，将长期以来的教学、研究成果和先进的实践工艺技术凝练在一起，编写成本书，书中既有他人的成熟方法，也有自己积累的经验，具有可靠的重复性。其中，第一篇部分，第一章由刘育红、芦光新编写，第二章由刘育红编写，第三章由孙海松、徐公芳编写，第四章由孙海群、马莉贞编写；第二篇部分，第五章由张英编写，第六章由孙海群、马莉贞、李晓晴编写，第七章由许新新编写，第八章由徐志伟编写，第九章由刘育红编写；第三篇部分，第十章由杨帆、魏琳娜、谢久祥编写，第十一章由杨元武编写，第十二章由孙海松、谷艳杰、李兰平编写，第十三章由温小成编写，第十四章由聂学敏、赵玉婷、王钊齐编写，第十五章由李长慧、李淑娟、褚晖编写，第十六章由张英、张东杰编写，第十七章由海存秀、何长芳编写，第十八章由张静、许新新编写，第十九章由何长芳编写，第二十章由李长慧、何长芳编写，第二十一章由魏卫东编写；第四篇部分，第二十二章由杨元武、马玉寿编写，第二十三章由杨元武、李长慧、李希来编写，第二十四章由杨元武、王立亚编写，第二十五章由杨帆、王宏生编写，第二十六章由杨帆、谢久祥编写；第五篇部分，第二十七章由周华坤、李长斌编写，第二十八章由周华坤、姚喜喜编写，第二十九章由周华坤、李长斌编写。第一、二、五篇由张英审校和定稿，第三篇由魏卫东审校和定稿，第四篇由杨元武审校和定稿。

建议草业科学专业各相关课程按实际教学计划及进程安排，根据实际情况选择书中的成套实验进行实践教学。

本书得以完成，依靠的是所有参编者的共同努力，但由于编者水平有限，书中不足及疏漏之处在所难免，恳请读者批评指正。

编 者

2022 年 3 月 1 日

目　　录

第三篇　专业技能实训

第四篇　综合技能和研究创新训练

第五篇　科技论文写作与项目申报

第一篇 草地环境认知

第一篇　草地承包人发

第一章　高寒草地地理气候特征

第一节　地形地貌

地形与地貌是形成大地的基础骨架，是土壤形成的重要自然因素，一定的表层岩石、地貌条件加上与其相关的气候、植被、水文等要素，在反映土壤的形成和差异上占有重要地位。

一、大地构造

青海省大地构造主要由新生代、中生代、古生代和晚元古代地质体镶嵌组成。由于新生代时期新构造运动异常强烈，青海省境内特别是青南地区强烈隆升，不断发生褶皱、断裂与相对沉陷，从而基本奠定了今日青海省高原、山地、盆地等地貌格局。新生代以来继承性的构造活动仍然强烈，继续控制着青海省全区现代地貌的发育和演变。

（一）青南高原

位于北纬30°以北，包括柴达木盆地—青海南山—贵德县巴音山以南、纳木湖以东、四川盆地以西、唐古拉山以北的广大地区，面积约占青海省的1/2。青南高原上耸立着昆仑山及其支脉和唐古拉山，高原海拔5 500m左右，山岭多在6 000m。昆仑山是我国山系的总骨架之一，东西横亘2 500km，以东经81°为东、西昆仑的分界线，东昆仑是柴达木盆地与青南高原的分界线。进入青海境内的东昆仑山又由北、中、南三列东西向山脉组成，北列为祁曼喀格山—布尔汗布达山—鄂拉山；中列为阿尔格山—博卡雷克塔格山—布青山—阿尼玛卿山；南列为可可西里山—巴颜喀拉山。这些山脉组成了青南高原北部骨架，也是长江、黄河和澜沧江的源头与分水岭。

昆仑山是一个比较古老的褶皱断块山，北麓陡峻，南麓低缓。祁曼塔格山在构造上属下古生代褶皱带，山体主要由花岗岩与石灰岩组成，相对高差较大。可可西里山构造为下古生代褶皱带，山体不宽，高差不大，山坡平缓，广布冰川。阿尼玛卿山原由古生代海西褶皱带形成，后经喜马拉雅造山运动抬升为今日雄伟的山脉。山体由二叠、三叠纪砂岩夹石灰岩与花岗岩侵入体组成。巴颜喀拉山的最高峰雅合拉达合泽山海拔5 442m，终年冰雪覆盖，为黄河的发源地。

唐古拉山位于青海省西南，是青海省与西藏自治区的分界山。西起赤布张湖，沿青藏边界向东绵延千里，在囊谦以东转为北西走向与横断山系接合。北以雁石坪断裂与广阔平缓的长江源高平原分界，南以安多断裂与坦荡开阔的藏北高原分离，一般海拔5 400~5 700m，高峰可达6 000m。山峰林立，气候酷寒，冰川广布，冰峰林立，千姿百态，景色雄奇。山脉主体由海相、海陆交互相的雁石坪（中侏罗系）灰岩、砂岩组成。

（二）柴达木盆地

位于东经 90°07′~99°20′，北纬 35°13′~39°18′。北依阿尔金山—祁连山南侧，南靠昆仑山，是青藏高原地势最低的断陷盆地。盆地西北部广布第三系地层及其风积残积物，中部多为第四纪洪积砾石层及泥质岩层风蚀残积物。盆地四周由高山构成盆缘地带，山体多为裸露且古老的变质岩和沉积岩构成。

（三）祁连山地

祁连山西起阿尔金山东端的当金山口，东达甘肃省的贺兰山，北靠河西走廊，南临柴达木盆地北缘。在大地构造上，祁连山分北祁连加里东褶皱带、中祁连山前寒武纪隆起带和南祁连山加里东褶皱带，而断裂构造又将其西北、东南的平行岭谷分成西、中、东三部分。西部包括党河南段山地、哈尔腾河谷地、察汉鄂博图岭与土尔根达坂山、塔塔棱河、宗务隆山和柴达木山。中部地域辽阔复杂，包括走廊南山、黑河谷地，托勒山、托勒河谷地与木里江仑盆地，托勒南山、疏勒河上游谷地、疏勒南山、哈拉湖—青海湖盆地、青海南山和茶卡—共和盆地等 10 个山地与谷地。东部包括冷龙岭、门源盆地和大通—达坂山山地。

（四）河湟谷地

位于大通山—达坂山以南广大地区。在大地构造上湟水谷地属祁连山结晶岩轴，黄河谷地为三叠纪地槽。燕山运动时期发生断裂凹陷，形成许多山间盆地，沉积了很厚的第三系红色砂岩与砾岩，第四纪又堆积了较厚的黄土，是青海省海拔最低的地区。

二、地形地貌

青海省地势的总趋势为南高北低，由西向东逐渐倾斜，中间有一相对低矮地带。最高点为昆仑山的布喀达坂峰，海拔 6 860m，最低点在民和回族土族自治县与甘肃省交界处的湟水面，海拔 1 620m，大部分地区海拔在 3 000m 以上。按大地构造全省大体可分为三类不同地形区，即南部青南高原、西部柴达木盆地和北部与东部平行岭谷区。

（一）青南高原

宏观形态比较平缓，山原地势呈西北向东南倾斜，成为高大雄伟的天然屏障阻滞了孟加拉湾暖湿气流北上的通道，直接改变了青海省水热条件的纬度性，在宏观上左右了青海省生物气候的类型和土壤的形成与分布。

1. 冻土地貌

高原气候终年严寒，在昆仑山区的西大滩出现隔年冻土和岛状多年冻土。昆仑山以南为连续多年冻土区，宽达 550km，冻土厚达 70~80m。以冻胀崩解、冻融分选、热融滑塌等作用影响土壤母质。山体上部广泛出现石海，山坡上发育着石冰川、石流坡、石河、石带和泥流阶地。山麓和高平原上发育着巨型冰丘和热融湖塘等冻土地貌。

2. 冰川雪峰地貌

昆仑山海拔 6 000m 以上地段多为雪被与冰川。在可可西里山青新交界处的山峰汇集着大量冰川，最大者可达 1 000km²。在唐古拉山 5 400m 以上雪被冰川广布，且主要集中在格拉丹东及碑加雪山一带。其中著名的姜根迪如冰川最大，长达 14.7km。冰峰如林，冰斗琳琅，冰蚀地貌千姿百态，景观奇特。

3. 江河源地貌

进入青海境内的东昆仑山，分支为北、中、南三列，北列为祁曼塔格山—布尔汗布达山—鄂拉山。中列为阿尔格山—博卡雷克塔格山—布青山—阿尼玛卿山。南列为可可西里山—巴颜喀拉山。这些海拔高大的山脉组成了青南高原北部骨架。是我国几条主要江河的源头与分水岭。这里山谷比高不大，山峰如丘，丘顶浑圆，坡度低缓，地势平坦，谷地宽广，河道宽阔，水流浅散，下切微弱，积水成池，形成特大面积的河流、湖泊与沼泽，似分似离，首尾相随，息息相通，独特的高原江河源地貌酷似江南水乡。

（二）西部柴达木盆地

盆地四周环山，中间低凹，西北开阔，东部狭窄。周围山地海拔 3 500～4 500m，盆内最低处海拔 2 675m，盆地内部海拔 2 675～3 200m，境内最大高差 4 185m。盆地东西长约 800km，南北最宽处约 350km，总面积约 24 万 km²。其地势北高南低，盆地内有西北东南走向的赛什腾山、绿梁山、锡铁山、俄博山等。有大小河流 70 余条，主要有柴达木河、那仁郭勒河。湖泊大多为咸水湖、盐湖和沼泽。中部坐落着我国最大的察尔汗盐湖。盆地周边庞大的山系和高耸的山峰干扰了气候的纬向性，影响了水热因子的地带性规律，促发了特殊的气候类型，形成了多种特殊的地貌，影响了土壤的形成和分布。

盆地内地貌具有从盆地边缘到中心依次为高山—风蚀线近—戈壁—平原—湖泊 5 个不整合环带状地貌特征。地貌类型主要有以下 4 种。

1. 湖积地貌

主要分布在盆地内部，沿现代湖与湖群分布的地区，是因古湖退却、湖面变迁而依次发育了湖成阶地或湖积平原。地面平坦，土质细腻深厚，如可鲁可湖、托索湖和西部最大的三湖平原。在干燥气候与地下水的共同作用下，有史以来就进行着活跃的现代积盐过程，使地表强烈积盐或形成大面积的盐壳，少有生物存在，湖积物上发育的所有土壤均具有含盐的特点。

2. 洪流堆积地貌

洪流堆积物是盆地周边或内部山谷流水造成的沉积物，并形成扇状堆积地形，大的称为洪积扇，小的叫洪积锥。由于水流的分选作用，处于洪积扇不同部位的土质其机械组成具有明显的差异。在洪积扇顶端，分选程度差，多为石砾，层理不清晰，透水性强。从扇顶至扇缘质地逐渐变细，至扇缘下部地下水溢出。所以盆地洪流堆积地貌的特征为：在洪积扇中上部多为砾质戈壁，干旱、植被稀疏，而扇缘下部则出现沼泽或湖泊，仅在扇面中部、河流两岸的阶地上地势较高、排水条件较好的地区有绿洲出现。

3. 风成地貌

风成地貌是在干旱、多风的条件下形成的。盆地内有风蚀地貌和风积地貌 2 种。

（1）风蚀地貌　主要分布在柴达木盆地西部冷湖至茶冷口以西的广大地区。这里气候极其干旱，年降水量不足 30mm，多大风，平均风速 4.0m/s。天上无飞鸟，地下无径流，为第三系盐湖相沉积地层，沿构造断裂严重风蚀发育成风蚀柱、风蚀蘑菇、风蚀窝、风蚀残丘和风蚀垄槽（雅丹地貌）等风蚀地貌。风蚀严重地带含盐层暴露地表，属非土壤形成物。

（2）风积地貌　盆地风积地貌面积较大，主要分布在盆地西南缘，西起尕斯库勒湖，东至中灶火，长超过 300km，宽 10km 以上。风积地貌主要有新月形沙丘、格状沙丘链和沙堆。分布在台吉乃尔湖和达布逊湖以南那陵格勒河与托拉海的河间地带，多为新月沙丘、风沙岗地、沙堆；盆地，西起铁圭，东至夏日哈，北至牦牛山，南到香日德。风积地貌主要是高大的沙丘垄、沙岗和沙堆等。德令哈至乌兰县主要为沙堆。此外在苏干湖和绿梁山等地亦有零星分布。盆地风积地貌总计超过 1.6 万 km^2。

4. 干燥剥蚀山地貌

在盆地内部分布着一系列走向南东东、北西西，由古老变质岩系的山地和阿尔金山、祁曼塔格山以及祁连山、昆仑山西段的中山地带，在干旱多风的气候条件下呈现干燥山地景观，母岩以机械风化为主，经长期风吹剥蚀形成碎屑状风化物。

（三）东部北部至行岭谷区

该区包括西北的阿尔金山区、东北部的祁连山区及东南部的河湟谷地。

1. 阿尔金山地

阿尔金山是柴达木盆地与塔里木盆地的分界山。西起于新疆，东端在当金山口附近与祁连山相接，山体呈东东北—西西南走向，在青海省内长约 370km。山顶海拔一般在 3 500~4 000m，个别高峰可达 5 000m，山坡南缓北陡。阿尔金山气候干旱，干燥剥蚀作用强烈，山体岩石裸露，山坡多有岩屑。地貌为从东到西大体上成雁行排列的山岭与谷地。

2. 祁连山地

祁连山是由一些大致互相平行的西北—东南走向的山脉和山间谷地组成。祁连山东西长约 800km，南北宽 200~400m，山峰海拔多在 4 000m 以上，最高的疏勒南山主峰海拔 5 826.8m。地貌主要由高山、峡谷与盆地组成。

（1）青海湖盆地　青海湖是我国最大的咸水湖，地质构造上为断陷盆地，湖呈椭圆形，湖面 43.4 万 hm^2。与 10 000 年前相比，东西两岸退缩了 20km，水位下降约 80m，湖面缩小了 1/3，湖周有几十条河流注入。湖区北侧支流切开了古老的剥蚀平原，使河岸形成了冲积平原。湖区南部为起伏低山丘陵，形成了宽广的山前洪积平原，二者与湖面退缩的共同参与下在湖区形成了大面积的湖积平原。

（2）茶卡—共和盆地　茶卡—共和盆地是东西走向的构造盆地，北依青海南山，南靠昆仑山支脉—鄂拉山，西与柴达木盆地相隔，南北宽 30~36km，东西长达 280km，盆地底部海拔 3 000m 左右。因新构造运动形成的三塔平台和龙羊峡分隔成茶卡与共和盆地。茶卡盆地三面环山，中央即为著名的茶卡盐湖，从盐湖中向四周延伸依次呈现湖积平原和山麓砾石带等地貌景观。共和盆地西部是沙珠玉河，两侧有较宽的河湖相台地，台地上有新月形沙丘和活动沙丘链，黄河在盆地东部经过，因下切侵蚀强烈形成河湖相阶地，是盆地的主要地貌类型，由于新构造运动，地抬升，黄河下切，使阶地分别高出河面 380~850m。阶地宏观上仍为起伏坦荡平原（藏语称谓"塔拉"），土质较细，土层较厚。

（3）门源盆地　西起大梁，东至克图，为一个北西东南向的弧形谷地，大通河从西到东贯流而过。河谷地势低平，两岸有阶地五级，四周群山对峙，气候湿润，林草丰茂，是青海省重要的林业和油料产地。

3. 河湟谷地

该区自北而南又可分为下列多以外营力侵蚀为主的平行岭谷地貌。

（1）大通丘陵盆地　主要指达坂山以南至老爷山一带，海拔 2 800m，由一系列大小盆地组合而成，如大通盆地、互助西北丘陵盆地、大通河下游的连城盆地等。盆地地层多为第三纪沉积物其上覆盖着第四纪黄土，经流水侵蚀，形成各种梁、峁地形，盆地中有湟水支流北川河，自北而南于西宁汇入湟水河谷宽展，有较平坦的冲积阶地。

（2）哈拉古山地带　主要包括大通县以南的老爷山、娘娘山、互助西北的却龙寺山，一直延伸至民和享堂以北。最高海拔在 4 000m 以下，第四纪黄土覆盖较厚，大多被流水侵蚀成梁、峁、沟壑地貌。

（3）湟水谷地　由于湟水流经不同岩性与构造区，出现了多种不同的地貌形态。有山地与盆地，有丘陵、峡谷与平原。著名的峡谷有巴燕峡、扎马隆峡、小峡和老鸦峡等。谷地中的盆地有西宁盆地和乐都盆地，其中主要的也是面积最大的地貌是黄土低山丘陵沟壑地貌。在湟水谷地两侧的第三纪地层上普遍覆盖着黄土，经现代流水侵蚀切割，多数已成黄土梁、峁和丘陵沟壑，水土流失严重，有的地区第四纪黄土已流失殆尽，第三纪地层裸露，成为光山秃岭荒漠化景观。

湟水两岸因河水长期下切侵蚀冲积，形成多级阶地，尤以下淤阶地更多，且多为基座阶地。阶地平坦，土质优良，为青海省精华地区。

（4）黄河谷地　地貌以川地与峡谷为代表，自西向东黄河贯通了共和宽谷、龙羊峡窄谷、贵德宽谷、松巴峡窄谷、群科宽谷直到甘肃省的刘家峡。宽谷盆地形成多级河流阶地和盆地丘陵地貌。

三、风化壳及成土母质

风化壳与土壤的形成和分布有着密切的关系，风化壳通常指地壳岩石圈上部的风化层，并处于土壤之下，其类型及性质影响着土壤的类型和形态。青海境内大致有四类风化壳。

（一）黄土和黄土状沉积物的碳酸盐风化壳

主要分布于湟水流域的民和至湟源、大通一带，以及尖扎以下黄河流域的中低山、丘陵和谷地，海拔多在 3 200m 以下，其厚度数米至 150m。此外，柴达木盆地及共和盆地四周山地前沿、青海湖盆地周围也有分布。上述地区黄土及次生堆积黄土（黄土状沉积物）常交叉分布，后者显著特征是具有层理，夹有粗至细沙薄层或条带，部分含有少量细砾、粗沙，固结程度差。此类风化壳的易溶盐大都淋失，难溶性的碳酸盐含量较高，并含少量石膏。据分析，西宁附近黄土碳酸盐含量可达 91.6～160.9g/kg、石膏含量达 2.4g/kg、易溶盐 0.68～4.19g/kg。上述三者与黄土的湿陷性有密切关系。颗粒组成以粉沙为主，占48%～66%，黏粒含量14%～29%。上下层质地均一，垂直节理发育，结构较松。在青海省这类风化壳上发育的多属栗钙土、灰钙土及棕钙土等地带性土壤。

（二）含盐风化壳

主要分布于柴达木，乃是一个巨大的山间闭流汇水盆地，据中国科学院青海盐湖研究所的研究，自第三纪上新世晚期至第四纪更新世末到全新世，由于强烈的喜马拉雅造山运动使青藏高原急剧上升，对季风作用起了屏障作用，古气候先转干燥，再转干寒，从而导致出现了至少 2 个成盐期，盆地内的古湖大量浓缩，湖泊迅速演化到盐湖阶段，并使盆地西、中、东部沉积了大面积的盐湖相沉积物，在西部广泛分布着第三纪上新世晚期成盐期发育的石膏、锶盐、碳酸盐和盐层；中部和东部则分布着第四纪更新世晚期至全新世成盐期沉积的大量硫酸盐、胡酸盐和氧化物。由于盆地气候极端干旱，这些含盐风化壳仍处于积盐阶段，它们对盆地中的各类盐土和石膏灰棕漠土、石膏盐盘灰棕漠土的广泛分布和积盐强度起着极重要的作用。

（三）硅铝风化壳

主要分布于青南和海北（祁连山东段），由于盐性和标志元素迁移强度不同，不同地区硅铝风化壳中盐基饱和或开始不饱和，一般呈中性反应，可溶盐淋失，碳酸盐也大多淋失，青海省硅铝风化壳多属饱和硅铝风化壳及碎屑状硅铝风化壳，后者主要分布于青南。

（四）碎屑状风化壳

同岩石风化的最初阶段，在青海省多由岩石的寒冻风化机械崩解碎屑组成，如高寒山区的高山碎石带等。这些碎石岩屑由于在寒冻或干寒条件下，生物风化和化学风化作用微弱，故基本保持着原来母岩的性质。碎屑状硅铝型风化壳及碎屑状风化壳对青海省高山寒漠土、高山草甸土的形成和分布有着广泛的影响。

青海土被及土壤性质在很大程度上受第四纪成土母质的影响，并受不同类型风化壳的制约，从机械组成、理化性质、养分状况等方面影响着土壤的发生、发育。青海的成土母质类型较多，成因各异。在广大的青南高原的巴颜喀拉山、阿尼玛卿山及祁连山地部分地区，以冰破物及冰水堆积物为主。前者分布在古冰斗或冰川谷前缘、两侧，由巨砾石（漂砾）、砾块与沙、土混杂组成；冰水堆积物一般分布在冰碛物前缘，多由夹泥、沙的砾石层组成。风成母质主要分布在柴达木盆地及共和盆地，零星见于青海湖之北，一般构成新月形、波状、垄状沙丘，沙丘高者达 20~40m。冲积及洪积母质分布较普遍，主要分布于长江、黄河、澜沧江源一带及黄河谷地、湟水谷地和柴达木盆地等地，多由沙砾层及沙土等组成，并常可见到中壤质或重壤质黏斑夹层。洪积母质分选性差。湖积母质主要分布于湖泊周围，并以柴达木盆地发育最为普遍，为棕灰、灰绿色粉沙、黏土沉积，常夹杂盐、芒硝与石膏。黄土母质主要见于东部农业区，在柴达木盆地、共和盆地、青海湖盆地也有分布，它基本承袭和保持着黄土或黄土状碳酸盐风化壳的性状，质地较均匀，属壤土，具垂直节理，富含碳酸钙，抗蚀性较差。残积母质及坡积母质则在山地分布较为普遍，母岩的岩性及风化程度对山地土壤的性态有着重要影响。

四、地形与土壤

地形在土壤形成中的作用主要是因地形的不同地位影响着水热条件的重新分配，从而导致土壤中物质与能量的迁移和转化，由此产生土壤不同类型的垂直分布和区域性的变化。

青海省位于黄土高原的末端，仅占全省土地总面积的 2.96%；青藏高原则占绝大面积 97.04%，乃是青藏高原的重要组成部分。其地形概分为：祁连高山及山间盆地区、昆仑积石高山区、唐古拉高山区以及青海湖南中高山区，系由现代冰川、冰冻风化、剥蚀侵蚀作用而形成的，发育着高山寒漠土、高山草甸土等土类；长江源高平原区、巴颜喀拉山原区、黄河源高平原区，由冰水、河流、湖沼沉积作用而形成，发育着高山草原土、高山荒漠草原土等；柴达木盆地及河湟谷地山间盆地区，系由黄土、风沙、盐类沉积而形成，发育着栗钙土、灰钙土、棕钙土、灰棕漠土、盐土等。在各地形区的低洼地、湖畔均可见大片的或零星的沼泽和泥炭土。由于纬度不同，其土壤垂直带谱的各类土壤海拔高度也呈明显差异，如高山寒漠土分布地区，高山草甸土的上限在祁连山高山区海拔高度（以刚察县为代表，北纬36°58′~38°04′）为3 900~4 150m；唐古拉高山区海拔高度（以杂多县为例，北纬32°08′~33°46′）则为4 900~5 000m。其他土壤类型上下限衔接海拔高度、南北纬度均有规律性明显的差别。

坡向对热量、湿度等条件的影响较大，即阴坡光照时间短、土壤湿度大、温度低，有机质积累大于分解，适宜生长森林和灌丛；阳坡光照时间长、土壤温度高、湿度小，有机质积累也多，但相对而言，分解较好，可给态养分比阴坡多些。现举祁连县灰褐土为例：阴坡淋溶灰褐土适合云杉生长等，表层有机质含量236.7g/kg、全氮6.9g/kg、全磷0.9g/kg，氮磷释放程度分别为：速氮/全氮11.57%，速磷/全磷0.2%；石灰性灰褐土表层有机质188.5g/kg、全氮6.5g/kg、全磷1.2g/kg，氮磷释放程度比阴坡高，分别为11.65%、0.33%。青南高原的囊谦县阴坡淋溶灰褐土有机质平均为131.4g/kg，阳坡石灰性灰褐土平均降至12%。又以高山草甸土为例：阳坡为高山草甸土（亚类），生长嵩草属等草类，表层有机质平均122.9g/kg、全氮5.4g/kg、含水量200~230g/kg；阴坡为高山灌丛草甸土（亚类），生长山生柳、杜鹃等灌丛类，表层有机质平均增至173.6g/kg、全氮5.8g/kg、含水量增至230~300g/kg。

至于海拔高低表现母质、水热条件，植被的差异，土壤中的物质转化及元素迁移也发生相应的变化，由此产生不同土壤类型的垂直带谱，一般从低到高是：祁连山东段，灰钙土—栗钙土—山地草甸土（或灰褐土）—亚高山草甸土—高山草间土—高山寒漠土；柴达木盆地东，湖畔沼泽土—盐土—棕钙土—石灰性灰褐土（或山地草原草甸土）—高山草原土—高山草原草甸土—高山寒漠土；柴达木盆地西部阿尔金山（丁字口以西），石膏灰棕漠土—粗骨土—高山漠土；青南高原西部，沼泽土（或泥炭土）—高山草原土—高山草甸土—高山寒漠土；青南高原东部，山地草甸土（或灰褐土）—高山草甸土—高山寒漠土。

第二节　地理气候特征

青藏高原位于北纬40°以南，由于海拔高，地面气温比同纬度平原地区低得多，无论冬夏，等温线都在高原上形成闭合冷中心，成为我国夏季最凉爽地区，地面气温地域差异十分显著，总体上是边缘气温较高，而且具有明显的垂直梯度变化。7月平均气温低于同纬度低地15~20℃，海拔4 500m以上的高原腹地年平均气温在0℃以下，高原面上最冷月平均气温低达−15~−10℃，很多地区最暖月平均气温低于10℃，温度最低的地方分布于高原内部，如藏北高原、巴颜喀拉山的玛多和清水河，祁连山的托勒为青藏高原低温中心，为我国著名的高寒地域。高原上温度的年较差一般来说比同纬度东部平原地区小，大陆性气候极为明显。高原上现代冰川和冻土发育较多，冰川面积49 162km^2。雅鲁藏布大峡谷北侧的念青唐古拉山夏季海洋性冰川作用十分活跃，冰舌末端下降到2 530m的森林带，呈现深入冰川的热带雨林奇观。多年冻土连续分布，是中低纬度地区最大的冻土岛和冰川作用中心。高原地区降水大多偏少，绝大部分地区年降水量在1 000mm以下，降水量分布总趋势是东南向西北逐渐减少，干旱与半干旱地区约占总面积的2/3。高原地面空气稀薄，太阳辐射强（比同纬度低地高50%~100%），太阳总辐射高达540~800kJ/

（$cm^2 \cdot a$），是四川盆地［<420kJ/（$cm^2 \cdot a$）］的1倍多，而年平均温度则四川盆地（>16℃）远高于高原（0℃以上）。高原太阳辐射值总体分布规律是从东南往西北增高。

近数十年来，在全球性气候转暖的背景下青藏高原气候也有明显的变化。从20世纪40年代以来，全球平均气温升高0.5～1.0℃，而青藏高原的气温波动与北半球变化大致相同。用青海省几个台站的气温资料进行分析，近30多年来气温变化趋势表明：青藏高原大多数地区气温正逐渐升高，青海省境内平均年变率为0.015℃/a，而且1990年以前的平均年变率（0.015℃/a）比1985年以前的（0.007℃/a）高，说明青藏高原上气温仍有继续升高的趋势。

青藏高原地处中低纬度地带，纬度和海拔高度是控制高原气温的2个主要因素。青藏高原年平均气温的分布呈现以高原为中心向四周逐渐增高的闭合形式，同时又表现出东高西低、南高北低的分布格局。青藏高原总体上分为3个低温中心：羌塘—可可西里低温中心，巴颜喀拉低温中心和喜马拉雅低温中心。其中羌塘—可可西里低温中心是3个低温中心中温度最低的一个，部分地区日均温度不高于0℃的天数一年中最多可达329d，特殊的地理环境和极高的海拔高度决定了高原低温空间分布的广泛性和时间分布的持续性。

复杂的下垫面性质造就了青藏高原独特的气候特征，使其成为全球气候变化研究中一个热点区域。总的来说，该地区的气候特征表现如下：太阳辐射时间长且强度大；降水分布状况为东南多、西北部少；气温低、区域差异大并且日温差高于东部平原地区。青藏高原作为亚洲乃至北半球气候变化的"感应器"和"敏感区"，其气候变化对其自身及周边的环境具有深远影响，是我国乃至亚洲重要的生态安全屏障。

青藏高原的动力和热力作用是造成高原独特气候的主要原因，其中太阳辐射是青藏高原动力和热力的主要能量来源，青藏高原是全国太阳总辐射值最高的地区，其平均每年的总辐射量可达$5.861 \times 10^5 J/cm^2$，并自东南向西北逐渐增高。藏东南地区辐射值一般小于$6.6 \times 10^5 J/cm^2$，而高原西北部的阿里地区和羌塘高原可达$6.7 \times 10^5 J/cm^2$。太阳总辐射量的季节变化非常明显，以夏季最大，春季次之，冬季最小。这种分配规律加上高原夏季水、热同期，有利于植物的光合作用与生产力的形成。

青藏高原地域辽阔，地形复杂，海拔高度变化大，气温地域差异极其明显，但总的趋势为东南高、西北低，垂直梯度变化明显。如雅鲁藏布江大拐弯以南地区和横断山脉地区平均气温分别在18℃和12℃以上，藏北高原以及青南高原等地平均气温-4～-1℃。气温的季节性变化明显，而且地域差异悬殊，如藏北高原、唐古拉山和祁连山地区1月平均气温低于-18℃，极端最低温度为-41～-31℃，而雅鲁藏布江大拐弯以南和横断山脉东南河谷地区1月平均气温则在0℃以上。高原内部7月平均气温低于10℃。青藏高原日平均气温稳定通过0℃的日数，高原面一般为90～150d，全年无绝对无霜期。如此严酷的条件限制了高大树木的生长，使适应高原气候的高寒灌丛、高寒草甸、高寒草原及高寒荒漠成为主要的植被类型。

青藏高原由于受西南暖湿气流、东南季风和西伯利亚冷高压的控制，降水的区域和季节分配差异明显。夏半年青藏高原盛行西南暖湿气流，所以降水丰富，6—9月的降水量占全年降水量的80%以上。降水量自东南向西北逐渐减少，在高原面上，东南部平均降水量可达700～800mm，而到高原西部仅为150～200mm。年降水的这种分配直接影响到高原植被的空间分布格局和生物生产量。从空间分布格局来看，自东南向西北，随着降水量的逐渐减少，依次出现高寒灌丛、高寒草甸、高寒草原和高寒荒漠。从生物生产量来看，水、热同期有利于植物的生长发育和植物积累，其生物生产量自4月底开始形成，到9月中下旬达到峰值。

第二章　高寒草地环境土壤特征

青藏高原是我国自然植被和土壤保存比较完好的地区。土壤的发生、发展受自然因素（气候、生物、地形、母质、水文地质）和人为活动（经济活动）的综合影响和制约，反过来，它也综合影响植被的结构、演替和生物生产力，因而土壤与植被相互影响、相互制约着对方的发生、发展和演化。一方面，植物从土壤中吸收生长发育所必需的营养物质（氮、磷、钾以及其他微量元素）和水分，通过光合作用，将太阳能转化为化学潜能，并将能量以有机质的形式固定下来；另一方面，植物的枯枝落叶、死亡根系等经微生物的分解，变成养分归还给土壤，又供给植物生长发育的需求，构成了生态系统的生物养分循环。

一、高山草甸土

高山草甸土是青藏高原上分布最为广泛的土壤类型之一，主要分布在青藏高原寒温性针叶林带以上的山地阳坡、高寒灌丛带以上的山地以及青藏高原的中东部的高原面。高山草甸土分布受纬度与海拔高度所制约，亦与山系的地理位置、走向及地形的切割状况密切相关，在青海东北部，北纬37°以北的大通河、黑河谷地，高山草甸土分布于3 350（3 500）～3 900（4 000）m，向南的青海东部北纬36°～37°的湟水谷地分布于海拔3 500（3 600）～4 400m；北纬35°～36°的黄河流域，其下限海拔在3 300～3 700m；北纬33°～36°及其附近的积石山、巴颜喀拉山等分布地区海拔为3 800（4 000）～4 700（4 900）m；而唐古拉山东段北纬32°～33°及其以南地区，其下限高达4 100m，在特殊的地形部位海拔可上升到4 300～4 400m。除西宁市外各州（县）均有分布，但集中于青南高原和北部的祁连山地。在玉树州、果洛州、海西州、海北州、海南州、黄南州均有大面积的连续分布，占据着青海的各高山的中上部，在唐古拉山、巴颜喀拉山、积石山、阿尼玛卿山、昆仑山、祁连山中部以东地段均是分布最广泛的土壤类型。

在青海省内高山草甸土的分布具有明显的水平分布规律及垂直分布特征，由东南向西北，随着地势抬升，逐渐远离海洋，降水日趋减少，干燥度增加，植被逐渐变得耐旱稀疏，土壤由灰褐土变为高山草甸土，进而出现高山草原土。由于高原四周因遭受切割而形成高山峡谷，而高原内部亦有耸立的山地形成巨大的相对高差，随海拔高度及坡向的变化、成土因素，尤其植被类型及气候状况（水热条件）的改变，导致土壤类型表现出明显的垂直差异，通常在森林土或山地草甸土之上出现亚高山草甸土（阳坡或偏阳坡）及亚高山灌丛草甸土（阴坡及偏阴坡），进而出现高山草甸土（阳坡或偏阳坡）及高山灌丛草甸土（阴坡及偏阴坡），更高处地形平坦时为高山湿草甸土，陡峻时为原始高山草甸土（土属），如气候趋于半干旱则可出现高山草原草甸土。

高山草甸土是青海高寒地区分布最广的土壤类型，总面积达 2 034.78万 hm²，占全省土壤总面积的31.07%，约占高山带土壤总面积的48.92%。全量养分丰富，全氮达 3.4~6.1g/kg，全磷1.4~2.0g/kg，全钾20~23.7g/kg，保肥能力又强，生产潜力大；这类土壤热量条件虽较差，但水分条件较好，牧草生长低矮，但繁茂。每公顷产青草平均数2 700~3 750kg，除高山灌丛草甸土外，植物以莎草科的各种嵩草为主，禾草次之，豆科牧草较少，不食草及毒草比重不大。因地势高寒，土壤微生物种类少、数量低、活动弱、养分的释放率低、周转慢，碱解氮含量虽高，但植物能直接吸收利用的速效氮（铵态氮及硝态氮）及有效磷不足，在牧草吸收强度较大的生长旺盛期，土壤的氮、磷含量下降明显，在草地的氮、磷施肥试验中，牧草增产明显。由于区域条件差异，生产发展水平的不同及经济效益的限制下，当前不可能要求对高山草甸土的投入有大规模的发展，由于人为过度放牧，区域自然变干加重，融冻滑塌加重而导致草场退化，为扭转由此造成嵩草死亡、草皮剥蚀、土壤沙砾化、"黑土滩"逐年扩大、肥力下降、产草量降低的局面，应加强草场管理，合理放牧，在科学技术利用上下功夫。但为保持牧业生产的稳定发展，在高山草甸土区域内，冬春草场附近寻找避风向阳的局部地区，建立人工草地，刈草补饲，提高抵御雪灾的能力。随着牧业经济的发展，逐步扩大人工草地的比重，改变靠天养畜的经营模式，使牧业生产步入高产稳产的发展轨道。

二、高山草原土

高山草原土是在寒冷、干旱的气候条件和高寒草原植被类型下发育的土壤类型，广泛分布于青藏高原的西部，以及昆仑山内部山地和阿尔金山、祁连山西端的宽谷、湖盆周围的山地、古冰积平台、洪积扇、阶地及山地等。成土母质有冰积物、坡积残积物、湖积物、洪积物和河流冲积物。生草过程较弱，而钙化过程明显。通层有石灰反应，pH 值为7.7~8.7，有机质含量仅为 1.2~4g/kg。其上发育着以紫花针茅（*Stipa purpurea*）为建群种的高寒草原。

高山草原土是森林郁闭线以上和无林山原高山带较干旱区域发育的土壤，在青海广泛分布于唐古拉山以北、昆仑山以南的广大山地及高平原区、柴达木盆地东南高山区及北部高山带。海西州昆仑山 3 800~4 800（5 000）m 的阴坡宽谷及其以南的可可西里内流区；祁连山地西部的疏勒河谷上游及宗务隆山高处 3 800~4 400m 的高山带；玉树州西 3 个县（曲麻莱、治多、杂多）西部 4 300m 以上的宽谷、湖盆阶地和缓坡；海南州西部高山带阳坡及地形开阔处；海北州西北的托勒河谷 3 700m 以上的阳坡、半阳坡等；果洛州玛多、达日、玛沁 3 个县西部 4 100~4 300 m 的宽谷、湖盆、滩地及阳坡、缓坡，总面积1 567.69万 hm²，占青海省土壤总面积的23.94%。

就水平位置而言，高山草原土主要分布在青海西部外流水系与内流水系分水岭的高原面上，向东南，随湿润条件的改善，仅出现于宽谷滩地，沿深切的河谷向东伸展侵入高山草甸土区，此外，在旱化强烈的柴达木荒漠东部南侧的高山区及受此干旱气候影响的盆地东南方向高山带地形开阔的滩地、阳坡和东北方向的高山带亦广泛分布。在垂直系列中，可出现在高山草甸土带以西及以北更高的高原面上，西接高山漠土；在高山草甸土分布区，则占据着地形开阔的滩地、阳坡或稍低的大河峡谷底部阶地与高山草原草甸土交叉分布。在柴达木盆地及其周围山地，常占据着棕钙土、粗骨土、石质土以上的高山带。

高山草原土区域的植被，随水热条件改变而相应变化，植被地上可产青干草 500~1 200kg/hm²。在水热条件较好的东南部低海拔地区，以紫花针茅、异针茅等疏丛禾草建群，伴生扁穗冰草、羊茅、冷蒿、青藏薹草、黄芪、狼毒、野葱等，不同区域的伴生种不同，植物种类较多，局部区域还混生有少量嵩草，为草甸草原植被。覆盖度达 60%~80%，是良好的天然牧场，向西北，随海拔上升，旱化增强，嵩草属消退，禾草中混生小半灌木或垫状植被的比例提高，覆盖度降至 20%~40%，可作草场利用，至青藏公路西侧 5~15km 以西，水热条件更加恶化，禾草更趋于稀疏，代之优若藜、盐爪爪、猪毛菜、金露梅、芨芨草或垫状植物为主的荒漠化草原，覆盖度 10%~30% 或更低。

除柴达木盆地东部的南北两侧高山带及受盆地干旱气候影响的山地外，高山草原土主要分布在昆仑山内部山地及其与唐古拉山间准平原化的高原面上，地形开阔，多为宽谷、湖盆、山前倾斜平原或起伏不大的低山缓坡、冰碛平台等，母质以洪积冲积物、湖积物、冰水沉积物及残积坡积物等，质地轻粗，含砾多。

高山草原土是青海主要的土壤类型，面积仅次于高山草甸土，占全省土壤的23.94%，作为草原土壤，其生态环境与栗钙土、棕钙土等有较大差异，特别是水热条件严酷，缺少种植业的发展条件，牧业仍是主要利用方向。温度低，持续时间长，虽太阳辐射强，光照时间长，但由于低温的制约，暖季短，有效积温不足，牧草生长期短，产草量低，季节牧场极不平衡，不同亚类间差异较大。在水热条件相对较好的高山草甸草原土及高山草原土带，产草量较高，优良牧草较多，是青海重要的夏季牧场。在高山荒漠草原土区，低温干旱、植被过于稀疏，优良牧草种类单纯，产草量过低，缺乏人、畜饮用水源，已无放牧利用价值。

高山草原土带，由于质地粗疏、土层浅薄、肥力低，加之地处高寒地区，气候变化强烈，自然灾害频繁，冬春易遭雪灾，牧业生产亦不稳定，如唐古拉山乡，1986 年大雪成灾，牲畜饿死过半。为此，在有条件的地区，推行季节畜牧业，选育当地优良牧草，建立人工草地及扩大饲草饲料基地，秋季贮草，冬季补饲，勘探地下水，扩大草地利用面积，而避免过度放牧，是保持区域生态环境，稳定牧业生产的必要措施。

第三章 高寒草地类型

青海省草地类型可划分为 9 个草地类，天然草地面积为 41 917 172.6hm²，其中，可利用草地面积为 38 645 762.7hm²，具体阐述如下。

一、温性草原类草地

温性草原类草地是在温带半干旱气候条件下发育形成的以典型旱生多年生丛生禾草占绝对优势的草地类型。该类草地分布在青海省北起祁连山，南至西倾山，东起大通河，西至柴达木盆地，北纬 36.5°~37.5°、东经 103°~99° 的地理范围内。主要占据青海省境内祁连山的东部山地、黄河及湟水流域、共和盆地、青海湖盆地和柴达木盆地的东部地区，属于全国温性草原带西向延伸部分，与高寒草原相连接。海拔一般在 1 800~3 500m，在柴达木盆地东南部的山谷、坡麓，干旱程度增强，分布高度可上升到海拔 3 900m 左右；在玉树州的通天河谷地，由于河谷气候的影响，温性草原类草地也有少量分布，这里的温性草原类海拔可上升到 4 400m。该草地类型分布区的湿润度为 0.3~0.6，年降水量 250~400mm，年平均气温 0.9~7.9℃，>10℃ 的年积温 478.2~2 730.91℃·d。草地土壤多以栗钙土为主，并有暗栗钙土和淡栗钙土分布，成土母质为黄土、红土，中壤质或轻沙质。地形以低山、丘陵、河谷、阶地、滩地、干旱的山地阳坡为主。植被组成相对稳定，但由于在不同地区气候、土壤、地形的不同，草地植物种类组成有一定的差异。青海省温性草原类草地的分布面积为 2 117 935hm²，占全省天然草地总面积的 5.05%；其中可利用面积 2 071 441hm²，占全省天然草地可利用总面积的 5.36%。

二、温性荒漠草原类草地

温性荒漠草原类草地是发育在温带干旱地区，由多年生旱生丛生禾草为建群种，并伴生一定数量的旱生、超旱生的小半灌木的草地类。在青海常与温性草原类草地镶嵌分布，无明显的地带性，但生境一般比温性草原类更干旱，属于向荒漠过渡的草地类型。此类草地主要集中分布在海南州的河卡滩、塔拉滩、木格滩、铁盖、曲沟以及青海南山的南坡坡麓，向西可延伸到茶卡盆地的东缘，在青海湖东北部及东部农业区的干旱阳坡亦有零星分布。分布区海拔 2 600~3 100m，年平均气温 2~5℃，年平均降水量 230~280mm，牧草生长期 180~200d。土壤为灰钙土和棕钙土，土层较厚，土壤有机质含量>2%。该类草地面积为 224 396hm²，可利用面积 203 174hm²，分别占全省天然草地面积和可利用面积的 0.54% 和 0.53%。

三、高寒草甸草原类草地

高寒草甸草原类草地，是高山（高原）亚寒带、寒带、半湿润、半干旱地区的地带性草地，由耐寒的旱中生或中旱生草本植物为优势种组成。该草地类主要分布在青海湖的北岸和西北部山前缓坡、丘陵和滩地，海拔为 3 500~3 800m；在青南高原的中部，该草地类型常占据海拔 4 200~4 500m 的干燥山前平原、宽河谷阶地、山地阳坡下部；在青南高原西部，因海拔升高，生境干冷化趋势更为明显，在较为平缓的山脊、低山丘陵的上部也有分布，海拔可升至 4 400~4 600m。分布区气候寒冷，属半湿润半干旱气候。年均气温 -1.5~-0.3℃，最热月平均温度 10~11℃，最冷月平均温度 -14~-15℃，>10℃年积温 260~470℃·d；年降水量 250~300mm，牧草生长期 100~140d。该草地类型分布区的土壤水分条件较高寒草原类草地稍好，因而在草群中形成中生、中旱生、旱生植物混生的植被。土壤以亚高山草原土为主，具薄而疏松的草皮层。土层一般在 30cm 左右，质地中壤，弱石灰反应性，有机质含量 3%~5%。该类草地面积 351 598hm²，占全省天然草地总面积的 0.84%；可利用面积 333 216hm²，占全省天然草地可利用面积的 0.86%。

四、高寒草原类草地

高寒草原类草地是青藏高原高海拔地区长期受寒冷、干旱的大陆性气候影响，由耐旱耐寒的多年生密丛型禾草和根茎型薹草以及垫状的小半灌木植物为建群种组成的草地类型。高寒草原类草地在青南高原主要分布在东起泽库县西部，至兴海县的苦海一带，向西北至玛多县的花石峡、扎陵湖、鄂陵湖，再向西经曲麻莱县、治多县，直至可可西里的东南部及青藏公路沿线一带，海拔 3 900~4 900m。在这一广大的区域内主要发育于沱沱河、通天河、楚玛尔河、卓乃湖、措达日玛湖、扎陵湖、鄂陵湖等宽谷、滩地、古冰积谷地、剥蚀高原面和山地阳坡等。该分布区域气候寒冷、干旱、多风、冷季漫长、暖季短暂，牧草生长期短，一般为 100~120d。土壤生草过程微弱，有机质积累少，土壤瘠薄。在青南高原的分布具有不连续性，但总体看，仍旧呈现东西长、南北狭窄的长带状楔形，楔入了青南高原的北部地区。因此，在这一地区高寒草原类草地的分布不仅具有从东到西的水平地带性特点，而且具有垂直地带性特点。该区域内年平均气温 -2.5~5.6℃，常年出现霜冻，年降水量 300mm 左右；土壤以高山草原土为主，其母质为冰渍、堆积冲积物，质地轻石质轻壤土，土层深度 15~50cm，土体干燥，沙质性强。高寒草原类草地面积 9 038 453hm²，占全省天然草地总面积的 21.56%；可利用草地面积 8 031 562hm²，占全省天然草地可利用面积的 20.78%。

五、温性荒漠类草地

温性荒漠类草地是在温带极度干旱与严重缺水的生境条件下，由超旱生、叶退化或特化的半灌木、灌木和小乔木为主的稀疏植被构成的草地类型。青海温性荒漠草地与新疆、甘肃河西走廊的荒漠存在历史上的联系，祁连山的阻断和青藏高原的整体抬升，造成柴达木地区荒漠草地的独特性和演变趋势，但仍与后者一起构成了我国温带荒漠的主体。温性荒漠草地集中分布于青海省柴达木盆地、茶卡盆地、共和盆地的西部，湟水河谷两侧的低山阳坡亦有小面积的零星分布。主要占据盆地海拔 2 600~3 100m 的山前冲积、洪积平原、山麓的洪积倾斜坡地。在柴达木盆地南部的昆仑山山前地带，温性荒漠类草地的分布上升到海拔 3 600m，个别地段可达 3 900m。在省境东部的河湟谷地，海拔较低，只有 1 900~2 300m。本类草地面积为 2 891 200hm²，占全省天然草地总面积的 6.90%；可利用面积 1 927 494hm²，占全省天然草地可利用面积的 4.99%。

六、高寒荒漠类草地

高寒荒漠类草地，是在大陆性高原气候条件下发育形成的一种由超旱生垫状的半灌木和垫状，或莲座状草本植物组成的草地类型，是青海省分布海拔最高、最干旱、寒冷，植被极为稀疏和低矮的一类草地。分布于海拔 3 800~4 800m、年均气温-10~-8℃、年降水量 50~100mm 的德令哈市哈拉湖、野牛脊山，以及玛多县布青山西端。在海拔 4 800m 的高山上部和可可西里地区，由于多为流石带，也常发育以红景天、垫状驼绒藜为优势种的高寒荒漠植被，其下部常为高寒草原或高寒草甸类草地。土壤为高山寒漠土或高山荒漠化草原土，成土母质为冰碛物或湖积、洪积堆积物，土层厚度 15~30cm，pH 值 8.7，有机质含量<2%。本草地类面积为 1 151 617hm²，占全省天然草地总面积的 2.75%；可利用面积 739 107hm²，占全省草地可利用面积的 1.91%。鲜草产量为 1 153kg/hm²，可食草仅占 31.25%，是全省草地中可食草产量最低的一个类型。理论载畜量为 7 720羊单位/hm²。

七、低地草甸类草地

低地草甸类草地是指在土壤湿润、地下水丰富的生境条件下由多年生、中生、湿中生植物为主的一类草地，属于隐域性草地类型。因此，低地草甸类草地一般不呈地带性分布，而由地表或地下水的丰富程度决定其分布的范围和地区。凡能形成地表径流汇集的低湿地、河漫滩以及地下水位较高的地段均有低地草甸类草地发育。即便在极其干旱、大气降水稀少的地下水位较高的荒漠地区，也有低地草甸类草地分布。低地草甸类草地集中分布在柴达木盆地中部海拔 2 600~2 900m 的沮洳地和盐湖外缘。另外在青海湖及其他一些有地表径流或地下水位较高、土壤富含盐分的低洼地、河岸阶地、河滩地亦有分布。本草地类面积 566 157hm²，占全省天然草地总面积的 1.35%；可利用草地面积 532 461hm²，占全省天然草地可利用面积的 1.38%。

八、山地草甸类草地

山地草甸类草地，是在温带气候温和、降水充沛的生境条件下，山地垂直带上发育形成的一种以中生、多年生植物组成的草地类型，常在中山、亚高山植被垂直分布带谱构成中占有重要地位。它不仅受纬向热量气候带的强烈影响，也承受着不同程度的经向湿润、干旱及半干旱气候因素的严重制约。因此，山地草甸类草地在青海特殊的地理位置和复杂的地形条件下分布范围比较广泛，占据了省境东部和南部亚高山的中下部。由于分布区缺乏山地草甸发育的条件，其分布区比较狭窄，各个地区的面积都比较小，且多呈不连续的零星分布。在青海省东部的峡谷地区，山地相对高程大、坡势陡峭，形成以云杉属、圆柏属为优势种的寒温性针叶林；在针叶林带以上，常被高寒草甸草地所占据；下部温暖干旱区则发育着耐旱的长芒草草地。在柴达木盆地，由于气候极端干旱、土壤含盐量高而被低地盐化草甸替代。在青海南部高原，寒冷的气候条件制约了山地草甸喜温的中生植物生长。所以，该草地类仅在东部黄土区的中山带以及南部亚高山带的阳坡坡麓和阴坡、河谷阶地或河床等低暖地段出现。该类草地分布区生境条件差异较大，海拔可从 2 000m 升至 3 800m 不等，尤其在青南高原南部，部分地区可上升到海拔 4 400m。本类草地面积 139 563hm^2，占全省天然草地总面积的 0.33%；可利用面积 132 550hm^2，占全省草地可利用面积的 0.34%。

九、高寒草甸类草地

高寒草甸类草地是在高原（或高山）亚寒带和寒带寒冷而又较为湿润的气候条件下，由耐寒（喜寒、抗寒）性的多年生、中生、中湿生为主的矮生草本植物占优势，高寒灌丛参与其中的草地类型。该类草地多分布在海拔 3 800~4 800m 的地区或山体上部。由于分布范围广，受地理位置和山体的影响，分布地区的海拔高度有所不同。在祁连山地，因为山地地形的强烈影响，常构成山地植被垂直带的重要成分，占据山体上部的阳坡和阴坡高山灌丛的上部；在与高山稀疏植被接壤的地段，只分布在土层较厚的区域，海拔为 3 800~4 000m。在青南高原则上升到海拔 4 200~4 800m，占据了宽谷、滩地、浑圆山顶以及山体的阴、阳坡。在可可西里地区主要分布在其东南部的海拔 5 200m 以下的山坡、冰碛台地和谷地，在各拉丹冬峰东北坡甚至分布到海拔 5 400m 以上。高寒草甸类草地是青海省分布最广、面积最大的一种草地类型，其面积 25 436 253hm^2，占全省天然草地总面积的 60.68%；可利用面积 24 674 758hm^2，占全省天然草地可利用面积的 63.84%。

表 3-1　青海省天然草地类型及面积　　　　　　　　　　　　　（hm^2）

类型代号	草地类型名称	草地面积	草地可利用面积
I	温性草原类	2 117 935.0	2 071 441.0
II	温性荒漠草原类	224 396.4	203 173.5
III	高寒草甸草原类	351 597.7	333 216.2
IV	高寒草原类	9 038 453.0	8 031 562.0
V	温性荒漠类	2 891 200.0	1 927 494.0
VI	高寒荒漠类	1 151 617.0	739 106.9
VII	低地草甸类	566 157.2	532 460.8
VIII	山地草甸类	139 563.3	132 550.3
IX	高寒草甸类	25 436 253.0	24 674 758.0
	合计	41 917 172.6	38 645 762.7

第四章　高寒草地植物种类

青海共有种子植物 100 科，613 属，2 300余种。其中裸子植物 3 科，7 属，33 种。被子植物 97 科，606 属，2 267 种。青海共有九大草地类型，建群种或优势种中以禾本科、莎草科、菊科、蔷薇科、豆科、藜科等科中的植物为主。

第一节　优势植物种类

一、禾本科植物

青海产 59 属，257 种，32 亚种及变种，其中，很多种类为群落的优势种或亚优势种，如芨芨草属的芨芨草，固沙草属的青海固沙草，狼尾草属的白草，针茅属的长芒草、西北针茅、异针茅、紫花针茅、短花针茅，羊茅属的羊茅，芦苇属的芦苇，早熟禾属的草地早熟禾、冷地早熟禾，碱茅属的碱茅、星星草，短柄草属的细株短柄草，扇穗茅属的寡穗茅，冰草属的冰草，披碱草属的垂穗披碱草，赖草属的赖草，细柄茅属的双叉细柄茅等。禾本科植物不仅种类多，而且分布范围广，其茎叶柔软、适口性好、营养丰富，是天然草地草食动物的重要饲用植物。

（一）**芨芨草 Achnatherum splendens（Trin.）Nevski**

是构成温性草原的重要植物种类，幼苗期家畜喜食。产于玉树、囊谦、称多、玛多、玛沁、尖扎、同仁、泽库、格尔木、大柴旦、都兰、乌兰、天峻、兴海、共和、同德、贵南、西宁、乐都、民和、刚察、海晏、祁连、门源、循化。生于草滩、石质山坡、干山坡、林缘草地、荒漠草原，海拔 1 900~4 100m。

（二）**青海固沙草 Orinus kokonorica（Hao）Keng ex Tzvel.**

为良好的保土固沙植物，在温性草原、温性荒漠草原可形成以青海固沙草为优势的群落。草质柔软，为牲畜喜食的优良牧草。产于玉树、囊谦、称多、杂多、治多、曲麻莱、玛沁、共和、贵德、兴海、贵南、同德、门源、祁连、刚察、海晏、乌兰、乐都、西宁等地。生于干旱山坡及高山草原，海拔 2 200~4 400m。

（三）**白草 Pennisetum flaccidum Grisebach**

在温性草原可与针茅形成共优群落，为牲畜喜食的优良牧草。产于全省各地。生于山坡、河滩、灌丛，海拔 1 850~4 000m。

（四）**长芒草 Stipa bungeana Trin.**

茎叶柔软，幼苗期为温性草原地区各类家畜喜食的主要牧草。产于囊谦、玉树、玛沁、尖扎、同仁、兴海、共和、同德、贵德、平安、循化、乐都、民和、互助、化隆、西宁、门源。生于石质山坡、黄土丘陵、河谷阶地、路旁，海拔 1 800~3 900m。

（五）西北针茅 *Stipa krylovii* Roshev.

茎叶柔软，产草量高，耐干旱，幼苗期为温性草原地区各类家畜喜食的主要牧草。产玉树、泽库、德令哈、都兰、乌兰、天竣、兴海、共和、同德、平安、乐都、互助、刚察、海晏、祁连、门源、西宁。生于干山坡、平滩地、河谷阶地、山前洪积扇，海拔 2 200~3 900m。

（六）异针茅 *Stipa aliena* Keng

茎叶柔软，为草原地区各类家畜喜食的优良牧草。产于杂多、治多、曲麻莱、囊谦、玉树、玛多、久治、玛沁、泽库、河南、天竣、兴海、共和、同德、贵南、刚察、祁连、门源、大通。生于山坡草甸、阳坡灌丛、冲积扇及河谷阶地，海拔 3 100~4 600m。

（七）紫花针茅 *Stipa purpurea* Griseb.

茎叶柔软，产草量高，耐践踏，为高寒草原、高寒草甸草原的优势植物，为各类家畜喜食。产于杂多、治多、曲麻莱、玉树、囊谦、称多、玛多、玛沁、天竣、都兰、乌兰、同仁、泽库、河南、兴海、共和、贵南、刚察、门源、祁连、乐都。生于高山草甸、山前洪积扇、河谷阶地，海拔 2 700~4 700m。

（八）短花针茅 *Stipa breviflora* Griseb.

茎叶柔软，幼苗期为温性荒漠草原各类家畜喜食的优良牧草。产于玉树、尖扎、德令哈、都兰、乌兰、天竣、兴海、贵德、贵南、湟源、乐都、海晏、刚察。生于山坡、河谷阶地，海拔 2 200~3 800m。

（九）羊茅 *Festuca ovina* L

春季萌发早，是春夏季的放牧牧草；具有耐寒、耐旱、耐牲畜践踏的特点，是温性草原各类家畜均喜食的优良牧草。产于杂多、治多、曲麻莱、玉树、玛沁、同仁、天竣、贵南、兴海、共和、乐都、门源。生于山坡草地、高山草甸、河岸沙滩地，海拔 3 200~4 750m。

（十）芦苇 *Phragmites australis*（Cav.）Trin. ex Steud.

优良的固堤护坡植物；幼嫩时为盐化草甸家畜的优良牧草。产于班玛、同仁、泽库、共和、兴海、贵德、贵南、西宁、大通、循化、格尔木、德令哈、都兰、乌兰、天竣。生于湖边、沼泽、沙地、河岸、田边，海拔 2 000~3 200m。

（十一）草地早熟禾 *Poa pratensis* L.

生长期长，根茎繁殖力强，耐牲畜践踏，为各类家畜所喜食；本种也是高寒退化草地植被恢复的首选草种，目前在青海省三江源地区广泛种植。产于杂多、囊谦、玉树、玛多、尖扎、同仁、泽库、格尔木、都兰、兴海、西宁、大通、循化、乐都、民和、互助、刚察、祁连、门源。生于山坡草地、灌丛、河漫滩、林下、河边，海拔 2 000~4 300m。

（十二）冷地早熟禾 *Poa crymophila* Keng ex C. Ling

耐牧力强，为牲畜终年采食；本种分布广，耐寒性强，可作高寒草地植被恢复的首选草种。产于全省各地。生于山坡草地、高山草甸、灌丛、林缘、河滩、疏林、草原，海拔 2 300~4 300m。

（十三）碱茅 *Puccinellia distans*（L.）Parl.

营养丰富，为盐化草甸各类家畜所喜食的优良牧草；耐盐碱，可作为盐碱地的改良草种。产于曲麻莱、格尔木、都兰、贵德、湟中、民和、西宁。生于草丛、河滩、林下，海拔 1 900~4 400m。

（十四）星星草 *Puccinellia tenuiflora*（Griseb.）Scribn. et Merr.

形成盐化草甸的建群种；茎叶含蛋白质较高，是家畜和骆驼喜食的优良牧草。产于都兰、共和、兴海、同德、贵南、西宁、民和、刚察、海晏。生于草原盐化湿地、固定沙滩、沟旁渠岸草地上，海拔 500~4 000m。

（十五）细株短柄草 *Brachypodium sylvaticum*（Huds.）Beauv. var. *gracile*

茎叶柔软，营养丰富，各类家畜喜食。在山地草甸地区的林下可形成优势群落。产于玉树、囊谦、班玛、玛多、泽库、河南、同德、湟中、互助。生于山坡、林下，海拔 2 300~4 300m。

（十六）寡穗茅 *Littledalea przevalskyi* Tzvel

茎叶柔软，营养丰富，各类家畜喜食。在高寒草原常形成优势群落。产于曲麻莱、玉树、称多、玛多、玛沁、格尔木、都兰、贵德、湟源、门源。生于山坡草地、灌丛、草甸、沙滩、滩地，海拔 2 700~4 900m。

（十七）冰草 *Agropyron cristatum*（L.）J. Gaertn.

具有发达的根茎，再生力强，在温性草原可形成优势群落。萌发早，枯萎晚，耐践踏，为优良牧草，可青牧，也可调制干草。产于玛多、格尔木、德令哈、都兰、乌兰、兴海、共和、贵南、西宁、刚察、祁连、门源。生于干旱山坡、沙地、山谷、湖岸，海拔 2 800~4 500m。

（十八）垂穗披碱草 *Elymus nutans* Griseb.

茎叶柔软，适口性好，为山地草甸家畜喜食的优良牧草；该植物耐寒、耐旱，有强的分蘖能力，可作水土保持植物；也是退化草地植被恢复的首选草种。产于全省各地。生于山坡、草原、林缘、灌丛、田边、路旁、河渠、湖岸，海拔 2 600~4 900m。

（十九）赖草 *Leymus secalinus*（Georgi）Tzvel.

具有发达的根茎，再生力强，在盐化草甸可形成优势群落。返青草，营养丰富，为家畜喜食的优良牧草。产于全省各地。生于山坡草地、河滩湖岸、林缘、田边，海拔 1 900~4 300m。

（二十）双叉细柄茅 *Ptilagrostis dichotoma* Keng ex Tzvel.

茎叶柔软，耐寒、耐旱，在高寒草甸可与高山嵩草形成优势群落，为各类家畜所喜食。产于杂多、治多、囊谦、玉树、久治、泽库、河南、天峻、兴海、共和、大通、互助、祁连、门源。生于高山草甸、山坡草地、河滩、灌丛，海拔 3 200~4 500m。

二、莎草科植物

青海产5属，72种，4亚种，2变种。由莎草科植物作为优势种或亚优势种的草地类型构成了青海省高寒草甸的主体。常见的植物有嵩草属的高山嵩草、矮生嵩草、线叶嵩草、西藏嵩草、甘肃嵩草、粗壮嵩草，苔草属的青藏苔草、黑褐苔草、糙喙苔草等，扁穗草属的华扁穗草，藨草属的双柱头藨草等。莎草科植物茎叶柔软、适口性好、营养丰富，是天然草地草食动物的重要饲用植物。

（一）高山嵩草 Kobresia pygmaea C. B. Clarke

高寒草甸草原的建群种之一，生态价值高；该种营养丰富，适口性好，为家畜喜食的优良牧草。产于全省各地。生于河滩、草甸、沟谷、灌丛、林下，海拔 3 200~5 000m。

（二）矮生嵩草 Kobresia humilis（C. A. Mey. ex Trautv.）Serg.

高寒草甸的建群种之一，耐践踏，生态价值高；该种草质柔软，营养成分含量高，适口性好，为家畜喜食的优良牧草。产于杂多、治多、囊谦、玉树、玛多、玛沁、泽库、德令哈、都兰、天峻、兴海、共和、贵南、湟源、湟中、乐都、平安、互助、刚察、门源。生于河滩、灌丛、高山草甸、山坡草甸、沼泽草甸、谷地，海拔 2 500~4 850m。

（三）线叶嵩草 Kobresiaca pillifolia（Decne.）C.

高寒草甸的建群种之一，生态价值高；该种草质柔软，营养成分含量高，适口性好，为家畜喜食的优良牧草。产于全省各地。生于高山草甸、灌丛、河谷、河滩、林间，海拔 2 400~4 700m。

（四）西藏嵩草 Kobresia tibetica Maxim.

该种为高寒沼泽草甸的建群种，生态价值高；另外，西藏嵩草营养丰富，适口性好，为家畜喜食的优良牧草。产于杂多、治多、曲麻莱、囊谦、玉树、玛多、玛沁、泽库、兴海、共和、互助、刚察、祁连、门源。生于沼泽草甸、河滩、灌丛，海拔 2 500~5 000m。

（五）甘肃嵩草 Kobresia kansuensis Kukenth.

该种为高寒沼泽草甸的建群种，优良牧草，家畜喜食。产于玉树、囊谦、称多、杂多、治多、曲麻莱、玛沁、久治、同仁、泽库、河南、同德。生于高山灌丛中、河漫滩、沼泽草甸、山谷，海拔 3 500~4 800m。

（六）粗壮嵩草 Kobresia robusta Maxim.

高寒草原、高寒荒漠的常见种；营养丰富，适口性好，为家畜喜食的优良牧草。产于唐古拉、杂多、治多、囊谦、玉树、玛多、玛沁、泽库、兴海、共和、贵南、互助、刚察。生于沙丘、河滩，海拔 2 800~4 700m。

（七）青藏苔草 Carex moorcroftii Falc. ex Boott

该种可在高寒草原形成优势群落；营养价值高，可作牧草。产于杂多、治多、曲麻莱。生于沙丘、河滩，海拔 2 800~4 900m。

（八）黑褐穗苔草 Carex atrofusca Schkuhr subsp. minor（Boott）T. Koyama

该种分布广，常在河滩、草甸成片生长；草质柔软，营养价值高，家畜喜食，可作牧草。产全省各地。生于山坡草甸、灌丛草甸、河漫滩，海拔 2 600~5 000m。

（九）糙喙苔草 Carex scabrirostris Kukenth.

在沼泽化高寒草甸可与西藏嵩草形成共优群落，该种营养价值高，家畜喜食，可作牧草。产杂多、治多、曲麻莱、玉树、玛多、玛沁、尖扎、同仁、泽库、兴海、大通、湟源、乐都、民和、祁连、门源。生于草甸、灌丛、林下、沟谷，海拔 2 600~4 500m。

（十）华扁穗草 Blysmus sinocompressus Tang et Wang

该种分布广，常在河滩、沼泽地形成成片的群落；草质柔软，营养价值高，家畜喜食。产于全省各地。生于沟谷、河滩、沼泽地，海拔 1 900~4 200m。

（十一）**双柱头蘑草** *Scirpus distigmaticus*（Kukenth.）Tang et Wang

在沼泽化高寒草甸可形成群落，该种可作家畜的牧草，但产草量低。产于玉树、囊谦、称多、杂多、治多、曲麻莱、久治、玛沁、尖扎、同仁、泽库、兴海、民和、互助、共和、祁连、门源、大通。生于高山草原、半阳坡潮湿地或水边，海拔 2 500~4 500m。

三、菊科植物

菊科是青海省分布种类最多的一类，产 73 属，287 种，主要有亚菊属、香青属、火绒草属、风毛菊属、蒿属、垂头菊属、橐吾属、紫菀属、狗娃花属、蒲公英属、紫菀木属等，其中，冷蒿、沙蒿、灰木紫菀、中亚紫菀木、矮丛风毛菊、细叶亚菊等植物可形成优势群落。除蒿属以外，菊科植物能被家畜饲用的种类不多，主要原因是很多植物或具有气味，导致家畜不喜食，或植物体具刚毛及刺、或含有有毒成分，易对家畜造成伤害。

（一）**冷蒿** *Artemisia frigida* Willd.

在温性草原可形成成片的群落，可作家畜的饲料。产于称多、玛多、都兰、乌兰、共和、同德、西宁、平安、乐都、互助。生于干旱山坡、沙滩、河岸阶地，海拔 2 200~4 300m。

（二）**沙蒿** *Artemisia desertorum* Spreng.

为草地植被群落的主要伴生种，在部分温性荒漠草地可成片分布；秋季家畜采食。产于玉树、囊谦、玛多、玛沁、班玛、久治、同仁、泽库、河南、格尔木、乌兰、德令哈、兴海、共和、贵德、同德、西宁、湟中、乐都、互助、大通。生于草原、草甸、森林草原、高山草原、荒坡、砾质坡地、干河谷、河岸边、林缘及路旁等。

（三）**灰木紫菀** *Aster poliothamnus* Diels

在温性草原可形成成片的群落。产于玉树、玛沁、班玛、久治、同仁、泽库、河南、兴海、共和、循化、湟源、湟中、乐都、民和。生于干旱山坡，峡谷阳坡和林间空地，海拔 2 500~3 800m。

（四）**中亚紫菀木** *Asterothamnus centraliasiaticus* Novopokr.

在温性草原可形成成片的群落，为重要的水土保持植物；幼枝为骆驼的上等饲草。产于尖扎、同仁、格尔木、德令哈、大柴旦、都兰、共和、循化、贵德。生于山坡、河岸，海拔 1 900~3 600m。

（五）**矮丛风毛菊** *Saussurea eopygmaea* Hand. –Mazz.

在高寒草原可形成群落。产于玉树、囊谦、称多、杂多、治多、曲麻莱、玛多、玛沁、班玛、同仁、泽库、河南、贵南、共和、门源。生于灌丛中，山坡及高山草甸，海拔 3 300~5 000m。

（六）**细叶亚菊** *Ajania tenuifolia*（Jacq.）Tzvel.

为退化高寒草地植物群落的优势植物；牛羊采食。产于玉树、囊谦、称多、玛多、玛沁、班玛、尖扎、同仁、河南、都兰、天峻、共和、贵南、湟源、大通、循化、乐都、祁连、门源。生于河滩、草甸、多石山坡，海拔 3 000~4 500m。

四、藜科植物

青海产 19 属，约 63 种，10 变种，其中盐爪爪属的细枝盐爪爪，驼绒藜属的驼绒藜、垫状驼绒藜，猪毛菜属的木本猪毛菜、蒿叶猪毛菜，梭梭属的梭梭等植物是构成荒漠草地的重要组成成分。

（一）细枝盐爪爪 *Kalidium gracile* Fenzl.

为温性荒漠类草地的重要组成成分，可单独形成群落或与红砂组成共优群落，可作牧草或家畜的饲料。产于共和、德令哈、都兰、乌兰。生于盐湖滨、盐沼以及盐碱地，海拔2 800~3 300m。

（二）驼绒藜 *Ceratoides lateens*（J. F. Gmel）Reveal et Holmgren

为温性荒漠类草地的重要组成成分，可单独形成群落或与猪毛菜属的植物组成共优群落，可作牧草或家畜的饲料。产于玉树、玛沁、玛多、同仁、泽库、共和、兴海、同德、门源、德令哈、格尔木、都兰、乌兰、大柴旦、天峻、西宁、大通、乐都、循化、民和。生于干旱山坡、干旱河谷阶地、荒漠平原及河滩，海拔2 500~4 500m。

（三）垫状驼绒藜 *Ceratoides compacta*（Losinsk.）Tsien et C. G. Ma

为高寒荒漠类草地的重要植物种类，可作家畜的饲草料。产于治多、曲麻莱、玛多、祁连、德令哈、格尔木、大柴旦。生于高寒荒漠、湖滨滩地、荒漠草原，海拔4 100~5 000m。

（四）木本猪毛菜 *Salsola arbuscula* Pall.

为温性荒漠类草地的建群种之一，可作家畜的饲草料。产于德令哈、大柴旦、都兰。生于干旱山坡、山前砾质平原和沙丘附近，海拔2 800~3 300m。

（五）蒿叶猪毛菜 *Salsola abrotanoides* Bunge

为温性荒漠类草地的建群种之一，可作家畜的饲草料。产于共和、兴海、德令哈、芒崖、大柴旦、都兰、乌兰。生于盐碱化荒漠滩地、沟谷、山坡、山前干旱砾质地及干旱荒漠化草原，海拔2 800~3 500m。

（六）梭梭 *Haloxylon ammodendron*（C. A. Mey.）Bunge

为盐土质荒漠草地建群种之一，可作骆驼饲料。产于都兰、格尔木。生于沙丘、沙石滩、盐碱土荒漠，海拔2 600~3 000m。

五、豆科植物

青海产32属，187种，24变种，4变型，常见的植物有锦鸡儿属、黄芪属、高山豆属、扁蓄豆属、岩黄芪属、棘豆属、黄华属等，但构成群落优势种的较少，如短叶锦鸡儿、鬼箭锦鸡儿；豆科植物中的很多种类有毒；有饲用价值的有高山豆、花苜蓿等，营养价值高，家畜喜食，但植株比较低矮、产量低。

（一）短叶锦鸡儿 *Caragana brevifolia* Kom.

为灌丛草甸的重要组成成分。产于西宁、大通、海东、黄南、海南、果洛、玉树。生于山坡草地、沟谷林缘、灌丛中，海拔2 100~3 800m。

（二）鬼箭锦鸡儿 *Caragana jubata*（Pall.）Poir.

为高寒灌丛的重要组成成分。产于大通、海北、海东、黄南、海南、果洛、玉树。生于阴山坡、高山灌丛，海拔3 000~4 700m。

六、柽柳科植物

青海产3属，18种。常见种有红砂属的红砂、五柱红砂，柽柳属的多枝柽柳、长穗柽柳、多花柽柳等，在温性荒漠可形成优势群落。

（一）红砂 *Reaumuria songarica*（Pall.）Maxim.

在土砾质温性荒漠形成优势群落，或与盐爪爪、猪毛菜形成共优群落。产于海西、海南、海东、西宁。生于荒漠、半荒漠、盐碱地及干旱山坡，海拔 1 800~3 000m。

（二）五柱红砂 *Reaumuria kaschgarica* Rupr.

在土砾质温性荒漠形成优势群落。产于海西州各县。生于盐土荒漠、砾石山坡、干旱山坡，海拔 2 600~3 900m。

（三）多枝柽柳 *Tamarix ramosissima* Ledeb.

在盐土质温性荒漠可形成优势群落，根系具很强的固沙能力，形成高大的沙包。产于格尔木、大柴旦、都兰。生于干河床、洪积扇、河漫滩、阶地、盐碱滩和沙丘，海拔 2 700~2 950m。

（四）长穗柽柳 *Tamarix elongate* Ledeb.

在盐土质温性荒漠可形成优势群落，根系具很强的固沙能力，形成高大的沙包。产于格尔木、都兰、共和。生于荒漠地区的河谷、河岸、湖边、冲积平原、阶地和沙丘，海拔 2 700~2 900m。

（五）多花柽柳 *Tamarix hohenackeri* Bunge

在盐土质温性荒漠可形成优势群落。产于格尔木、德令哈、都兰。生于轻盐渍化的洪积扇、河湖边沙地、河谷及灌丛，海拔 2 700~2 900m。

七、蒺藜科植物

青海产 4 属，9 种。常见的种有白刺属的小果白刺、大白刺、白刺，在盐土质温性荒漠可形成优势群落。

（一）小果白刺 *Nitraria sibirica* Pall.

在盐土质温性荒漠可形成优势群落。产于尖扎、格尔木、德令哈、冷胡、大柴旦、都兰、乌兰、共和、兴海、贵德、西宁、化隆、循化、乐都、民和。生于山坡滩地、湖边沙地、荒漠草原、沙丘或路旁，海拔 1 800~3 700m。

（二）大白刺 *Nitraria roborowskii* Kom.

在盐土质温性荒漠可形成优势群落。产于格尔木、德令哈、茫崖、大柴旦、都兰、乌兰、贵德、贵南、西宁。生于荒漠草原、戈壁沙滩、沙丘上及渠边和沟边沙地，海拔 2 300~3 300m。

（三）白刺 *Nitraria tangutorum* Bobr.

在盐土质温性荒漠可形成优势群落。产于同仁、格尔木、德令哈、大柴旦、都兰、乌兰、共和、兴海、贵德、西宁、民和。生于干山坡、河谷、河滩、戈壁滩、冲积扇前缘，海拔 1 900~3 500m。

八、蔷薇科植物

青海产 29 属，125 种，25 变种。委陵菜属、绣线菊属、鲜卑花属植物是构成各种灌丛草地的重要成分，常形成优势群落。

（一）金露梅 *Potentilla fruticosa* L.

在高寒灌丛草甸形成优势群落。产于全省各地。生于高山灌丛、高山草甸、林缘、河滩、山坡，海拔 2 500~4 200m。

（二）小叶金露梅 *Potentilla parvifolia* Fisch.

在高寒灌丛草甸形成优势群落。产于青海省各州县。生于高山草甸、林缘、灌丛、河漫滩、沟谷山坡，海拔 2 230~5 000m。

（三）鲜卑花 *Sibiraea laevigata*（L.）Maxim.

在灌丛草甸形成优势群落或共优群落。产于治多、久治、玛沁、尖扎、同仁、泽库、兴海、共和、同德、西宁、大通、湟中、乐都、民和、互助、海晏、祁连、门源。生于高山山坡、草甸、灌丛、河滩，海拔 2 300~4 000m。

（四）窄叶鲜卑花 *Sibiraea angustata*（Rehd.）Hand. –Mazz.

在灌丛草甸形成优势群落或共优群落。产于杂多、曲麻莱、囊谦、玉树、称多、班玛、久治、玛沁、同仁、泽库、河南、乌兰、共和、同德、乐都、互助、刚察、海晏、门源、湟源、湟中、平安、大通。生于高山山坡、灌丛或河漫滩，海拔 2 500~4 300m。

（五）高山绣线菊 *Spiraea alpina* Pall.

在灌丛草甸形成优势群落或共优群落。产于玉树、囊谦、玛沁、玛多、班玛、久治、同仁、尖扎、泽库、河南、共和、兴海、同德、海晏、祁连、门源、大通、湟中、乐都、化隆、循化、民和、互助。生于高山山坡、草甸、灌丛、河漫滩、河谷阶地，海拔 2 900~4 600m。

九、夹竹桃科植物

青海产 2 属，3 种，其中比较常见的为罗布麻属的白麻。

白麻 *Apocynum pictum* Schrenk

盐化低地草甸常与芦苇构成共优群落。产于乌兰、格尔木。生于沙滩、草甸盐土、盐碱滩，海拔 2 700~3 100m。

十、景天科植物

青海有 4 属，28 种 2 变种。常见的有红景天属的唐古红景天。

唐古红景天 *Rhodiola tangutica*（Maxim.）S. H. Fu

在高寒荒漠可形成优势群落。产于玉树、杂多、曲麻莱、称多、玛多、班玛、久治、泽库、河南、共和、兴海、德令哈、乌兰、天峻、大通、湟源、湟中、乐都、化隆、互助。生于高山草甸、高山流石滩，海拔 3 100~4 850m。

十一、鸢尾科植物

青海产 4 属，12 种，4 变种。比较常见的为鸢尾属的马蔺。

马蔺 *Iris lactea* Pall.

在盐化低地草甸形成优势群落。产于全省各地。生于干旱山坡、高山草地、荒地、湿地，海拔 2 200~4 900m。

十二、杨柳科植物

青海产 2 属，22 种。柳属植物中的山生柳是构成灌丛草地的重要成分，常形成优势群落。

山生柳 *Salix oritrepha* Schneil.

幼叶为牛羊所喜食。产于全省各地。生于山谷、山坡、草地，海拔 2 100~4 700m。

十三、杜鹃花科植物

青海产 2 属，13 种，其中，杜鹃花属的青海杜鹃、头花杜鹃和千里香杜鹃是构成高寒灌丛草甸的重要成分，常形成杜鹃花灌丛，或与金露梅、山生柳、鲜卑花等形成共优群落。

（一）**青海杜鹃** *Rhododendron przewalskii* Maxim.

产于尖扎、泽库、贵德、湟中、循化、乐都、互助。生于高山阴坡，海拔 2 800~3 800m。

（二）**头花杜鹃** *Rhododendron capitatum* Maxim.

产于玛沁、尖扎、同仁、泽库、河南、兴海、贵德、同德、湟中、循化、平安、乐都、互助、门源。生于高山阴坡，海拔 2 970~4 300m。

（三）**千里香杜鹃** *Rhododendron thymifolium* Maxim.

产于尖扎、同仁、泽库、贵德、循化、平安、乐都、互助、门源。生于阴坡，海拔 2 800~3 800m。

十四、蓼科植物

青海有 8 属，50 种，3 变种。常见且具较高饲用价值的种有蓼属的珠芽蓼、圆穗蓼、西伯利亚蓼等。

（一）**珠芽蓼** *Polygonum viviparum* L.

分布于高寒草甸、高寒灌丛，常与线叶嵩草构成群落的优势植物；根状茎及种子富含淀粉，可作家畜的饲料、牧草。产于全省各地。生于灌丛、林缘、河滩、潮湿草地，海拔 2 000~4 200m。

（二）**圆穗蓼（头花蓼）** *Polygonum macrophyllum* D. Don

广泛分布于高寒草甸、高寒灌丛，常与高山嵩草构成群落的优势植物；种子富含淀粉，为优良牧草。产于全省各地。海拔 3 000~4 800m。

（三）**西伯利亚蓼** *Polygonum sibiricum* Maxim.

生于盐碱滩地、湖滨滩地，形成优势群落，全草可作饲料。产于全省各地。生于河岸、湖滨砂砾地、盐碱地，海拔 1 800~4 600m。

第二节　主要有毒有害植物

一、有毒植物

天然草地上的一些植物含有生物碱、配糖体、挥发油、有机酸等化学物质，当该类植物被家畜误食后，轻则引起家畜发育异常，重则导致中毒死亡，这类植物称为有毒植物。根据路远新（1988）、史志诚等（1997）、巩爱岐（2004）等研究及《中国草地重要有毒植物》等文献，青海天然草地主要有毒植物介绍如下。

（一）问荆 Equisetum arvense L.

木贼科（Equisetaceae）问荆属（Equisetum）植物。全草有毒，有毒成分为犬问荆碱。

（二）麻黄 Ephedra ssp.

麻黄科（Ephedraceae）麻黄属（Ephedra）的草麻黄（E. sinica）、木贼麻黄（E. equisetina）、中麻黄（E. intermedia）、膜果麻黄（E. przewalskii）等植物，均有毒，有毒成分为麻黄碱和伪麻黄碱等。

（三）荨麻 Urtica ssp.

荨麻科（Urticaceae）荨麻属（Urtica）的宽叶荨麻（U. laetevirens）、高原荨麻（U. hyperborea）等植物。全草有刺毛，刺毛的薄壁球状细胞内含蚁酸、丁酸等，可引起皮肤过敏反应。

（四）乌头 Aconitum ssp.

毛茛料（Ranunculaceae）乌头属（Aconitum）的铁棒锤（A. pendulum）、伏毛铁棒锤（A. flavum）、露蕊乌头（A. gymnandrum）、高乌头（A. sinomontanum）、松潘乌头（A. sungpanense）、甘青乌头（A. tanguticum）等植物。全草有毒，根及块根的毒性较大。有毒成分主要是乌头碱、下乌头碱等生物碱。

（五）毛茛 Ranunculus ssp.

毛茛料毛茛属（Ranunculus）的高原毛茛（R. tanguticus）、云生毛茛（R. nephelogenes）等植物。全草有毒，主要含毛茛甙。

（六）野罂粟 Papaver nudicaule L.

罂粟科（Papaveraceae）罂粟属（Papaver）植物。全草有毒。有毒成分为野罂粟碱、野罂粟醇等生物碱。

（七）条裂黄堇 Corydalis linarioides Maxim.

罂粟科紫堇属（Corydalis）植物。全草有毒，有毒成分为紫堇灵、原阿片碱和右旋荷包牡丹碱等生物碱。

（八）绿绒蒿 Meconopsis ssp.

罂粟科绿绒蒿属（Meconopsis）的多刺绿绒蒿（M. horridula）、全缘叶绿绒蒿（M. integrifolia）等植物。全草有毒，有毒成分主要为隐品碱、黄连碱、罂粟红碱等。

（九）棘豆 Oxytropis ssp.

豆科（Leguminosae）棘豆属（Oxytropis）的黄花棘豆（O. ochrocephala）、甘肃棘豆（O. kansuensis）、急弯棘豆（O. deflexa）、小花棘豆（O. glabra）等。全草有毒，有毒成分主要是吲哚兹定生物碱等。

（十）黄芪 Astragalus ssp.

豆科黄芪属（Astragalus）的劲直黄芪（A. strictus）、变异黄芪（A. vanriabilis）、丛生黄芪（A. confertus）、多枝黄芪（A. polycladus）和松潘黄芪（A. sungpanensis）等植物。全草有毒，有毒成分主要是吲哚兹定生物碱-苦马豆素。

（十一）苦豆子 _Sophora alopecuroides_ L.

豆科苦参属（_Sophora_）植物。全草有毒。有毒成分为多种生物碱，如苦豆碱、苦参碱、槐胺碱、槐定碱、金雀花碱等。

（十二）披针叶黄华 _Thermopsis lanceolata_ R. Br.

豆科黄华属（_Thermopsis_）植物。全草有毒，含多种生物碱，主要是双稠哌啶类生物碱的金雀花碱、野决明碱、D-鹰爪豆碱等。

（十三）大戟 _Euphorbia_ ssp.

大戟科（Euphorbiaceae）大戟属（_Euphorbia_）的青藏大戟（_E. altotibetica_）、甘青大戟（_E. micractina_）等植物。植物体多有白色或黄色乳汁，对皮肤、黏膜有强烈刺激作用，可引起红肿、发炎，并且有促癌作用。

（十四）狼毒 _Stellera chamaejasme_ L.

瑞香科（Thymelaeaceae）狼毒属（_Stellera_）植物。全株有毒，有毒成分为狼毒素等，家畜采食则会出现中毒现象。

（十五）山莨菪 _Anisodus tanguticus_（Maxim.）Pascher

茄科（Solanaceae）山莨菪属（_Anisodus_）植物。全株有毒，有毒成分为山莨菪碱、樟柳碱、东莨菪碱、红古豆碱、托品碱等。

（十六）马尿泡 _Przewalskia tangutica_ Maximo.

茄科马尿泡属（_Przewalskia_）植物。全株有毒，有毒成分主要为莨菪碱、东莨菪碱、阿朴阿托品、山莨菪碱、托品碱等。

（十七）天仙子 _Hyoscyamus niger_ L.

茄科天仙子属（_Hyoscyamus_）植物。全草有毒，有臭味，牲畜通常不食。有毒成分为莨菪碱、东莨菪碱、阿朴阿托品、颠茄碱等。

（十八）橐吾 _Ligularia_ ssp.

菊科（Compositae）橐吾属（_Ligularia_）的黄帚橐吾（_L. virgaurea_）、箭叶橐吾（_L. sagitta_）等植物。全株有毒，有毒成分主要是倍半萜内酯化合物。

（十九）醉马草 _Achnatherum inebrians_（Hance）Keng

禾本科（Gramineae）芨芨草属（_Achnatherum_）植物。含内生真菌，易对马属动物会造成危害。

二、有害植物

天然草地上的一些植物其植株、果实带有钩刺或芒，常常刺伤家畜，造成机械损伤或降低畜产品质量，重则也能引起家畜死亡，这类植物称为有害植物。青海天然草地主要有害植物有以下一些种类。

（一）具刺灌木

青海天然草地分布的有些灌木其植物体生长有较长的硬刺，不仅影响牲畜的行走，同时也易刺伤牲畜。常见的具刺灌木有小檗科的直穗小檗（_Berberis dasystachya_）、鲜黄小檗（_B. diaphana_）、刺檗（_B. vulgaris_），虎耳草科的冰川茶藨（_Ribes glaciale_）、糖茶藨（_R. himalense_）、柱腺茶藨（_R. orientale_）、长果茶藨（_R. stenocarpum_），蔷薇科的紫色悬钩子（_Rubu sirritans_）、库叶悬钩子（_R. sachalinensis_），豆科的骆驼刺（_Alhagi camelorum_）、短叶锦鸡儿（*Caragana brevifolia*）、川西锦鸡儿（*C. erinacea*）、鬼箭锦鸡儿（*C. jubata*）、甘蒙锦鸡儿（*C. opulens*）、荒漠锦鸡儿（*C. roborovskyi*）、刺叶柄棘豆（*Oxytropis aciphylla*）、胶黄芪状棘豆（*O. tragacanthoides*），蒺藜科的大白刺（*Nitraria roborowskii*）、小果白刺（*N. sibirica*）、白刺（*N. tangutorum*），胡颓子科的肋果沙棘（*Hippophae neurocarpa*）、中国沙棘（*H. rhamnoides* subsp. *sinensis*）、西藏沙棘（*H. thibetana*），忍冬科的刚毛忍冬（*Lonicera hispida*）等。

（二）具刺草本植物

1. 具芒刺的禾本科植物

禾本科植物中的有些种类，其内外稃片、颖片具有芒刺，轻者损害牲畜健康，重则致牲畜死亡。

天然草地常见的有针茅属的异针茅（*Stipa aliena*）、狼针草（*S. baicalensis*）、短花针茅（*S. breviflora*）、长芒草（*S. bungeana*）、丝颖针茅（*S. capillacea*）、沙生针茅（*S. glareosa*）、大针茅（*S. grandis*）、西北针茅（*S. krylovii*）、疏花针茅（*Stipa penicillata*）、甘青针茅（*S. przewalskyi*）、紫花针茅（*S. pururea*）、狭穗针茅（*S. regeliana*）、座花针茅（*S. subsessiliflora*）、戈壁针茅（*Stipa tianschanica* var. *gobica*），芨芨草属的羽茅（*Achnatherum sibiricum*），细柄茅属的太白细柄茅（*Ptilagrostis concinna*）、双叉细柄茅（*Ptilagrostis dichotoma*），锋芒草属的锋芒草（*Tragus racemosus*）等植物。

2. 具刺的其他草本植物

有些草本植物的茎、叶、花、果实、种子，具针状刺、棘刺或钩毛，或者植物体具腺体的蜇毛，这类植物能引起家畜皮肤过敏或被刺伤，影响牲畜健康。

常见的种类有：荨麻科的高原荨麻（*Urtica hyperborea*）、西藏荨麻（*U. tibetica*）、羽裂荨麻（*U. triangularis* subsp. *pinnatifida*），藜科的沙蓬（*Agriophyllum squarrosum*）、猪毛菜（*Salsola collina*）、刺沙蓬（*S. ruthenica*），罂粟科的多刺绿绒蒿（*Meconopsis horridula*）、总状花绿绒蒿（*M. horridula*）、全缘叶绿绒蒿（*M. integrifolia*）、红花绿绒蒿（*M. punicea*）、五脉绿绒蒿（*M. quintuplinervia*），蒺藜科的蒺藜（*Tribulus terrestris*），紫草科的锚刺果（*Actinocarya tibetica*）、疏花软紫草（*Arnebia szechenyi*）、糙草（*Asperugo procumbens*）、甘青琉璃草（*Cynoglossum gansuense*）、倒钩琉璃草（*C. wallichii* var. *golchdiatum*）、矮齿缘草（*Eritrichium humillimum*）、青海齿缘草（*E. medicarpum*）、蓝刺鹤虱（*Lappula consanguinea*）、卵盘鹤虱（*L. redowskii*）、颈果草（*Metaeritrichium microuloides*）、尖叶微孔草（*Microula blepharolepis*）、多花微孔草（*M. floribunda*）、甘青微孔草（*M. pseudotrichocarpa*）、微孔草（*M. sikkimensis*）、宽苞微孔草（*M. tangutica*）、西藏微孔草（*M. tibetica*）、长叶微孔草（*M. trichocarpa*）、紫筒草（*Stenosolenium saxatiles*）、附地菜（*Trigonotis peduncularis*）、祁连山附地菜（*T. petiolaris*）、西藏附地菜（*T. tibetica*），茜草科的刺果猪殃殃（*Galium echinocarpum*）、砧草（*G. boreale*），川续断科的白花刺参（*Morina alba*）、圆萼刺参（*M. chinensis*）、青海刺参（*M. kokonorica*），菊科的苍耳（*Xanthium sibiricum*）、飞廉（*Carduus crispus*）、藏蓟（*Cirsium lanatum*）、刺儿菜（*C. setosum*）、牛口刺（*C. shansiense*）、葵花大蓟（*C. souliei*）、砂蓝刺头（*Echinops gmelini*）、青海鳍蓟（*Olgaea tangutica*）、黄缨菊（*Xanthopappus subacaulis*）等。

第二篇　基本技能实习

第五章　农业气象学实习

实习一　地面气象观测场

一、目的和要求

通过本次实习，了解地面气象观测场的建立条件及各种仪器的布局；掌握地面气象观测场建立的原则、面积大小等要求；掌握地面气象观测场内的各种仪器安装位置和要求，观测场内各种仪器应该如何布局及其原因。

二、材料和器具

风速风向传感器、温湿度传感器、干湿球温度表、最低最高温度表、温度计、湿度计、虹吸式雨量计、翻斗式雨量传感器、小型蒸发器、日照计、地面温度表、浅层地温表及传感器、深层地温表及传感器、辐射表、自动站采集器及气压传感器、电线积冰架，草温传感器、冻土器。

三、实习内容

（一）了解观测场的选址条件要求，观测场的整备要求及标准
（二）掌握气象观测场内各种仪器安装位置和要求，熟悉各种仪器如何布置的原因
（三）了解气象数据观测的项目，熟悉观测程序，掌握观测方法

四、方法和步骤

（一）环境条件要求

地面气象观测场必须符合气象观测技术上的要求。地面气象观测场是取得地面气象资料的主要场所，地点应设在能较好反映本地较大范围的气象要素特点的地方，避免局部地形的影响。观测场四周空旷平坦，避免设在陡坡、洼地或邻近有丛林、铁路、公路、工矿、烟囱、高大建筑的地方。避开地方性雾、烟等大气污染严重的地方。地面气象观测四周障碍物的影子应不会投射到日照和辐射观测仪器的受光面上，附近没有反射照的物体。在城市或工矿区，观测场应选择在城市或工矿区最多风向的上风方。观测场的周围环境应符合《中华人民共和国气象法》以及有关气象观测环境保护的法规、规章和规范性文件的要求。地面气象观测的环境必须依法进行保护。地面气象观测场周围环境发生变化后要进行详细记录。新建、迁移观测场或观测场四周的障碍物发生明显变化时，应测定四周各

障碍物的方位角和高度角，绘制地平圈障碍物遮蔽图。无人值守气象站和机动气象观测站的环境条件可根据设站的目的自行掌握。

（二）观测场

观测场一般为 25m×25m 的平整场地。确因条件限制，也可取 16m（东西向）×20m（南北向）的场地，但高山站、海岛站、无人站不受限制。需要安装辐射仪器的气象站，可将观测场南边缘向南扩展 10m。要测定观测场的经纬度（精确到分）和海拔高度（精确到 0.1m），其数据刻在观测场的固定标志上。观测场四周设置约高 1.2m 高的稀疏围栏，围栏不宜采用反光太强的材料，观测场围栏的门一般应开在背面。场地应平整，保持有均匀草层（不长草的地区例外），草高不能超过 20cm。对草层的养护，不能对观测记录造成影响。场内不能种植作物。为保持观测场地自然状态，场内铺设 0.3~0.5m 宽的小路，人员只准在小路上行走。有积雪时，除小路上的积雪可以清除外，应保持场地积雪的自然状态。根据场地内仪器布设位置和线缆铺设需要，在小路下方修建电缆沟（管）。电缆沟（管）应做到防水、防鼠，便于维护。观测场的防雷必须符合气象行业规定的防雷技术标准（QX4—2015）的要求。

（三）观测场内仪器设施的布置

观测场内仪器设施的布置应注意互不影响，便于观测操作。具体要求为：高的仪器设施安置在北边，低的仪器设施安置在南边；各仪器设施东西排列成行，南北布设成列，相互间东西间隔不小于 4m，南北间距不小于 3m，仪器距观测场边缘护栏不小于 3m。仪器安置在紧靠东西向小路南面，观测员应从北面接近仪器。辐射观测仪器一般安装在观测场南面，观测仪器感应面不能受任何障碍物影响。因条件限制不能安装在观测场内的观测仪器，总辐射、直接辐射、散射辐射、日照意见风观测仪器可安装在天空条件符合要求的屋顶平台上，反射辐射和净全辐射观测仪器安装在符合条件的有代表性下垫面的地方。北回归线以南的地面气象观测站观测场内仪器设施的布置可根据太阳位置的变化进行灵活掌握，使观测员的观测活动尽量减少对观测记录代表性和准确性的影响。

（四）观测任务

地面气象观测工作的基本任务是观测、记录处理和编发气象报告。

为积累气候资料，应按照规定时次进行定时气象观测。自动观测项目每天进行 24 次定时观测；人工观测项目，昼夜守班站每天进行 02、08、14、20 时共 4 次定时观测，白天守班站每天进行，但仍然保留了 4 次按规定进行人工定时观测。为制作天气预报提供气象实况资料按规定的时次进行天气观测，并按规定的种类和电码及数据格式编发各种地面气象报告，还需进行国家气象主管机构根据需要新增加的观测。按省、地（市）、县级气象主管机构的规定，进行自定项目和开展气象服务所需项目的观测。经省级气象主管机构指定的气象站，按规定的时次、种类和电码，观测、编发定时加密天气观测报告、不定时加密雨量观测报告和其他气象报告。按统一的格式和规定统计整理观测记录，按时形成并传输观测数据文件和各种报表数据文件，并可按要求打印出各类报表。按有关协议观测、编发定时航空天气观测报告和不定时危险天气观测报告，对出现的灾害性天气及时进行调查、记载。

（五）观测项目

按国家气象主管机构规定的方法和要求开展的观测项目如下。

各气象站均需观测的项目：云、能见度、天气现象、气压、空气的温度和湿度、风向和风速、降水、日照、蒸发、地面温度（含差草）、积雪深。

由国家气象主管机构指定地面气象观测站观测的项目：雪压及根据服务需要增加的观测项目。

（六）观测程序

1. 自动观测方式观测程序

（1）每天日出后和日落前巡视观测场和仪器设备，具体时间各站自定，但站内必须统一。

（2）整点前约 10min 查看显示的自动观测实时数据是否正常。

（3）正点时刻进行正点数据采集。

（4）正点后 0~1min，完成自动观测项目的观测，并显示正点定时观测数据，发现有缺测或异常时及时按《地面气象观测规范》第 23 章规定处理。

（5）正点后 1~3min，向微机录入人工观测数据。

（6）按照各类气象报告的时效性要求完成各种定时天气报告和观测数据文件的发送。

2. 人工观测方式观测程序

（1）一般应在正点前 30min 左右巡视观测场和仪器设备，尤其注意湿球温度表球部的湿润状况，做好湿球融冰等准备工作。

（2）整点前 20min~该时间正点观测云、查看能见度、空气温度和湿度、降水、风向和风速、气压、低温、积雪深等发报项目，连续观测天气现象。

（3）雪压、冻土、蒸发、地面状态等项目的观测可在正点前 40min 至该时间正点后 10min 内进行。

（4）日照在日落后换纸，其他项目的换纸时间由省级气象主管机构自定。

（5）电线积冰观测时间不固定，以能测得一次过程的最大值为原则。

（6）观测程序的具体安排，气象站可根据观测项目的多少确定，但气压观测时间应尽接近正点。全站的观测程序必须统一，并尽量少变动。

五、思考题

1. 观测场选址应注意的事项有哪些？
2. 观测场内仪器应如何布置？
3. 地面气象观测主要包括哪些项目？

实习二　温度观测

一、目的和要求

通过本次实习，了解测量温度的仪器设备及测量原理，掌握测温仪器的使用方法。

二、材料和器具

玻璃液体温度表、温度自记计。

三、实习内容

观测一日内温度的日变化。

四、方法和步骤

1. 于实习前一天给温度自记计换上一张新自记计纸，并给自记笔注入墨水，自记钟上弦。

2. 认识棒状温度计、套管温度表、最高温度表、最低温度表、曲管温度表、直管温度表，注意观测各种温度表的外形特征，感应球特点，标尺的精度以及每支温度表的刻度范围。

3. 取一支棒状温度计拿起或挂起，使视线高于、低于液柱顶端弯月面或与液柱顶端弯月面相切，各进行一次读数，比较读数的差异。

4. 仔细观察最高温度表、最低温度表的构造，并实测温度变化引起的最高温度和最低温度的变化。

5. 将温度自计仪上的自记纸取下，分析过去一天内温度的日变化，找出最高最低温度出现的时间和数值，并计算温度日较差。

五、思考题

1. 套管温度表为什么比玻璃棒温度表好？

2. 绘图说明最高、最低温度表测最高温度和最低温度的原理，并将实测电热风的最高、最低温度值记下来。

实习三 湿度观测

一、目的和要求

通过本次实习，了解测量湿度的仪器设备构造及测量原理，掌握计算湿度的各种方法。

二、材料和器具

干湿球温度表、通风干湿表、ZJ-2A（2B）型温湿度计。

三、实习内容

熟悉几种表示湿度的方法。观测一日内湿度的日变化。

四、方法和步骤

1. 认识干湿球温度表、通风干湿表、ZJ-2A（2B）型温湿度计的构造及测湿原理，了解安装、观测的方法及使用、维护注意事项。

2. 安装干湿球温度表、通风干湿表、ZJ-2A（2B）型温湿度计，观测湿度的变化。

3. 将湿度计取下，分析过去一天内湿度的日变化，找出最高最低温度出现的时间及其对应的数值。

五、思考题

已知：$t = 29.4℃$，$t_w = 23.8℃$，$P = 100\text{hPa}$。求：水汽压 e、相对湿度 RH、饱和差 d、饱和水汽压 E 各为多少？

第六章　植物学实习

实习一　植物标本的采集、压制和制作

一、目的和要求

观察植物在自然环境中的生长状态、植被概况，了解植物与环境的关系、植物资源状况，树立保护植物多样性的意识。

掌握植物采集和标本的制作技术。要求学生采集完整的植物标本，并记录、挂号牌、整理及正确压制标本的技术与方法。

初步了解青海丰富的植物资源、主要植被类型；要求学生了解主要经济植物，如观赏植物、饲用植物、药用植物等；常见的毒害草等；并认识常见的植物种类。

了解植物标本不仅是教学和科研的重要材料，也是鉴定植物种类的重要依据；了解植物标本室建设的重要内容。

二、材料和器具

（一）标本夹

一副标本夹是由轻而坚韧的板条钉制成的长约 45cm、宽约 30cm 的两块夹板组合而成，供压制腊叶标本之用。其上装订一宽背带，便于野外采集植物时随身携带。

（二）吸水纸

易于吸水的草纸或马粪纸或旧报纸，大小约为 42cm×30cm。

（三）采集筒（箱）

用铁皮制成的长 54cm、宽 24cm、高 14cm 的椭圆柱体，中间开一长 40cm 的活门。筒两端系有背带。用于临时存放采集的标本。但由于携带不方便，可采用塑料袋代替。

（四）丁字小镐（小铁铲）

用以挖掘植物的地下部分，如根、茎、鳞茎、球茎等。

（五）枝剪

分平枝剪和高枝剪 2 种。用以采集木本植物的枝条或修剪整理植物标本。

（六）野外植物采集记录签

大小约为 10cm×13cm，用于在野外采集时记录植物的产地、生境和特征等（表6-1）。

表 6-1　××植物标本室野外植物采集记录签

采集号数：　　　　采集日期：年　月　日	
采集地点：　　　　海拔高度：　　　　m	
产地：　　　　生境：	
习性植株高度：　　　cm	
茎：	
叶：	
花：	
果实：	
科名：　　　　属名：	
中文名：　　　　采集人：	
备注：	

（七）号牌

较硬的纸板裁成 4cm×2cm 或 3cm×2cm 大小，一端穿孔系上细线。用于采集标本时，编写采集号并系于所采集标本之上。

（八）标本定名签（标本签）

大小为 10cm×7cm，标本经正式鉴定后用来定名的签。

（九）小纸袋

用来保存标本散落下来的花、果。

（十）台纸

承托腊叶标本的白板纸（硬磅纸），纸面白色，大小 39cm×29cm。

（十一）放大镜

用来观察标本的细微形态特征。

（十二）海拔表或 GPS

测定海拔高度。

（十三）罗盘

测定方位、坡度、坡向等。

（十四）照相机

拍摄标本、山体、植物群落特点等。

（十五）钢卷尺

测定植物高度、胸径等。

（十六）绳子

用以捆缚标本夹。

（十七）其他

雨衣、水壶等。

三、实习内容

植物标本的采集、压制和制作。

四、方法和步骤

（一）采集时间

各种植物生长发育时间有长有短，开花季节有早有迟，如毛茛科、木樨科等植物在早春就开花；而菊科、伞形科的有些植物到深秋才开花结果。因此，必须根据采集的目的、植物的生长期，确定采集时间，这样才能采到生长于不同时期的植物标本。

（二）采集地点

不同的生态环境，适合不同植物的生长。不同的海拔高度和坡向下，分布着不同的植物群落。因此，在确定采集地点时，要考虑到各种生态条件，才能采集到不同类群的植物标本。

（三）采集植物标本的方法

选择正常、无病虫害、无机械损伤、具有该种植物典型特征的植株作为采集对象。

采集完整的标本。除营养器官外，还必须有花、果实。在种子植物中，花、果实和种子是鉴定植物种类的重要依据，如十字花科、伞形花科等，如果没有花、果实、种子，禾本科、莎草科等无花序和小穗、小花，是无法鉴定的。

在采集具有营养器官变态类型的植物种类时，特别是一些具有地下茎（如鳞茎、块茎、根状茎等）的植物，如百合科、天南星科等，必须连植株一起采集，如没有采集到变态器官，则很难准确鉴定。

雌雄异株植物，应设法采集到雌株和雄株的标本，如松科、杨柳科、桦木科等。如基生叶与茎生叶不同者，应注意都要采集。

对先花后叶的植物，应在同一株上先采具花枝条，后采具叶枝条。做好记录，注明两者关系，以便鉴定时参考。

标本的大小应多大合适呢？以能容纳在一张台纸上为宜。采集草本植物标本时，应采集具根系、根茎、匍匐茎、块茎等的植物全株。如植株高度大于40cm时，可将其折成"V"或"N"字形。如植物整体过大，为说明全株，可将这种植物选择其有代表性的剪成上、中、下三段，但要编同一采集号，以供鉴定时查对。

木本植物应采具花、果、叶的枝条（长25～30cm）。落叶木本植物最好要采冬芽期、花期和果期的标本才算完整，有些木本植物还应采一块树皮附于标本上，如桦木科一些种类。有些植物，一年生枝条和老枝上的叶或其他特征不同，因此，老枝和幼枝均采。

在采集藤本植物时，应记录其性状。

采集水生植物时，注意水面叶（挺水、浮水叶）与水中叶（沉水叶）形态，二者不同时要同时采集。对全株柔软脆弱植物，可用硬纸板在水中将其托出，倾斜使水滴流完，连同纸板一起压制，可保持植物形态特征的完整性。

寄生植物，要连同寄主一起采集，并分别注明寄生或附生植物及寄主植物，如兰科、旋花科、列当科的一些种。

采集时应用丁字小镐、小铁铲、枝剪，勿用手折，以保证植物标本的美观。每种标本至少要采 3~5 份，以供鉴定、存放，交换等用。

（四）野外记录和编号

野外采集时，应尽可能地随采、随记录和编号，做到认真细致，避免遗忘。

对于同时同地采集的同种植物，编为同一号。

同种植物在不同地点、时间采集，应编为另一号。

每一号标本要与记录本上的编号相同。

注意采集号要前后连贯。

每份标本都要系上号牌，号牌上要用铅笔写明采集地点、时间、号数和采集人。

（五）植物标本的压制

新采的标本最好现采现压制。压制时首先要对标本进行初步整理，剪去多余的枝叶、花果。除去根部污泥杂物。

核对记录和号牌。

将标本夹中之一作为底板，铺上 5~6 层吸水纸，将标本展平于吸水纸上（呈对角线安放），尽量使标本保持自然状态；每放一份植物标本都要仔细整理，把折叠的叶、花理平，使标本的正反叶面都展示出来；如果叶子非常大，可将叶子的一侧剪去一些，但叶尖必须保留；花、果应完全露出，不要被叶子盖住；花序、果序应按其野生生长状态放置，如原来是下垂的，不可压成直立。

对一些肉质植物如景天科的一些种类和比较大的果实标本，在压制前，须将其放入 80~90℃沸水中煮 3~5min，然后再进行压制，这样可防止落叶和畸变，也可将它们切开后再压制。

在不同层放置植物标本时，要不断调换植物标本的根部或粗大部分的位置，以保持整夹标本的平整。

标本整理好后，盖上 2~3 层吸水纸，潮湿或含水分多的标本，可多加几层吸水纸。每隔 2~3 层吸水纸放一份植物标本，不同编号的标本切不可放在同一层吸水纸上，以免叶、花、果脱落后相互混乱。

当标本压制到一定高度时，再盖上另一夹板，用绳索作对角捆紧，置于通风干燥处干燥。

（六）标本干燥

1. 自然干燥

标本的自然干燥是一个缓慢的过程，可能会需要 10~30d 才能完全干燥。

新压制的标本，每天必须换一次吸水纸，以后，视标本的干燥程度，每 2d 换 1 次（一般 10d 左右就不必再换吸水纸），直至标本完全干了为止。

最初 2 次换纸时，对标本要进行整形，使枝、叶和花展开，不要重叠、折皱。

每次换下的吸水纸必须及时晒干或烘干，以备换用。

在换吸水纸的过程中，对于从标本上脱落的花、果、种子等，要随时装入小纸袋中，并注上该标本编号，并与原标本一起存放，以免翻压丢失，不可随意丢掉。

2. 人工加热干燥

人工加热干燥用 0.5~2d 可完成。压制在野外用的标本夹中的标本，经过了最初的失水期后，转移到具有一定数量瓦楞纸的干燥标本夹中，通常是一张瓦楞纸与一叠吸水纸夹上一份标本相互交替。

标本夹被放置在干燥箱里，通过热空气在标本夹的瓦楞纸内流动来干燥标本。标本经过压制和干燥就可以装订到标本馆的台纸上了，在进入标本馆前要贴上标签。

（七）消毒处理

为防止害虫蛀食标本，可用升汞（$HgCl_2$）酒精液进行消毒（升汞 1g＋70%酒精1 000mL）。具体方法是将压干的标本浸入盛有消毒液的大型平底瓷盘内处理 5min；取出夹入吸水纸压平即可。

也可将压干的标本放置在消毒箱内，将含有二硫化碳、四氯化碳的培养皿置于消毒箱内熏蒸标本（利用散发出的气体熏杀标本上的虫子和虫卵），3~4d 后取出上台纸。

（八）植物标本的制作

标本经压制和干燥后，最终将被装订在台纸上。标准的台纸大小是 29cm×39cm，为较厚的人造纸或是卡片纸。台纸应该相对硬挺以防止处理标本过程中对标本造成伤害，应当有较高的木浆含量（最好 100%）。腊叶标本制作的步骤：

将台纸平放于桌面上，把标本放在台纸上，摆好位置，在台纸的右下角留出 9cm×13cm 空隙，以粘贴标本定名签，在左上角留出粘贴野外采集记录签的位置。

用手术刀片在标本根、茎（枝）等适当位置的台纸上切出数对小纵口。

从小口处穿有韧性的纸条，从台纸背面拉紧，并用胶水在背面贴牢；或用细线绳将标本的根、茎（枝）、叶柄、花、果实等处钉牢。有些大的果实、球茎、块根等，可用针线缝钉在台纸适当位置上。

也可采用粘贴的方法装订：将乳胶涂在标本的背面，然后将标本粘在台纸上。在压制的条件下放置几个小时即可干燥。

脱落下来的花、果、种子、叶等，收集于小纸袋中，贴于同一标本台纸上，并注明同一标本的编号。

将制好的标本夹在旧报纸中，用重物压平。最后，在台纸上贴标签。

（九）贴标签

标签是永久植物标本的一个重要组成部分，它主要包括采集时记录在采集记录本上的信息和鉴定的结果。在台纸的左上角贴上野外采集记录签，在右下角贴上定名签。

最理想的标签信息是打印的，如果手写，应该用永久性墨水，不要用圆珠笔，因为几年后圆珠笔的笔迹就会模糊消失。

标签的大小没有统一的规定，有 5cm×10cm 和 10cm×15cm 标签格式及相关信息：

表 6-2　××植物标本室

中文名：　　　标本室号：	
学名：	
科名：	
采集号：　　　采集者：	
采集日期：　　鉴定者：	
采集地点：　　采集时间：	

专家拜访标本馆时可能想更正一个鉴定或者记录一个名称的改变，这样的更正是不记录在原始标签上的，而是在另一张小的注释签或者定名签上，通常 2cm×11cm，附加在原始标签的左边。注释签上要注明对原记录的更正、更正人的姓名、更正时间。这些信息是非常有用的，尤其是当不止一个人做过更正时，最后一个标签可能是正确的。

供研究用的凭证标本通常有凭证标签，上面有一些记录标本的权威信息。

五、思考题

采集并制作植物标本 2 份。

实习二　植物标本的收藏和鉴定

一、目的和要求

熟悉种子植物分类的依据，掌握植物分类的基本方法。

熟练掌握各级检索表，学会如何编制植物检索表，以及观察、描述和鉴定植物的基本方法与步骤。

通过鉴定植物标本，掌握所鉴定植物的特征，并总结归纳该植物所在科、属的形态特征。

二、材料和器具

植物标本：新鲜植物或腊叶标本。

体视显微镜：用于实验室观察植物标本的细微形态特征。

放大镜：常用于野外用来观察植物的外部特征。

镊子、解剖针、手术剪：植物标本鉴定过程中的解剖植物的工具。

工具书（图谱、植物志、检索表等）：描述及鉴定植物的图书资料。

三、实习内容

植物标本的收藏和鉴定。

四、方法和步骤

（一）植物标本的归档

1. 标本的排列方式

标本被装订、贴上标签和处理（杀死昆虫）后，最终就可以送入标本馆被妥善储藏和保管。标本排列方式多种多样；主要有以下 3 种。

按自然分类系统排列：各科排列顺序可按较为完整的系统如恩格勒系统、哈钦松系统排列，这对于专门研究植物系统分类的人员比较便利。目前一些较大的标本室都采用此种排列方式。如英国标本馆按照 Bentham & Hooker 的系统，欧洲和北美按照恩格勒和柏兰特系统。

按地区排列：把同一地区采来的标本放在一起，如采自柴达木地区的植物标本，存放一起。这样对研究某地区植物或开展野生植物资源的调查比较方便，但在地区内仍要遵循系统或拉丁字母顺序排列。

按拉丁文字母顺序排列（小的标本馆）：科、属及种均按拉丁字母顺序排列。

2. 标本的存放

同一个种的标本一般被放在一个折叠的纸板夹中，叫作种夹。同一属的标本通常放在属夹中，属夹是比较厚的纸板，里面的种按字母顺序排列。如果种的数量太多，或者种的排列按照地理顺序的话，要用几个属夹。一个科的属夹按照分类系统来排列。

两个科之间（一个科的最后一属和下一个科的第一个属）插上带有标签的纸片来隔开，标上下一个科的名称。这些夹子被叠放在标本柜的分类架上，按顺序排列，以便增加标本数量时方便移动。

未知的标本放在单独的夹子中，标上"存疑"，放在一个属夹的最后（当已被鉴定到属时），或一个科的最后（当已被鉴定科但没有鉴定出属时），以便专家能检查。

标准的标本柜防虫和防尘，具有二层或多层分类架，每层分类架深 48cm，宽 33cm，高 20cm。

模式标本通常放在单独的夹子里或单独的标本柜里，为了更好地保存，有时是放在单独的标本室中。

标本馆中一般还有目录索引，所有的属按字母顺序排列登记，每个属都会标注科和属的编号，这样很方便查找和维护标本。

（二）标本鉴定的方法

1. 分类学文献

各种形式的分类学文献，结合描述、绘图以及鉴定检索表对正确鉴定未知植物都是有帮助的。因此，对于植物分类工作来说，图书馆和标本馆一样重要，掌握分类文献的知识对于植物分类工作者来说也是非常重要的。植物分类学文献是最古老最复杂的科学文献之一，一些图书目录参考、索引、指南可以帮助植物分类学工作者找到一个分类学类群或一个地区的相关文献。

8 种有助于鉴定的文献形式叙述如下。

（1）植物志　植物志（flora）是一定地区所有植物的汇总。一本植物志可能相当详尽或者仅仅是概要。植物志根据其所涵盖的范围和地区不同，可以做以下分类。

地方植物志涵盖了有限的地理区域，通常是一个州、县、城市、山谷或者一个小的山脉。比如，《西宁植物志》《青海植物志》《东北木本植物志》《东北草本植物志》《北京植物志》《内蒙古植物志》《河北植物志》《宁夏植物志》《西藏植物志》《江苏植物志》《湖北植物志》《四川植物志》《贵州植物志》《云南植物志》《福建植物志》《广东植物志》等。

地区植物志涵盖了比较大的地理范围，通常是一个国家或是植物区域。比如，C. G. Steenis（1948）编著的《马来西亚植物志》（Flora Malesiana），K. H. Rechinger（1963）编著的《伊朗植物志》（Flora Iranica），P. H. Davis 编著的《土耳其和东爱琴海岛屿植物志》（Flora of Turkey and East Aegean Islands），吴征镒主编的《中国植物志》（全书约 80 卷 100 多册，包括国产蕨类和种子植物）。

大洲植物志覆盖了整个大洲，比如，T. G. Tutin 等（1964—1980）编著的《欧洲植物志》（Flora Europaea）和 G. Bentham（1863—1878）编著的《澳大利亚植物志》（Flora Australiensis）。

世界植物志有一个更广阔的范围。尽管世界植物志现在还没有出现，有几本著作已尝试涉及世界范围。比如，G. Bentham 和 J. D. Hooker（1863—1883）编著的《植物属志》，A. Engler 和 K. A. Prantl（1887—1919）编著的《植物自然科志》和 A. Engler（1900—1954）编著的《植物界》（Das Pflanzenreich）。

（2）手册　手册比植物志更加详尽，一般会有鉴定植物的检索表、植物描述和术语表，但是一般只包括特殊植物类群。比如，L. H. Bailey（1949）编著的《栽培植物手册》（Manual of Cultivated Plants），A. Rehder（1940）编著的《北美栽培乔灌木手册》（Manual of Cutivated Trees and Shrubs）和 N. C. Fassett（1957）编著的《水生植物手册》（Manual of Aquatic Plants）。手册与专著是不同的，后者包括对一个植物分类群的详尽分类学处理。

（3）专著类　"专著"是对一个植物分类群的综合分类处理，通常是一个属或者一个科，专论中提供与这个类群有关的所有信息。通常专著所涉及的范围是全世界，因为讨论一个分类群就必须包括所有的成员，常常要包括所有的种、亚种、变种和变型。专著也包括文献的详细回顾以及作者的研究报告。一个专著包括相关的所有信息，比如命名、指定的模式、检索表、详尽的描述、全部的异名以及所检查标本的引证。比如，N. T. Mirov（1967）所做的《松属》（The Genus Pinus），E. B. Babcock（1947）所做的《还阳参属》（The Genus Crepis）。何廷农编写的《世界龙胆科》。

（4）图鉴　图鉴包括绘图以及对绘图部分的详细分解，通常和植物志、专著的正文一起出版，有时也编辑得非常详尽，并且可以作为鉴定植物的有力工具。中国科学院植物研究所主编《中国高等植物图鉴》共 5 册及补编 1~2 册，1972—1983 年出版。该书包括国产苔藓、蕨类和种子植物有几万种，每种有形态描述和图、分布区，并附有检索表。本书为普及性的鉴定植物的工具书和参考书。《中国主要植物图说》（豆科、禾本科）由耿以礼主编，1955、1959 年出版。

（5）期刊　植物志、手册和专著要经过收录大量的分类学信息后才能出版，而且经过很多年后才会修订，而分类学期刊可以提供最新的研究进展。在持续的植物分类学研究中，信息要不断更新，比如一个地区增加了一个类群的描述或报告、名称的变化以及其他分类信息。文献引证正式出版物中的期刊，要包括期刊的卷号（一年内所有期刊具有相同的卷号）、期号（1 卷内的期号，月刊有 12 个期号，季刊有 4 个期号，依此类推）和页码。

涉及植物分类学主要内容的期刊有：《Taxon》（International Association of Plant Taxonomy，Berlin）、《Kew Bulletin》（Royal Botanic Gardens，Kew）、《Plant Systematics and Evolution》（Denmark）、《Botanical Journal of Linnaean Society》（London）；《植物分类学报》《植物研究》《西北植物学报》《云南植物研究》《广西植物》等。

（6）检索表　《世界有花植物分科检索表》（Key to the Families of Flowering Plants of the World），由英国哈钦松著，1967 年出版，1983 年出中译版。是鉴定世界各地植物科的工具书。《中国高等植物科属检索表》由中国科学院植物研究所主编，1979 年出版。书中有国产高等植物分科分属检索表，每属后附有大约的种数和属的分布区。书末有附录、术语解释、中文名和拉丁文科和属名索引。

（7）辅助性分类学文献　《邱园植物索引》（Index Kewensis Plantarum Phanerogama-rum），由英国皇家植物园杰克逊（B. D. Jackson）主编（1893—1895），记载了由 1753 年起所发表的种子植物的拉丁学名、原始文献以及产地，每 5 年出 1 册补编，是研究植物分类和查考植物种名不可缺少的大型工具书。《东亚植物文献目录》（A Bibliography of Eastern Asiatic Botany）由美国梅里尔（E. D. Merrill）和沃克（E. H. Walker）著，1938 年出版。《中国种子植物科属词典》由侯宽昭主编，1958 年出版，1982 年修订，书中收载我国种子植物 276 科、3 109 属、25 700 余种，其中裸子植物 11 科、42 属；双子叶植物 213 科、2 398 属；单子叶植物 52 科、669 属；另附录有常见植物分类学者姓名缩写，国产种子植物科、属名录，汉拉科、属名称对照表。《自然植物分科志》（Die Naturlichen Pflanzenfamilien）由德国恩格勒（A. Engler）主编，本书有精细的插图，为查考世界植物科的重要参考书，第一版共 23 册（1887—1905），1924 年出第二版。《植物分科志要》（Syllabus der Pflanzenfamilien）由德国恩格勒与笛尔士（Diels）合著，本书为世界植物科的纲领性摘要。《有花植物科志》（The Families of Flowering Plants）由英国哈钦松（Hutchinson J. ）著，1926 出版，1934 年第二版，1973 年修订该书第三版，对有花植物的各科均予简明扼要、较大准确性地进行描述，有中译版。还有《青海经济植物志》《青海木本植物志》《藏药志》，《中国沙漠植物志》由刘瑛心主编，共 3 卷，1985 年开始出版，该书系统介绍我国沙漠地区的种子植物。

（8）教科书　如：胡先萧著《植物分类学简编》、郑勉著《中国种子植物分类学》、汪劲武著《种子植物分类学》、海伍德（V. H. Heywood）著《植物分类学》（Plant Taxonomy）、戴维斯（P. H. Davis）和海伍德著《被子植物分类学原理》（Principles of Angiosperm）、海伍德著《植物分类学的现代方法》（Modern Methods in Plant Taxonomy）、海伍德著《世界有花植物》（Flowering s of the World）、克郎奎斯特（A. Cronquist）著《有花植物的演化和分类》（The Evolution and Classification of Flowering Plants）、塔赫他间（A. Takhtajan）著《有花植物的起源和散布》（Flowering Plants Origin Dispersal）、群斯（S. B. Jones）著《植物系统学》（Plant Systematics）、斯特斯（C. A. Stace）著《植物分类学和生物系统学》（Planta Taxonomy and Biosystematics）、雷德福（A. E. Radford）著《维管束植物分类学》（Vascular Plant Systematics）、史密斯（P. M. Smith）著《植物化学分类学》（The Chemotaxonomy of Plants）、中山大学和南京大学生物系合编《植物学》（系统分类部分）、华东师范大学和东北师范大学合编《植物学》（下册）、贺士元主编《植物学》（下册）。

2. 植物检索表及其应用

（1）鉴定植物时用的检索表　检索表是鉴定植物的工具。检索表的编制采用法国拉马克（Lamarck）的二歧分类原理，以对比的方式而编制成区分植物种类的表格。就是把各地植物的关键性特征进行比较，抓住区别点，相同的归在一项下，不同的归在另一项下，在相同的项下，又以不同点分开，这样寻找下去，最后得出不同种的区别。也就是选用一对明显不同的特征，将植物分为两类，又从每类中再找相对的特征再区分为二类，依次下去，最后分出科、属、种。

在各分类等级，如门、纲、目、科、属、种都有检索表，其中科、属、种的检索表最为重要，最为常用。我们必须熟悉它的格式和用法，并熟练地掌握和运用它。

植物检索表可以单独成书，如《中国高等植物科属检索表》，也可以穿插于植物志等各种分类书刊中，是在鉴定植物时经常使用的，必须熟悉它的格式和用法。

（2）检索表常用的形式

A. 等距检索表：最常用的检索表

在等距检索表里，将相对应的特征，编成同样的号码，且在左边同样距离处开始，如此继续逐项列出，逐级向右错开，描写行越来越短，直到科、属、种的名称出现为止。

编写方法：从左向右依次有一定的距离；所属一类性质的小项目放在一起，特点相似。

优点：相对应的特征排在同样距离处，对照区别清楚，一目了然，使用方便。

缺点：编排种类过多时，项目也多，检索表偏斜而浪费篇幅。

> 例如：高等植物分门检索表
>
> 1. 植物无花，无种子，以孢子繁殖。
>
> 2. 小型绿色植物，结构简单，仅有茎、叶之分或有时仅为扁平的叶状体，不具真正的根和维管束……苔藓植物门 Bryophyta
>
> 3. 通常为中型或大型草本，少为木本植物，分化为根、茎、叶，并有维管束…蕨类植物门 Pteridophyta
>
> 1. 植物有花，有种子，以种子繁殖。
>
> 2. 胚珠裸露，不包于子房内……裸子植物门 Gymnopermae
>
> 3. 胚珠包于子房内……被子植物门 Angiospermae

B. 平行检索表

把相对应的特征，并列在相邻的两行里，每一行后面注明往下查的号码或者是植物名称。

编制方法：两项对比特征放在一起，而且各个项目开头平齐，所属的小项目可以相隔很远。

优点：排列整齐而美观，不浪费篇幅。

缺点：不如等距式检索表那么一目了然，应用不太方便。

> 例如：将上例改为平行检索表
>
> 1. 植物无花，无种子，以孢子繁殖……2
>
> 1. 植物有花，有种子，以种子繁殖……3
>
> 2. 小型绿色植物，结构简单，仅有茎、叶之分或有时仅为扁平的叶状体，不具真正的根和维管束……苔藓植物门 Bryophyta
>
> 2. 通常为中型或大型草本，很少为木本植物，分化为根、茎、叶，并有维管束……蕨类植物门 Pheridophyta
>
> 3. 胚珠裸露，不包于子房内……裸子植物门 Gymnospermae
>
> 3. 胚珠包于子房内……被子植物门 Angiospermae

3. 编写检索表原则

①对比特征。

②概括性更强。

③所用的特点一定是分类学上的要点。

4. 鉴定

鉴定（identification）是确定植物名称的手段，也就是搞清植物的特征，确定植物的种类，决定植物名称的工作过程。鉴定植物时，主要掌握 2 个基本环节：首先要学会与正确地运用植物的形态术语，其次要学会使用植物标本和参考文献。鉴定是一项严肃而细致的工作，对鉴定的结果要求十分精确，决不允许出现错误，否则将对科研、教学、生产利用等产生不良影响。

植物形态学把植物体及其各个器官的形状、质地、色泽等区分为许多形态学类型，而将每个形态类型给予一定的名称，并科学地确定其特定的规范或概念，即所谓植物形态学术语。形态术语是描述植物性状的具体标准，为了正确地鉴定和描述植物，必须熟练地、准确地掌握它，否则在进行这项工作时就会产生许多困难。

在查检索表之前，首先要对所要鉴定的植物标本或新鲜材料进行全面细心地观察，必要时须借助放大镜、实体解剖镜等做细致的解剖与观察，要看得仔细扎实，对器官长度的测量，必须应用量尺，弄清各部分的形态特征，依据植物形态术语的概念，对照植物标本和参考文献，进行全面而细心地剖析与核对，以便能做出准确判断，务使实物与文献中类群的描述达到十分吻合的程度，然后才能便于确定植物类群的名称。切忌粗心大意与主观臆测，以免造成误差。在鉴定植物标本时，还需要参考野外记录及访问资料，掌握植物在野外的生长状况、生境及地方名、民族名，根据有关工具书和文献资料中的各级检索表，即分科、分属及分种检索表，逐级检索，查出该植物所隶属的科、属，并掌握该种与相近种的区别点，对鉴定对象做出初步肯定。若发现有疑问时，可反复检索数次，直至与检索各项特征完全符合时为止。然后以检索所得结果，进一步核对是否符合该科、属、种的特征描述和插图，最后核对完全相符合时，就可得出结论。有时某一植物经过反复鉴定，不尽符合植物志所描述的特征，或者找不到答案，须进一步寻找参考书籍，或到有关研究部门和大专院校植物标本室，进行同种植物的核对，或将复份标本送经有关专家或科研单位鉴定，必要时也可与模式标本（Typus）进行核对。如无当地的地方性工具书和资料，或当地资料中无此种，则使用《中国高等植物科属检索表》查出科与属，并核对科与属的特征，再用地方植物名录查出该属中所有种的名单，参考附近地区的工具书和其他文献，以便做出初步鉴定，再对照植物志等参考资料做出进一步的核对；或用植物志等查出种。每种植物都有模式标本可供查对，再参阅原始文献，使鉴定结果更准确。

植物标本是进行鉴定时所依据的真实材料。为了保证鉴定工作的顺利进行而做到准确无误，那就要求采集完全标本，还要有详细的野外记录。所谓完全标本，就是要求具备营养器官（根、茎、叶）和繁殖器官（花、果、种子）的标本。这样才能全面地反映植物器官的主要和综合的特征。一般来说，只有枝叶而无花果的标本，在分类和鉴定上不大适用。由于植物分类学对待植物种的划分主要是根据植物形态，尤其是花和果实的形态差异来进行的，这种差异是比较稳定的、可靠的，可以与相近种区别开来。

五、思考题

根据下列植物的特征，列出成对的特征：

1. 毛茛属，草本植物，瘦果，花萼和花冠明显区分，无距，花瓣基部有蜜腺。

2. 侧金盏花属，草本植物，瘦果，花萼和花冠明显区分，无距，花瓣无蜜腺。

3. 银莲花属，草本植物，瘦果，花萼不分化，花被花瓣状，无距。

4. 铁线莲属，木本植物，瘦果，花萼不分化，花被花瓣状，无距。

5. 驴蹄草属，草本植物，蓇葖果，花萼不分化，花被花瓣状，无距。

6. 翠雀属，草本植物，蓇葖果，花萼不区分，花被花瓣状，有1个距。

7. 耧斗菜属，草本植物，蓇葖果，花萼花瓣状，与花冠没有区分，有5个距。

第七章　动物学实习

实习一　动物细胞、组织及原生动物、腔肠动物各类装片观察

一、目的和要求

了解细胞的基本结构，动物的四类基本组织的结构和功能。

通过对草履虫的观察，掌握原生动物门的主要特征。

通过对水螅的观察，了解腔肠动物门的主要特征。

二、材料和器具

（一）实习材料

动物细胞、组织及原生动物、腔肠动物各类装片。

（二）实习器具

显微镜、载玻片、盖玻片、脱脂棉、吸水纸、吸管。

三、实习内容

（一）细胞、上皮组织、结缔组织、肌肉组织和神经组织装片观察

（二）草履虫采集、纯化、培养及观察

（三）草履虫装片观察

（四）腔肠动物装片观察

四、方法和步骤

（一）细胞、上皮组织、结缔组织、肌肉组织和神经组织装片观察

1. 细胞装片观察

人口腔上皮细胞装片观察。口腔上皮细胞常数个连在一起。口腔上皮细胞薄而透明，因此观察时光线需要暗一些。观察时先用低倍镜找到口腔上皮细胞后，将其放在视野中心，再转高倍镜观察。口腔上皮细胞呈扁平多边形，胞质丰富，被染成淡蓝色，中间有染色较深的颗粒状结构，为线粒体等细胞器。细胞核较小，呈卵形，淡蓝色。位于细胞中央。

2. 上皮组织装片观察

（1）单层立方上皮组织装片观察（兔甲状腺切片）

低倍镜观察：可看到许多大小不等的、圆形或椭圆形的红色甲状腺滤泡。

高倍镜观察：滤泡壁由一层立方体形上皮细胞构成，核圆形、蓝紫色，位于细胞中央，细胞质粉红色。

（2）单层柱状上皮组织装片观察（猫小肠横切片）

低倍镜观察：可见黏膜面形成许多指状突起，突向管腔，突起表面覆有一层柱状上皮。

高倍镜观察：可见上皮细胞为柱状，核呈椭圆形、蓝紫色，靠近细胞的基底部，减少光量，可见细胞的游离面有一层较亮的粉红色膜状结构，称为纹状缘。在柱状细胞之间散在有杯状细胞，此细胞上端膨大、下端细小，核呈三角形或半圆形，位于细胞基底部。在杯状细胞上端的细胞质内积有大量不着色的黏液，在切片上呈卵形空泡状结构，细胞游离面无纹状缘。

（3）复层扁平上皮组织装片观察（猫食管横切）

复层扁平上皮位于食管壁内表面。

低倍镜观察：此上皮由许多层细胞组成，上皮的基底面呈波浪形。

高倍镜观察：可见与基膜相连的是一层排列整齐的矮柱状细胞，细胞核椭圆形。中层为几层多角形细胞，排列不整齐，核扁平。接近上皮表面的细胞变为扁平状，核着色淡，甚至模糊不清。

3. 结缔组织装片观察

（1）疏松结缔组织装片观察（小白鼠皮下疏松结缔组织平铺片，H·E染色）。

低倍镜观察：可见交织成网的纤维及分布在纤维之间的结缔组织细胞。

高倍镜观察：

①纤维。

胶原纤维：为粉红色粗细不等的细带状。它们相互交叉排列，数量较多，有时胶原纤维呈波浪状。

弹性纤维：为深紫褐色，其断端常呈现卷曲状。纤维粗细不等，比胶原纤维细。单条分布而不成束，有分支，并交织成网。

②细胞。

成纤维细胞：数量最多。胞体大，呈多突扁平形，染色浅，轮廓不明显，核多为椭圆形，蓝紫色，可见1或2个核仁。

巨噬细胞：细胞形状不一。与成纤维细胞的区别在于细胞质中含有吞噬的台盼蓝颗粒。细胞轮廓较明显，核较小，圆形或卵圆形。

肥大细胞：常成群分布在毛细血管附近。胞体较大，圆形或卵圆形，细胞质中充满粗大蓝紫色颗粒。核小，圆形或椭圆形，位于细胞中央。

浆细胞：数量少，很难在铺片上见到。呈椭圆形。核染色深，居细胞一侧，核内含丰富的染色质，聚集在核周围，向核中心辐射状排列。近核处有一着色浅的区域。

（2）致密结缔组织（猫的尾腱纵切片） 先低倍镜后高倍镜观察。胶原纤维束粗而直，彼此平行排列。腱细胞在纤维束间排列成单行，切面上呈梭形。核椭圆形或杆状，蓝紫色，两个邻近细胞的核常常靠近。细胞质不易显示。

（3）脂肪组织（猫器官横切片）

低倍镜观察：在气管最外面一层的疏松结缔组织中可看到密集成群的圆形或多角形的

空泡，即脂肪组织的脂肪细胞（胞质内的脂肪滴在制片过程中被乙醇及二甲苯溶解）。在成群脂肪细胞之间有疏松结缔组织分隔。

高倍镜观察：可见脂肪细胞核为扁圆形或半月形，偏于细胞的一侧。

4. 肌肉组织装片观察（狗心肌切片）

心肌装片观察。先低倍镜后高倍镜观察，在纵切面上，心肌纤维彼此以分支相连，核卵圆形，位于肌纤维中央。让光线暗些，可看到心肌纤维的横纹，但不及骨骼肌的明显。在心肌纤维及其分支上，可见到染色较深的梯形横线，即闰盘。在横切面上，心肌纤维为不规则横线，由于切片的原因可能导致有的有核或有的无核。

5. 神经组织装片观察

（二）草履虫的采集、纯化、培养及观察

1. 草履虫的采集

草履虫通常生活在水流速度不大、带有腐草的水沟、池塘和稻田中，大多积聚在有机质丰富、光线充足的水面附近。在水温 0～30℃ 情况下能正常生活。当水温在 14～22℃ 时，繁殖最旺盛，数目最多。低于 10℃ 时不利于草履虫的繁殖。草履虫的这些习性是确定采集地点和方法的重要依据。

（1）水温较高时草履虫的采集　在气候温暖的季节，可以到水沟、池塘采集草履虫。在采集时要选择枯枝落叶多的地方，用清洁的试管、小广口瓶或小烧杯沿水面采集池水。向光观察，如果发现其中有针尖大小的小白点在游动，则可能是草履虫。也可用"聚氨酯泡沫塑料"块浸入该水域采集，即"PKU"法，采集时将此种泡沫塑料块浸入水表下 3～5cm 处约 30min，带回实验室后将泡沫塑料块中的水挤入培养皿中，这种方法采得的水液中含有较高密度的草履虫，为培养高密度草履虫提供了方便；或者在比较肥沃、水不太流动、沟水较浅、淤泥黑色的污水沟（在排放生活污水的水沟中，污泥变黑，黑泥表面有白色膜，这很可能就是草履虫，在此采回的草履虫为佳）、河沟或池塘里，用器皿轻轻刮取泥表乳白色的薄膜，连同少许的水放于 500～1 000mL 的透明广口瓶，即可采集到草履虫。注意不要刮得过厚，以免采入大量污泥。将含有样品的混合液体带回实验室后静置一段时间，即可观察分离。

（2）水温较低时草履虫的采集　一般认为采集草履虫都在夏季进行。但有人认为夏季水温高，适宜草履虫生活，草履虫在水中活动频繁，不易采集。冬天水温低，草履虫不会自由流动，而且缩成一团沉于水底，这时采集可以防止以上不利条件。采集时可以用小铁锤在冰层上打开一个小洞，由于冰下压强大于冰上压强，使水向上喷，水下球状的草履虫包囊（草履虫在低温等不适环境中便形成包囊）也随水喷出，这时用清洁的试管、小广口瓶或小烧杯采集水样则很容易得到球状的草履虫。采集回来以后放在 20℃ 左右的环境下培养。

2. 草履虫的纯化

（1）传统纯化法　将含有草履虫的水液吸入表面皿中，在显微镜或解剖镜下检查，用直径约 0.2mm 的微吸管将表面皿中的草履虫逐个吸出后待培养。

（2）牛肉汁纯化法　将煮沸后冷却的牛肉汁滴一两滴于载玻片一侧，再在另一侧滴上含草履虫的水液，然后在解剖镜下用洁净的解剖针将牛肉汁引向含草履虫的水液，由于趋化性，草履虫便迅速移向牛肉汁，等有一定数量的草履虫进入牛肉汁后，将水滴擦掉，用微吸管把牛肉汁里的草履虫接种到培养液中培养。

（3）电泳法 吸取草履虫含量较高的水液 100mL，移入含 200mL 的水槽中，然后用导线在水槽（或"U"形管）两侧分别插入连有两节一号电池（电压为 3V）的导线，组成电路，3~5min 后在阴极导线接触水域处汇聚集大量草履虫的白色小点，然后用微吸管以白色小点密集处吸取水液在培养液中培养。

3. 草履虫的培养

将纯化后的草履虫水液加入含培养液的容器中，用纱布将容器口封闭，在 25℃ 左右室温下置于向阳处培养，隔 5d 至 1 周的时间便会有大量草履虫出现，由于使用的培养液不同，所需时间也略有不同，但 1 周左右的时间草履虫密度便可满足实验需要。

（1）酵母片培养法 取 1 000mL 蒸馏水加入容器中，然后放入干酵母片 0.59g，摇荡均匀后备用。然后用很细的玻璃管，在草履虫液的表层吸一滴液体注入配好的培养液中培养，2~3d 可有大量草履虫出现。经过这样多次更换培养液可增加培养草履虫的纯度。

（2）蛋白质培养液法 取 1 000mL 蒸馏水加入容器中，然后滴几滴牛奶或豆浆，再用吸管吸取草履虫液注入培养液中，放在适宜温度下培养，2~3d 后可有大量草履虫出现。如长期饲养，液面下降时，可补足蒸馏水，过段时间加几滴牛奶或豆浆即可。

（3）直接培养草履虫法 采集野生禾本科植物干草，最好是生长在水塘、池沼的禾本科植物或当年的禾本科农作物，如麦秆、稻草等。取近根部的茎秆，剪成 2cm 左右长放入盛有自来水或河水的烧杯中，把烧杯放在有阳光、温暖的地方培养，几天后就可出现大量草履虫。因为禾本科植物上粘有缩成团状的草履虫，经加水培养后，它又会自由游动和大量繁殖。与培养草履虫的其他几种方法相比较，此法简单，可随用随培养。要注意禾本科植物不能选发霉、变质的，更不能选更年的禾本科植物。一般在秋收后草不枯黄时采集当年的禾本科植物为材料最好，效果最佳。

（4）稻草垫培养法 取旧稻草垫 10g，剪成 3cm 长，加水 1 000mL，再加 50g 葡萄糖，放在向阳温度 20℃ 左右的地方培养，5~7d 后草履虫就会大量繁殖起来，则可用于实验。

4. 草履虫的观察

为限制草履虫的迅速游动以便观察，可将少许棉花撕松，放在载玻片上，滴上草履虫培养液，盖好盖玻片，在低倍镜下观察。如果还不能拦阻草履虫的游动，则取吸水纸放在盖玻片的一侧，将水吸去一些（注意不要吸干），再进行观察。

首先分辨出前、后端。前端较圆，后端较尖，然后观察草履虫怎样运动。

选择一个比较清晰而又不太活动的草履虫观察其内部构造。虫体最外为表膜，有弹性，故当其穿过棉纤维时，体形可以改变。将光线调暗一些，可看到虫体满覆纤毛，时时在摆动。表膜内是透明无颗粒的外质。外质内有与表膜垂直排列的折光性强的椭圆形的刺丝泡。外质里面是颗粒状的内质。

从虫体前端起，有一斜向后行直达体中部的凹沟是口沟，在口沟的后端有胞口，胞口下有一导入内质的短管为胞咽。胞咽内有颤动的纤毛，具运输食物的功能。

内质里有大小不同的食物泡，在虫体的前端和后端各有一个圆的亮泡，此即为伸缩泡。当伸缩泡缩小时，可见周围有六七个放射状的长形的透明小管，即收集管。注意前、后端伸缩泡之间及伸缩泡与收集管之间收缩时有何规律，它们有何功用。

大草履虫有 2 个细胞核。一大核一小核在内质中央。生活时小核不易见。在盖玻片的一侧滴 1 滴 5%的冰醋酸，另一边用吸水纸吸水，过 2~3min 后在光线比较充足的情况下，用低倍镜可观察到虫体的中部被染成黄白色。呈肾形的结构为大核。转高倍镜可见大核凹处有一个点状的结构，即为小核。

制备草履虫临时装片。在盖玻片的一侧滴 1 滴用蒸馏水稀释 20 倍的蓝黑墨水，另一侧用吸水纸吸引，使蓝黑墨水浸过草履虫。在高倍镜下观察，可见刺丝已射出，在草履虫体周围呈乱丝状。

（三）草履虫装片观察

1. 草履虫接合生殖装配观察

2. 草履虫分裂生殖装片观察

（四）腔肠动物装片观察

1. 水螅整体装片的观察

分别取水螅带芽整体装片、水螅具精巢和卵巢的整体装片，在显微镜低倍镜下观察芽体、精巢和卵巢在体壁上的生长位置。观察水螅的无性生殖和有性生殖是否会同时进行。

2. 水螅纵切片和横切片的观察

显微镜下观察水螅纵切片，先在 4×物镜下辨认水螅的口、垂唇、触手、消化循环腔和基盘等部位，如触手被纵切，其内的腔与消化循环腔是否相通；如芽体被纵切，芽体的体壁与母体的体壁的关系如何；在同一张切片上常常不能同时观察到上述结构，原因是什么等。再在 10×物镜下，辨认水螅的外胚层，中胶层和内胚层。然后观察水螅横切片，联想纵切片，辨认内、外胚层，中胶层和消化循环腔，再将水螅纵切或横切片体壁外移到视野中央，换高倍镜观察体壁结构。

（1）外胚层（皮层）　在体壁外侧见到的较大且细胞核清晰、数目最多的柱状细胞是外皮肌细胞。在皮肌细胞之间靠近中胶层处，有些小型的且数个堆在一起的细胞是间细胞，分析其功用。还有一种中央包含有染色较深的圆形或椭圆形囊的细胞，是刺细胞，其囊叫刺丝囊。此外还有感觉细胞，它们与神经细胞相连。神经细胞在外胚层基部，紧贴中胶层，因为较稀疏，需仔细寻找。

（2）中胶层　薄而透明，夹在内外胚层之间，是由内外胚层细胞分泌的一层非细胞结构的胶状物质。

（3）内胚层（胃层）　内皮肌细胞数目最多、细胞大、核清晰，细胞内常含有许多染色较深的食物泡。还有数目较多的腺细胞，它们散布在皮肌细胞间，长形，游离端常膨大并含有细小的深色分泌颗粒。此外还有少数感觉细胞和间细胞。

3. 水螅过精巢和卵巢横切片的观察

在显微镜下观察成熟水螅精巢的横切片，切面上精巢近似圆锥形，由内向外依次是精母细胞、精细胞和成熟的精子。再取成熟水螅卵巢的横切片观察，卵巢为卵圆形，成熟的卵巢里一般只有 1 个卵细胞，其余的是营养细胞。但处在不同发育期的精巢和卵巢，其内部生殖细胞发育程度亦有不同。分析精巢和卵巢是由哪个胚层分化形成的。

五、思考题

绘图：水螅纵切片放大图，并注明各部分名称。

实习二 扁形动物各类装片及昆虫口器观察

一、目的和要求

通过对涡虫形态和结构的观察，了解扁形动物及涡虫纲的基本特征。

通过对华枝睾吸虫和猪带绦虫的观察，了解吸虫纲和绦虫纲的基本特征以及对寄生生活的适应性结构。

通过对昆虫口器的观察，了解昆虫分类的依据。

二、材料和器具

（一）实习材料

涡虫整体装片标本；涡虫横切面装片标本；华枝睾吸虫的成虫装片标本；猪带绦虫头节和不同节片的装片标本；昆虫不同类型口器装片标本。

（二）实习器具

显微镜。

三、实习内容

（一）涡虫形态和结构的观察
（二）华枝睾吸虫和猪带绦虫的观察
（三）昆虫口器的观察

四、方法和步骤

（一）涡虫形态和结构的观察

1. 外部形态

体扁长，叶片状，全长 10~15mm。前端呈三角形，两侧各有一耳状突起，后端稍尖。体背面微凸，灰褐色，前端有两个黑色眼点。腹面平坦，色较浅；口位于后方约 1/3 处中央；口向前为咽囊，囊内有肌肉性的咽，可自由从口伸出体外或缩入咽囊内；口的后方有一生殖孔，无肛门。体表（主要是腹面）密生纤毛。

2. 内部构造

（1）消化系统　有口、咽及肠三部分，无肛门。肠分 3 支，其中 1 支向前，2 支向后，每支又分出许多盲状侧枝。

（2）排泄系统　体两侧各有 1 条弯曲的纵排泄管，并有分枝，分枝末端为焰细胞。

（3）神经系统　有由 1 对神经节组成的脑及 2 条纵神经索，索间有横神经连接，呈梯形。

（4）生殖系统　雌雄同体。

①雄性。体两侧有许多小圆球形精巢，各经输精小管通入 1 对输精管，输精管在体中部膨大为储精囊；左右两储精囊相合成为肌肉质的阴茎，通入生殖腔；生殖腔以生殖孔与外界相通。

②雌性。体前端有椭圆形卵巢1对，各经输卵管向后行，沿途收集由许多分支状卵黄腺产生的卵黄，会合成1条阴道后通入生殖腔。还有受精囊和圆形肌肉囊也分别通入生殖腔。

3. 横切面玻片标本的观察

（1）外胚层　形成单层柱状表皮细胞，间杂有条形杆状体和囊状、含深色颗粒的腺细胞。腹面的表皮细胞具纤毛。表皮细胞内为非细胞构造的基膜。

（2）中胚层　形成肌肉层和实质组织。基膜以内依次为环肌、斜肌和纵肌，它们与表皮合成体壁，即皮肤肌肉囊，背腹体壁间还有背腹肌联系。实质组织填充于体壁与消化道之间，呈网状，含有许多黄色小泡状的构造，故无体腔。

（3）内胚层　形成单层肠上皮组织。

（二）华枝睾吸虫和猪带绦虫的观察

1. 华枝睾吸虫整体装片的观察

（1）外形　体扁平，呈柳叶状，活体半透明，淡红色。体后端宽于前端，通常大小为（10~25）mm×（3~25）mm。口位于前端肌肉质的口吸盘上，距身体前端约1/5处有腹吸盘。

（2）内部结构

①消化系统。口位于口吸盘之中央；口吸盘后的球形肌肉部分为咽；咽后的短管为食管；食管后分出的2条肠管，位于体两侧，通往体后端，无侧支，末端封闭。

②排泄系统。排泄管为2条略弯曲而有许多分支的管子；2条排泄管会合而成1条微曲的粗管，位于体后端中央，称排泄囊；排泄囊开口于身体的末端。

③生殖系统。雌雄同体。

雄性：精巢位于体后端，2个，分支状，前后排列；从每个精巢的中央部，向前各通出1根细管，为输精小管（或称输出管）；在中部汇合成输精管；输精管前方的膨大部分为储精囊；生殖孔开口于腹吸盘前。

雌性：卵巢略呈三叶状，位于精巢之前、体中线处；从卵巢通出的短管为输卵管；位于卵巢之后的长圆形囊为受精囊；卵黄腺为位于身体两侧的泡状腺体；在身体1/2稍后的地方，借助卵黄总管通入输卵管；输卵管之后段有梅氏腺围绕的部分称为成卵腔；梅氏腺是围于成卵腔四周的单细胞腺体；在受精囊之前，由输卵管通出的管子称为劳氏管；子宫迂曲于卵巢与腹吸盘之间，内藏卵；开口于腹吸盘之前方的雌性生殖孔。

2. 猪带绦虫装片的观察

（1）头节　球形，有4个大而圆的吸盘；顶部中央有短而圆的顶突，突上有2圈小钩，20~50枚，头节后为颈部。

（2）未成熟节片　颈部以后的节片，生殖器官未发育成熟，仅可见到两侧的纵排泄管。

（3）成熟节片　宽大于长至近方形，每一节片内有纵横排泄管及雌雄性生殖器官各一套。纵排泄管外侧各有一条神经索。

雄性生殖器官：精巢多个，小球形，分布于体内实质中，每个精巢与一输精小管连接，输精小管汇合为输精管。输精管稍膨大为储精囊，其后为阴茎通入节片一侧的肉质膨大部分阴茎囊内。雄性生殖孔开口于阴茎外侧的生殖腔中。

雌性生殖器官：卵巢位于节片的后部中央，分左右两大叶和中间的一小叶，卵巢下端有腺体状的卵黄腺；节片中央还有一盲管状的子宫。卵巢、卵黄腺及子宫均以管道汇入成卵腔。成卵腔为颗粒状的梅氏腺包围，并向侧面通入管道状的阴道。雌性生殖孔亦开口于生殖腔内。

（4）孕卵节片　长大于宽约2倍，整个节片几乎为子宫占据。子宫分支状，每侧7~13支，内充满卵。还可见排泄管和神经索，其他器官均消失。

（5）猪囊尾蚴　圆形或卵圆形泡状囊，内充满乳白色液体，见于猪肉中，大小为5mm×（8~10）mm。头节与钩均已发生，缩陷于囊内。

（三）昆虫口器的观察

1. 咀嚼式

如蝗虫的口器，由以下4个部分组成。

（1）上唇　1片，连于唇基下方，覆盖着大颚，可活动。上唇略呈长方形，其弧状下缘中央有一缺刻；外表面硬化，内表面柔软。

（2）大颚　为1对坚硬的几丁质块，位于颊的下方，口的左右两侧，被上唇覆盖。两大颚相对的一面有齿，下部的齿长而尖，为切齿部；上部的齿粗糙宽大，为臼齿部。

（3）小颚　1对，位于大颚后方，下唇前方。小颚基部分为轴节和茎节，轴节连于头壳，其前端与茎节相连。茎节端部着生2个活动的薄片，外侧的呈匙状，为外颚叶，内侧的较硬，端部具齿，为内颚叶。茎节中部外侧还有1根细长并且具5节的小颚须。

（4）下唇　1片，位于小颚后方，成为口器的底板。下唇的基部称为后颏，后颏又分为前后2个骨片，后部的称亚颏，与头部相连，前部的称颏。颏前端连接能活动的前颏，前颏端部有1对瓣状的唇舌，两侧有1对具有3节的下唇须。

2. 嚼吸式

蜜蜂的口器，由以下4个部分组成。

（1）上唇　为一横薄片，内面着生刚毛。

（2）上颚　1对，位于头的两侧，坚硬，齿状，适于咀嚼花粉颗粒。

（3）下颚　1对，位于上颚的后方，由棒状的轴节、宽而长的基节及片状的外颚叶组成，并有一根5节的下颚须。

（4）下唇　位于下颚的中央。有一三角形的亚颏和一粗大的颏部。颏部的两侧有1对4节的下唇须，颏部的端部有一多毛的长管，称中唇舌，其近基部有1对薄且凹成叶状的侧唇舌，端部还有一匙状的中舌瓣。

3. 刺吸式

例如雌蚊的口器。各部分都延长为细针状。

（1）上唇　较大的1根口针，端部尖锐如利剑。

（2）下颚　1对，由分4节的下颚须及由外颚叶变成的口针组成，口针端部尖锐，具齿。

（3）舌　1根，较宽，细长而扁平。

（4）下唇　1根，长而粗大，多毛，呈喙状，可围抱上述口针。

4. 舐吸式（如家蝇的口器）

上下颚均退化，仅余1对棒状的下颚须；下唇特化为长的喙，喙端部膨大成1对具环沟的唇瓣。喙的背面基部着生一剑状上唇，其下紧贴一扁长的舌，两相闭合而成食物道。

5. 虹吸式（如蝶蛾类的口器）

上颚及下唇退化，下颚形成长形卷曲的喙，中间有食物道。下颚须不发达，下唇须发达。

五、思考题

1. 绘涡虫横切面图（仅绘一侧），注明各部分名称
2. 华枝睾吸虫全形图，并注明各部分名称
3. 猪带绦虫成熟节片图，并注明各部分名称

实习三　鲤鱼解剖

一、目的和要求

通过对鲤鱼外形观察及内部结构的解剖，认识鱼类的身体结构特征对水生生活的适应性，熟悉鱼类各器官系统的结构特征。

二、材料和器具

（一）实习材料

鲤鱼。

（二）实习器具

解剖剪、镊子、解剖盘。

三、实习内容

鲤鱼外形观察，鲤鱼内部解剖与观察。

四、方法和步骤

（一）鲤鱼外形观察

鲤鱼体呈纺锤形，略侧扁，背部灰黑色，腹部近白色。身体可分头、躯干和尾 3 个部分。

头部鳃盖后缘以前的部分为头部，口端位，口角两侧各有 2 个触须，背侧有一对外鼻孔，鳃盖后缘有鳃盖膜，藉此覆盖腮孔。

躯干部鳃盖后缘至肛门为躯干部，体侧具侧线，有呈覆瓦状的圆鳞，有侧线孔的鳞片为侧线鳞，胸鳍 1 对，腹鳍 1 对，背鳍 1 个，具硬棘。

尾部肛门至尾鳍基部为尾部，肛门与泄殖孔分开，肛门在前方（肛门紧靠臀鳍起点基部前方，紧接肛门后有 1 个泄殖孔），臀鳍 1 个，具硬棘，尾鳍 1 个（正型尾）。

（二）鲤鱼内部解剖与观察

1. 解剖方法

将新鲜鲤鱼置解剖盘，使其腹部向上，用剪刀在肛门前与体轴垂直方向剪一小口，将

剪刀尖插入切口，沿腹中线向前经腹鳍中间剪至下颌；使鱼侧卧，左侧向上，自肛门前的开口向背方剪到脊柱，沿脊柱下方剪至鳃盖后缘，再沿鳃盖后缘剪至下颌，除去左侧体壁肌肉，使心脏和内脏暴露（图7-1）。

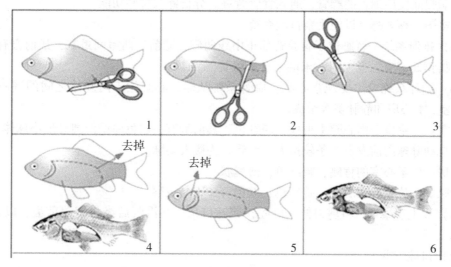

图7-1　鲤鱼解剖顺序

2. 注意事项

剪刀尖不要插入太深，以免损伤内脏；上切口平侧线，不要太靠近脊柱，以免损伤肾脏。

3. 结构观察

（1）原位观察　腹腔前方，最后一对鳃弓后腹方一小腔，为围心腔，它借横隔与腹腔分开。心脏位于围心腔内。在腹腔里，脊柱腹方是白色囊状的鳔，覆盖在前、后鳔室之间的三角形暗红色组织，为肾脏的一部分。鳔的腹方是长形的生殖腺，雄性为乳白色的精巢，雌性为黄色的卵巢。腹腔腹侧盘曲的管道为肠管，在肠管之间的肠系膜上，有暗红色、散漫状分布的肝胰脏。

（2）生殖系统　由生殖腺和生殖导管组成。

生殖腺：生殖腺外包有极薄的膜。雄性有精巢1对，性成熟时纯白色，呈扁长囊状；性未成熟时往往呈淡红色，长囊形，几乎充满整个腹腔，内有许多小型卵粒。

生殖导管：为生殖腺表面的膜向后延伸的细管，即输精管或输卵管。很短，左右两管后端合并，通入泄殖窦，泄殖窦以泄殖孔开口于体外。

观察毕，移去左侧生殖腺，以便观察其他器官。

（3）消化系统　包括口腔、咽、食管、肠和肛门组成的消化管及肝胰脏和胆囊。此处主要观察食管、肠、肛门和胆囊。用钝头镊子将盘曲的肠管展开。

食管：肠管最前端接于食管，食管很短，其背面有鳔管通入，并以此为食管和肠的分界点。

肠：为体长的2~3倍。分析肠的长度与食性有何相关性。肠的前2/3为小肠，后部较细的为大肠，最后一部分为直肠，直肠以肛门开口于臀鳍基部前方。

胆囊：为一暗绿色的椭圆形囊，位于肠管前部右侧，大部分埋在肝胰脏内，以胆管通入肠前部。

（4）鳔　位于腹腔消化管背方的银白色角质囊，一直伸展到腹腔后端，分前后两室。后室前端腹面发出细长的鳔管，通入食管背壁。分析鳔有哪些功能。

观察毕，移去鳔，以便观察排泄系统。

（5）排泄系统　肾脏位于腹腔背部正中线两侧，鳔前后两室间最宽，最前方有头肾，位于横膈膜处；输尿管 1 对，末端汇合入膀胱。

（6）循环系统　主要观察心脏，血管系统从略。心脏位于两胸鳍之间的围心腔内，由 1 心室，1 心房和静脉窦等组成。

心室：心室位于围心腔中央处，淡红色，其前端有一白色厚壁的圆锥形小球体，为动脉球。自动脉球向前发出 1 条较粗大的血管，为腹大动脉。

心房：位于心室的背侧，暗红色，薄囊状。

静脉窦：位于心房后端，暗红色，壁很薄，不易观察。

（7）以上观察毕，将剪刀伸入口腔，剪开口角，并沿眼后缘将鳃盖剪去，以暴露口腔和鳃

（8）口腔与咽

口腔：口腔由上、下颌包围合成，颌无齿，口腔背壁由厚的肌肉组成，表面有粘膜，腔底后半部有一不能活动的三角形舌。

咽：口腔之后为咽部，其左右两侧有 5 对鳃裂，相邻鳃裂间生有鳃弓，共 5 对。第 5 对鳃弓特化成咽骨，其内侧着生咽齿。咽齿与咽背面的基枕骨腹面角质垫相对，两者能夹碎食物。

（9）鳃　鳃是鱼类的呼吸器官。鲤鱼（或鲫鱼）的鳃由鳃弓、鳃耙、鳃片组成，鳃间隔退化。

鳃弓：位于鳃盖之内，咽的两侧，共 5 对。每鳃弓内缘凹面生有鳃耙；第 1 至第 4 对鳃弓外缘并排长有 2 个鳃片，第 5 对鳃弓没有鳃片。

鳃耙：为鳃弓内缘凹面上成行的三角形突起，第 1 至第 4 对鳃弓各有 2 个鳃耙，左右互生，第 1 鳃弓的外侧鳃耙较长。第 5 鳃弓只有 1 行鳃耙。分析鳃耙有何功能。

鳃片：薄片状，鲜活时呈红色。每个鳃片称半鳃，长在同一鳃弓上的 2 个半鳃合称全鳃。剪下 1 个全鳃，放在盛有少量水的培养皿内，置解剖镜下观察。可见每个鳃片由许多鳃丝组成，每个鳃丝两侧又有许多突起状的鳃小片，鳃小片上分布着丰富的毛细血管，是气体交换的场所。横切鳃弓，可见 2 个鳃片之间退化的鳃隔。

五、思考题

根据原位观察，绘出鲤鱼的内部解剖图，并注明各器官名称。

实习四 家鸽（鸡）解剖

一、目的和要求

通过对家鸽（鸡）的外部特征及各器官系统的观察，了解鸟类适应飞翔生活的特征。掌握家鸽（鸡）解剖技术。

二、材料和器具

（一）实习材料
活家鸽（鸡）

（二）实习器具
解剖盘；解剖器具。

三、实习内容

外部形态观察；内部解剖与观察。

四、方法和步骤

（一）外部形态观察

家鸽（鸡）身体呈纺锤形，体外被羽，具流线形的外廓。身体可分为头、颈、躯干、尾及附肢5个部分。头部圆形，前端为长形角质喙（家鸽上喙基部有一隆起的软膜即蜡膜，蜡膜下方两侧各有一裂缝状外鼻孔）。上喙基部两侧各有1个外鼻孔。眼大，有可活动的眼睑及半透明的瞬膜。耳位于眼的后下方，已有外耳道形成，耳孔被耳羽掩盖，颈长，活动性大，躯干卵圆形，不能弯曲，附肢2对，前肢特化为翼，后肢下端部分被以角质鳞，趾4个，趾端具爪，三前一后为常态足。尾缩短成小的肉质突起，其背面两侧突起的皮下有尾脂腺，尾基腹面有泄殖腔孔。

按形态结构可将羽分为3种类型。①正羽，即覆盖在体外的大型羽片。②绒羽，位于正羽下面，松散似绒。③纤羽（毛羽），外形如毛发，拔去正羽和绒羽后即可见到。分析鸟羽有何功能，鸟体表被羽与其恒温机制有何联系。

（二）内部解剖与观察

1. 处死

可选以下3种方式之一。

（1）压迫窒息　一手握住家鸽（鸡）双翼并紧压腋部，另一手以拇指和食指压住蜡膜，中指托住颏部，使鼻孔与口均闭塞，致其窒息而死。

（2）水中窒息　将鸽（鸡）的整个头部浸入水中，致其窒息而死。

（3）麻醉致死　用少量脱脂棉浸以乙醚或氯仿缠于鸽（鸡）喙，致其麻醉致死。

2. 解剖

将鸽（鸡）背位置于解剖盘中，用水打湿腹部羽毛，一手压住皮肤，另一手顺向拔去颈、胸和腹部的羽毛。用手术刀沿龙骨突起切开皮肤，将手术剪插入皮肤切口，向前剪开皮肤至嘴基，剪至嗉囊处皮肤时，应将皮肤与嗉囊壁分离开后再剪开皮肤，以免剪破囊壁。向后剪至泄殖腔孔前缘。用刀柄分离皮肤和肌肉，向两侧拉开皮肤，即可看到气管、食管、嗉囊和胸大肌。注意小心分离颈部皮肤，以免把嗉囊扯破。

沿龙骨突一侧及叉骨边缘小心切开胸大肌，留下肱骨上端肌肉止点处，下面即露出胸小肌，用同样方法切开胸小肌。试牵动胸大肌和胸小肌，了解其机能。

用手术剪沿龙骨突基部两侧剪开体壁，用骨剪沿着胸骨与肋骨连接处剪断两侧肋骨，同时也剪断乌喙骨与叉骨连接处，用镊子分离胸壁与内脏器官间的结缔组织，揭去胸壁。再向后剪开腹壁，直至泄殖腔孔前缘。将腹壁向身体两侧掀开，注意不要损坏气囊，原位观察各器官在体内的位置和形态。

3. 内脏构造观察

（1）呼吸系统

①外鼻孔。开口于上喙基部（家鸽位于蜡膜的前下方）。

②内鼻孔。位于口顶中央的纵走沟内。

③喉。位于舌根之后，中央的纵裂为喉门。

④气管。一般与颈同长，以完整的软骨环支持。在左右气管分叉处有一较膨大的鸣管，是鸟类特有的发声器官。

⑤肺。左右 2 叶。位于胸腔的背方，为 1 对弹性较小的实心海绵状器官。

⑥气囊。与肺连接的数对膜状囊，分布于颈、胸、腹和骨骼的内部。分析鸟类飞翔时能进行双重呼吸的原因。

（2）消化系统

①消化管。

口腔：剪开口角进行观察。上下颌的边缘生有角质喙。舌位于口腔内，前端呈箭头状。在口腔顶部的 2 个纵走的黏膜褶壁中间有内鼻孔。口腔后部为咽部。

食管：沿颈部的腹面左侧下行，在颈的基部膨大成嗉囊。嗉囊可贮存食物，并可部分地软化食物。

胃：胃由腺胃和肌胃组成。腺胃又称前胃，上端与嗉囊相连，呈长纺锤形。剪开腺胃观察内壁上丰富的消化腺。肌胃又称砂囊，上连前胃，位于肝脏的右叶后缘，为一扁圆形的肌肉囊。剖开肌胃，可见胃壁为很厚的肌肉壁，其内表面覆有硬的角质膜，呈黄绿色，胃内有许多砂石，用以磨碎食物。分析肌胃有何功能。

十二指肠：位于腺胃和肌胃的交界处，呈"U"形弯曲。

小肠：细长，盘曲于腹腔内，最后与短的直肠相连。

直肠（大肠）：短而直，末端开口于泄殖腔。在其与小肠的交界处，有 1 对豆状的盲肠。鸟类的大肠较短，不能贮存粪便。

②消化腺。

胰：略展开十二指肠"U"形弯曲之间的肠系膜，可见淡黄色的胰，分为背、腹、前 3 叶。由背叶发出 1 条、腹叶发出 2 条胰管通入十二指肠。

肝：红褐色，位于心脏后方。分左右 2 叶，无胆囊（家鸡胆囊明显）。掀开右叶在其背面中央处（背面有一深的凹陷）伸出 2 条胆管，通入十二指肠。

此外，在肝胃间的肠系膜上有一紫红色、近椭圆形的脾，为造血器官。

（3）循环系统

①心脏。心脏位于躯体的中线上，体积很大。用镊子拉起心包膜，用剪刀纵向剪开并除去心包膜，可见心脏被脂肪带分隔成前、后 2 个部分。前面褐红色的扩大部分为心房，后面颜色较浅的为心室。观察动、静脉系统后，取下心脏进行解剖，观察内部构造。

②动脉。靠近心脏的基部，把余下的心包膜，结缔组织和脂肪清理出去，暴露出来的 2 条较大的灰白色血管，即无名动脉。无名动脉分出颈动脉、锁骨下动脉、肱动脉和胸动脉，分别进入颈部、前肢和胸部（锁骨下动脉为无名动脉的直接延续）。用镊子轻轻提起右侧的无名动脉，将心脏略往下拉，可见右体动脉弓走向背侧后，转变为背大动脉后行，沿途发出许多血管到有关器官。再将左右心房无名动脉略略提起，可见下面的肺动脉分成 2 支后，绕向背后侧而到达肺脏。

③静脉。在左右心房的前方可见到两条粗而短的静脉干，为前大静脉。前大静脉由颈静脉、肱静脉和胸静脉汇合而成。这些静脉差不多与同名的动脉相平行，因而容易看到。将心脏翻向前方，可见 1 条粗大的血管由肝脏的右叶前缘通至右心房，这就是后大静脉。

从实验观察中可以看到鸟的心脏体积很大，并分化成 4 室；静脉窦退化；体动脉弓只留下右侧的 1 支。因而动、静脉血完全分开，建立了完善的双循环。分析上述特点与鸟类的飞翔生活方式有何联系。

（4）泌尿生殖系统

①排泄系统。

肾脏：紫褐色，左右成对，各分成 3 叶，贴近于体腔背壁。

输尿管：沿体腔腹面下行，通入泄殖腔。无膀胱。

泄殖腔：为消化、泌尿和生殖系统最终汇入的一个共同腔。球形，以泄殖腔孔通体外。在泄殖腔背面有一黄色圆形盲囊，与泄殖腔相通，称腔上囊，是鸟类特有的淋巴器官。

②生殖系统。

雄性：具成对的白色睾丸。从睾丸伸出输精管，与输尿管平行进入泄殖腔。多数鸟类不具有外生殖器。

雌性：右侧卵巢退化；左侧卵巢内充满卵泡；有发达的输卵管。输卵管前端借喇叭口通体腔；后方弯曲处的内壁富有腺体，可分泌蛋白并形成卵壳；末端短而宽，开口于泄殖腔。

五、思考题

绘制家鸽（鸡）内部解剖图，并注明各器官名称。

第八章 生态学实习

实习一 巢式样方法

一、目的和要求

通过巢式样方的制作和对群落种-面积曲线的绘制，掌握在对群落数量特征调查时，如何确定当前样地范围内的物种种类和物种数，以及确定最小样方面积和最少样方次数的方法。

二、材料和器具

钢卷尺（2m），皮卷尺，方格纸，记录表格和铅笔。

三、实习内容

巢式样方法调查草地植物群落数量特征。

四、方法和步骤

此法用一组逐渐扩大的巢式样方，逐一统计每个样方面积内的植物总数，并以样方面积为横坐标，种内个体数目为纵坐标，绘制种-面积曲线。曲线开始平伸的点（包含84%总数）对应的面积即为群落最小面积，可以作为样方面积大小的初步标准。

步骤一　选取一个或两个群落类型（如灌丛、草原、草甸）作为样地，按巢式样方操作过程逐级扩大样方面积，同时统计每级样方中植物的种类数量，记入表8-1，将表中结果在方格纸上绘制成种-面积曲线，找出最小样方面积。

步骤二　以最小面积作为一个样方面积单位，设置若干个样方，并调查植物的种类数量，种类总和达到巢式样方调查的种类数时，完成的样方数量就是调查该群落时的最少样方次数，把调查数据记入表8-2。

步骤三　以最小面积和最少样方数量，作为该群落数量调查取样时样方面积和数量的基础指标。

五、思考题

1. 利用种-面积曲线找出最小样方面积（图8-1），统计最小样方次数，完成巢式样方法实习报告。

2. 如按面积扩大1/10，种数不超过5%计算，所研究群落的最小面积为多大？如按包括样地总种数的84%计算，最小面积又是多大？你认为适宜的样方面积为多少？

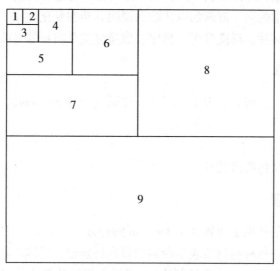

图 8-1　巢式样方示意图

表 8-1　巢式样方记载

群落名称：　　　专业：　　　班级：　　　实习分组：　　　日期：

样方号与面积	序号	植物名称	样方号与面积	序号	植物名称
1（10cm²）			……		
	……		……		

表 8-2　最少样方数量记载

样方数量	种类数量
1	
2	
3	
……	
Σ	

实习二　样方法

一、目的和要求

掌握用样方法调查草本植物群落数量特征的方法，对调查数据进行整理和分析，达到识别群落的目的：其一是不同群落进行比较，并将群落分类；其二是将群落的分布或变异与生境条件变化相关联，并阐明其关系；其三是对某一特定群落进行分析，说明其内部结构；其四是将不同时期的同一群落加以比较，说明其动态变化规律。另外，样方法的结果还可用于群落物种多样性、梯度分析、排序、数量分类及演替等多项研究。

二、材料和器具

细尼龙绳、钢卷尺、剪刀、天平、刺针、样圆（直径35.6cm），记录表格。

三、实习内容

样方法观测草本植物群落特征。

四、方法和步骤

步骤一　在选定的样地上布置3个1m×1m的样方

步骤二　对样方中每种植物按表中所列项目进行登记，具体步骤如下：

盖度测定：采用点样法（也称针刺法），将样方相对的两边均匀分为若干段，作成网络，形成50~100个测点，报出测点接触到的植物种名，用划"正"字的方法记录其出现的测点数。在同一测点上相同物种不重复记录，某种植物出现的测点数占总测点数的百分比即为该物种的盖度。

密度测定：实际计数样方中每个种的个体数目（对于位于样方边缘处的个体，以其整体1/2越线作为判定其位于样方内外的标准）。

高度测定：以自然高度为准；对于密度较低的种，需全部测定；密度较高的种，则测量10株，并取其平均值。

地上生物量测定：在上述内容的测定完成后，齐地面剪取每个种的所有个体，称其鲜重（g）。

频度测定：在样地范围内随机抛掷样圆100次，划"正"字记录植物种出现在样圆中的频次，计算频度。

步骤三　将以上测定结果逐项填入表8-3，并进一步整理、计算出各相对值和重要值。

表8-3　群落样方数量特征调查表

群落名称：　　　专业：　　　班级：　　　实习分组：　　　日期：

种名	高度	相对高度	盖度	相对盖度	密度	相对密度	频度	相对频度	重量	相对重量	重要值

（续表）

种名	高度	相对高度	盖度	相对盖度	密度	相对密度	频度	相对频度	重量	相对重量	重要值
合计											

注：以重要值的大小依次排列。

五、思考题

1. 完成数量特征统计表，并分析计算，做出样方法的实习报告。
2. 在对群落数量特征调查时，容易出现的错误有哪些？试举例具体说明。

实习三　群落物种多样性测定

一、目的和要求

群落物种多样性具有以下 3 个方面的意义：①是描述群落结构特征的一个重要指标；②可以用来比较两个群落的复杂性，并可将其作为环境质量评价和比较资源丰富程度的指标；③对演替阶段（如海拔、水分或放牧梯度等）的多样性分析对比，作为演替方向、速度及群落稳定性的指标。

本实习要求学生充分认识物种多样性指数的生态学意义，掌握群落物种多样性的测定和计算方法。

二、材料和器具

1m×1m 样方框或 4m 以上长度的尼龙绳，计算器，记录表。

三、实习内容

植物群落物种多样性测定。

四、方法和步骤

多样性指数是用来描述群落结构特征的一种方法。在调查群落的种类组成和数量特征后，就可以选定合适的多样性指数计测公式，对群落的物种多样性进行计算。

本项实习采用 Simpson 多样性指数 λ、Shannon-Wiener 多样性指数 H' 和 Hill 均匀性指数 E 作为具体计测指标进行。

Simpson 多样性指数：$\lambda = 1 - \sum \left[\dfrac{n_i}{N} \right]^2$

Shannon-Wiener 多样性指数：$H' = - \sum \left[\dfrac{n_i}{N} \ln \dfrac{n_i}{N} \right]$

Hill 均匀性指数：$E = \dfrac{\dfrac{1}{\lambda} - 1}{\mathrm{e}^{H'} - 1}$

式中，N 为总个体数，n_i 为第 i 种的个体数，e 为自然对数。

1. 根据样地情况，沿任意环境梯度或群落梯度随机设置样方，每一梯度设 3 个样方。计数样方中的植物种类数量及其个体数，或盖度等其他数据指标，并求平均值，记入表 8-4 中。

2. 分别计算 λ、H' 和 E 值，并据此对其变化进行分析，给出生态学解释。

表 8-4　群落物种多样性测定记录

群落名称：　　　专业：　　　班级：　　　分组：　　　日期：

种名	样方号			平均	种名	样方号			平均	种名	样方号			平均
	1	2	3			1	2	3			1	2	3	
λ														
H' 值														
E 值														

五、思考题

为什么物种多样性指数不仅表征物种数量，同时还能反映种内个体分布的均匀性？

实习四　种群的空间分布格局

一、目的和要求

通过方差/均值（$S^2/\bar{X}$）法的实地训练，认识群落中植物种群个体在空间分布的不同类型。

二、材料和器具

50cm×50cm 样方框，测绳，皮卷尺，记录表。

三、实习内容

采用方差/均值法识别群落中植物种群个体在空间分布的不同类型。

四、方法和步骤

在理论上，Poisson 分布的 $S^2/\bar{X}$ 比值的大小，可以用来判断分布型。

$S^2/\bar{X} \approx 1$ 为随机分布；$S^2/\bar{X} < 1$ 为均匀分布；$S^2/\bar{X} > 1$ 为集聚分布，计算公式如下：

$$S^2 = \frac{\sum (X_i - \bar{X})^2}{n-1}$$

式中，X_i 为特定种在第 i 个样方中的个体数；$\bar{X}$ 为所有样方中个体数的平均数；n 为样方数量。

1. 设置 3 条相邻样带，样带长 10m，宽 0.5m，共 60 个样方，计数样方中 3 种草地植物的个体数，记入表 8-5 中并计算。

2. 说明 $S^2/\bar{X}$ 比值法的结果，并进行 t 值显著性检验（$P<0.05$），列出所测植物种群的空间分布类型。

表 8-5　种群分布格局连续样方调查记录

种名	样带	样方							$\bar{X}$	S^2	$S^2/\bar{X}$
		1	2	3	……	18	19	20			
1	I										
	II										
	III										
……											
3	I										
	II										
	III										

五、思考题

1. 根据调查记录表的计算结果，确定 3 个指定物种的空间分布格局类型，完成实习报告。

2. 研究植物物种空间分布有何意义。

实习五　森林群落的年龄结构

一、目的和要求

调查了解样地范围内森林群落的年龄结构，绘出年龄结构条形图，描述群落年龄结构的类型。

二、材料和器具

测绳、皮卷尺、钢卷尺。

三、实习内容

森林群落年龄结构的观测，年龄结构条形图的绘制。

四、方法和步骤

分组测定样地范围内所有乔木植株胸径，记录并整理数据，绘制出分级株数图，分析年龄组成。

1. 每组圈出 30m×30m 样方，用钢卷尺测定每一同种乔木植株距地面 1.4m 位置处的胸径，记入表格。

2. 植株高度低于 1.4m，测定出土位置周长，记入表格。

3. 按 2cm 或 5cm 为步长设置年龄级别，分别统计每一龄级的个体数量，绘制年龄结构条形图。

五、思考题

1. 根据分级年龄结构条形图，描述样本种群年龄结构类型，完成乔木年龄结构实习报告。

2. 如何通过种群年龄结构预测种群大小的变化趋势？如果样地内群落为混交林类型，本实习应如何进行？

第九章 土壤学实习

实习一 野外土壤剖面调查和土壤标本采集

一、目的和要求

本次实习从剖面坑的选点、挖掘、描述、土壤标本的采集等进行全过程的学习与训练，使学生学会从成土因素、成土过程到土壤剖面特征的描述等进行综合分析与思考；学会土壤剖面的挖掘、整修、观察和描述的内容与方法；掌握土壤野外调查与研究的相关技术；学会从土壤的外在形态特征分析和推断土壤基本属性，加深理解土壤与环境的基本关系。通过实习使学生能比较全面系统地了解土壤的分布、分类、形成条件、剖面特点及改良利用措施；掌握土壤类型调查的基本方法；巩固课堂所学知识，提高实地观察和动手能力；对主要土壤类型的性状特征及改良利用情况有一个比较全面的认识，为今后解决实际工作中所遇到的土壤问题打下基础。

二、材料和器具

（一）仪器
土铲、剖面刀、瓷盘、卷尺、广泛试纸、土样袋、海拔仪、望远镜、罗盘、调查表。
（二）试剂
1：3 HCl、酚酞指示剂、蒸馏水。

三、实习内容

使用剖面法了解土壤的类型，采集土壤标本。

四、方法和步骤

（一）土壤剖面调查
1. 剖面点的选择

根据调查目的选择剖面点，选点位置应具有代表性，避免选在沟边、渠边、村庄旁等人易干扰的地段。选好点后应首先观察该土壤类型分布的地形、植被、成土母质、畜牧业利用情况、存在的主要障碍因素等，然后挖掘剖面。

2. 剖面挖掘与修整

（1）剖面挖掘 剖面的大小要根据调查的目的而定。剖面坑一般长 1.5m，宽 1.0m，深度要看具体情况和研究目的而定，一般要达到母质层或地下水即可。剖面坑的一端要求向阳，要垂直削平作为观察面，而另一端要做成阶梯，以便下坑观察。挖掘时要注意，应将表土堆于一侧，下层土壤堆于另一侧，两端不应堆土，观察完毕后，应将底土填回下层，表土填回上层，观察面上注意不能践踏。

（2）剖面修整　土坑挖好后，留出垂直断面，用剖面刀自上而下轻轻拨落表面土块，以便露出自然结构面，整修剖面时，可保留一部分铲平的壁面，作为划分层次之用。

3. 剖面观察与土层划分

观察剖面时，一般要先在远处看，这样容易看清全剖面的土层组合，然后走近仔细观察，并根据各个剖面的颜色、质地、结构、紧实度、根系分布、新生体等的变化，参考环境因素，推断土壤的发育过程，具体划分出各个发生层次。用钢卷尺量出各层深度（单位：cm）。草地土壤要记录底部半风化母质及母岩的层位。最后可在记录本上勾画土体构型，显示其主要特点。

4. 土壤性状的观察和记载

在记录剖面特征前，应先记录环境条件，然后对各发生层次逐层详细描述并进行一些理化性质的速测（表9-1）。记载项目如下。

（1）颜色　土壤颜色是土壤形态中最易观察的一种，从颜色可以大致了解土壤的肥力高低、土壤发育的程度和土壤中的物质组成。观察时要分清主色和次色。描述时主色在后，次色在前，如灰棕色，以棕色为主带有灰色，如需要可在前面加修饰词，如淡灰棕色。鉴别土壤颜色要分主、次色，如灰褐色表示褐色为主，灰色为次。土壤湿时色深，干时色浅；土壤质地粗时色浅，细时色深；有结构的色深，粉碎后色浅；光线强弱反映的色也不一致，在观察时要注意这些问题，尽量做到标准统一。

（2）质地　见质地简易测定法（手测法）。鉴定质地时，应一边观察，一边手摸，以了解在自然湿度下的质地触觉。然后和水少许，进行湿测，再按下表判定质地，定名，填入记载表。砾质土壤质地描述，要在原有质地名称前冠以砾质字样，如多砾质砂土、少砾质砂土等。少砾质即砾石含量1%~5%；中砾质即砾石含量5%~10%；多砾质即砾石含量10%~30%。砾石含量在30%以上的土壤属砾石土，则不再记载细粒部分质地名称而以轻重相区别，如轻砾石土即砾石含量30%~50%；中砾石土即砾石含量50%~70%；重砾石土即砾石含量>70%。

表9-1　苏联卡庆斯基土壤质地分类手测法质地判断标准

质地名称	干时测定情况	湿时测定情况
沙土	干土块毫不用力即可压碎，沙粒一望而知，手捻粗糙刺手，发出擦擦响声	不能成球形，手握能成团，但一触即散，不能成片
沙壤土	干土块用小力即可捏碎	勉强可成厚的片状，能搓成表面不光滑的小球，但搓不成细条。
轻壤土	干土块稍用力挤压可碎，手捻有粗面感。	可成较薄的短片，片长不超过1cm，片面较平整，可搓成直径约3mm的土条，但提起后即断裂。

（续表）

质地名称	干时测定情况	湿时测定情况
中壤土	干土块必须用相当大的力能压碎	可成较长的薄片，片面平整，但无反光，可搓成直径3mm 的小土条，但弯成直径 2～3cm 的小圈生裂缝碎断。
重壤土	黏粒含量较多，沙粒少，干土块用大力挤压方可捏碎	可成较长的薄片，片面光滑，有弱反光，可搓成直径约 2mm 的土条，能弯曲成 2～3cm 的环，但压挤即生裂缝有弱反光。
黏土	含黏粒为主，干土块很硬，用手不能将它捏碎	可成较长的薄片，片面光滑，有较强的反光，片断裂，可搓成直径 2mm 的土条，能弯曲成直径 2cm 土环，再压扁亦无裂缝。

（3）结构 一般常见土壤结构有以下几种，块状结构：长、宽、高基本相等，可分块状（直径>1～2cm）和碎块状（直径<1～2cm）两种结构；片状结构：土块向水平轴发展，呈片状厚度 0.1～0.3cm；核状结构：为三向发展，边角不明显，大小 1～3cm 的结构体，一般较坚硬；柱状和棱柱状结构：土块沿垂直轴发展，如无棱角为柱状结构，有棱面且棱角分明则为棱柱状结构；团粒结构：土粒疏松，表面光滑，颜色均一，土粒大小为 0.25cm 的土粒；单粒状结构：土粒未经黏结、团聚，土粒分散，只表现土粒性状。

（4）土壤松紧度 表示土层紧实程度。在没有仪器的情况下，可用采土工具（剖面刀、取土铲等）测定土壤的松紧度，根据剖面刀入土难易可分松、稍紧、紧、极紧、坚实等。其标准可概括如下：极紧实即用土钻或土铲等工具很难楔入土体，加较大的力也很难将其压缩，用力更大即行破碎。紧实即土钻或土铲不易压入土体，加较大的力才能楔入，但不能楔入很深。稍紧实即用土钻、土铲或削土刀较易楔入土体，但楔入深度仍不大。疏松即土钻、削土刀很容易楔入土体，而且楔入深度大，易散碎，加压力土体缩小较显著。

（5）土壤干湿度 在野外可以用速测方法测定土壤湿度，但通常只是用眼睛和手来观察和触测，其标准可分为：干、润、湿润、潮湿、湿 5 个等级。干即土样放在手掌中，感觉不到有凉意，无湿润感，捏之则散成面，吹时有尘土扬起。稍润即土样放在手中有凉润感，但无湿印，吹气无尘土飞扬；手捏不成团，含水量为 8%～12%。润即土样放在手中，有明显湿润感觉，手捏成团，扔之散碎。潮即土样放在手中，有明显湿痕，能捏成团，扔之不碎，手压无水流出，土壤孔隙 50%以上充水。湿即土壤水分过饱和，手压能挤出水。

（6）石灰反应 用10%的盐酸滴在土上，观察土壤起泡的情况，以判断碳酸钙的有无和大体含量。一般分 4 级：无：无泡沫（土壤不含石灰），用"－"表示；少：放出泡沫少（土壤含石灰在 1%以下），用"＋"表示；中：有明显泡沫，但很快消失（土壤含石灰在 1%～5%），用"＋＋"表示；多：气泡发生强烈，持续时间较长（土壤含石灰>5%），用"＋＋＋"表示。

（7）土壤酸碱度 剖面观测中，速测土壤的 pH 值不但可帮助了解土壤的性质，而且可作为土壤野外命名的参考。测定方法可采用简易速测法——用混合指示剂比色法，或用pH 值广泛试纸速测法。即用蒸馏水浸提土壤溶液，滴加 pH 值混合指示剂，从而判断该土属于酸性、微酸性、中性、微碱性、碱性中的哪一种。

（8）根系分布和动物穴　观察每一土层根系分布的多少、深度、粗细、动物穴的多少大小等。植物根系的观察、描述，主要应分清根系的粗细和含量的多少，按植物根系的粗细分：极细根即直径<1mm，如草原土壤中的禾本科植物毛根；细根即直径 $1~2mm$，如禾本科植物的须根；中根即直径 $2~5mm$，如木本植物的细根；粗根即直径>5mm，如木本植物的粗根。按植物根系的含量多少，可分3级描述：少根即土层内有少量根系，有 $1~2$ 条/cm^2 根系；中量根即土层内有较多根系，有 5 条/cm^2 以上根系；多量根即土层内根系交织密布在 10 条/cm^2 以上；此外若某土层无根系，也应加以记载。

（9）土壤新生体　在土壤形成及发育过程中，某些矿物质盐类或其他物质的细颗粒，在剖面的某些部位特别增加或集中，常常生成新生体。如盐霜、盐结皮、石灰质斑点、假菌丝体和各种结核、胶膜等。记载各种新生体的颜色、形状、分布的特点和深度等。

（10）土壤侵入体　系外界混入的物体，如砖瓦、文物以及蚯蚓的粪便等，可以帮助判断土壤的翻动和熟化程度。

（二）土壤标本采集

1. 土盒标本

土盒标本主要用于拼图比土的标本，其典型者也可留作陈列标本。在路线调查中，纸盒标本只采集主要剖面和对照剖面。具体采集方法是按所划分的层次，分层采集。次序是从下层向上层选择各层的典型层段采集。采集时沿水平方向用削土刀削取，尽量保持土壤结构体的原状，不要弄碎。对某些特别疏松而散碎的层次，无法削取者可将其散碎土体按原样采集、装入盒中的相应层次。所削取土体以与标本盒的格子大小相等，刚能装入格内为宜，注意应将观察面剥离成土体的自然裂面，不要削成光滑面，或拍打压实。所有土层采集装盒完毕后，应按内容逐项记载、填写卡片或标签。

2. 土壤剖面整段标本

整段标本又分木盒整段标本与薄层整段标本。木盒整段标本的采集：采集整段标本的木盒，其规格各国不一，荷兰国际土壤陈列馆采用的是：内径长、宽、厚为 120cm×25cm×8cm；中国所用内径长、宽、厚为 100cm×20cm×8cm，为了减轻重量，后来改为 100cm×20cm×5cm。整段标本采制方法：先在已挖好的土壤剖面上，挖一个与整段标本木框的内径大小一样的立方土柱，土柱的左、右、前三面突露，后面暂不挖断，使与土体保持联结，雏形挖成后，应该用木框比划大小，然后用削土刀仔细削成与土框内径大小一致的土柱。切削中应注意防止土柱塌落。土柱削好后，将标本木盒的上盖与下底取掉，把木框套入土柱，削去前面突出于木框外的土体，削平整后将盖子用螺丝钉固定于木框上，再从土柱两侧向里切削，取下剖面标本。取时用手扶住盒盖，向下仰放。然后，用刀削去高出木框的土体部分，用刀将剖面挑成自然裂面，除去表面浮土，加盖并用螺丝钉固定，整段标本即采好。

五、思考题

1. 土壤剖面如何进行挖掘与修整？
2. 土壤性状的观察项目有哪些？如何记载？
3. 土壤剖面整段标本和土盒标本如何进行采集？

实习二　土壤样品的采集与制备

一、目的和要求

本次实习从土壤样品的采集时间、方法、制备等进行全过程的学习与训练，使学生们学会正确进行土壤样品的采集和制备；理解土壤样品的采集要有代表性及其对于分析结果的重要意义；了解土壤与环境的关系，树立保护土壤资源的意识。

二、材料和器具

土钻、小土铲、米尺、布袋（盐碱土需用油布袋）、标签、铅笔、土筛、广口瓶、天平、胶塞（或圆木棍）、木板（或胶板）等。

三、实习内容

土壤样品的采集与制备。

四、方法和步骤

（一）土壤样品的采集

1. 采样的时间和工具

土壤中有效养分的含量，随季节的改变而有很大的变化。分析土壤养分供应情况时，一般都在晚秋或早春采集。同一时间内采集的土样分析结果才能相互比较。常用的采样工具有：小土铲、管形土钻和普通土钻。小土铲：在任何情况下都可应用，但比较费工，多点混合采集，由于费工较少使用。管形土钻：下部系一圆形开口钢管，上部系柄架，根据工作需要可用不同管径的管形土钻，将土钻钻入土中，在一定土层深度处，取出一均匀土柱。管形土钻取土速度快，又少混杂，特别适用于大面积多点混合样品和采取。但不太适合用于砂性大的土壤，或干硬的黏重土壤。普通土钻：普通土钻使用起来比较方便，但一般只适用于湿润的土壤，不适于很干的土壤，同样也不适用于沙土。另外普通土钻容易混杂，亦系其缺点。

2. 采样的方法

采样的方法因分析目的的不同而异。

（1）土壤剖面样品　研究土壤基本理化性质，必须按土壤发生层次采样。

（2）土壤物理性质样品　如果是进行土壤物理性质的测定，须采原状样品。

（3）土壤盐分动态样品　研究盐分在剖面中的分布和变动时，不必按发生层次取样，而自地表起每10cm或20cm采集一个样品。

（4）耕层土壤混合样品　为了评定土壤耕层肥力或研究植物生长期内土壤耕层中养分供求采用这种方法。一般应根据不同的土壤类型，地形、前茬以及肥力状况，分别选择典型地块采取混合土样，切不可在肥料堆或路边选点。混合样品的点数，小区试验可考虑3~5点混合，为制定大田合理施肥而采样，地块面积小于10亩时，可取5点左右；面积10~40亩，取5~15点；面积大于40亩取15~20点混合构成混合样品，采样点的分布可参照下列方法：

①对角线取样法。适宜面积较小（2~3亩以内）地势平坦，肥力均匀的地块，一般取5~10点（图9-1）。

②棋盘式取样法。适宜面积中等，地势平坦地形端正，肥力有些不均匀的地块，取样在10点以上（图9-2）。

③蛇形取样法。适宜面积较大，地形不平坦，肥力不均匀的地块，取样点更多一些，线与线之间的距离根据地形、肥力的情况来决定（图9-3）

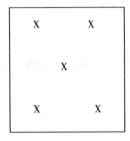
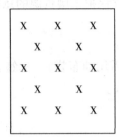
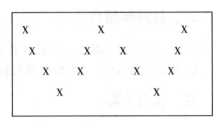

图9-1　对角线取样法　　　图9-2　棋盘式取样法　　　　图9-3　蛇形取样法

（5）采土　采集混合样品时，每一点所取的土样，深度要一致，上下土体要一致。采土时应除去地面落叶。采样深度一般取耕作层土壤20cm左右，最多采到犁底层的土壤。对作物根系较深的土壤，可适当增加采样深度。采土可用土钻或小土铲进行。打土钻时一定要垂直插入土内。如用小土铲取样，可用小土铲斜着向下切取一薄片的土样品，然后将土样集中起来混合均匀。如采来的土壤样品数量太多，可用四分法将多余的土壤弃去，一般1kg左右的土样即够化学、物理分析之用。

四分法的方法是：将采集的土壤样品弄碎混合并铺成四方形，划分对角线分成4等份，取其对角的2份，其余2份弃去，如果所得的样品仍然很多，可再用4分法处理，直到所需数量为止。取土样1kg装袋，袋内外各放一标签，上面用铅笔写明编号、采集地点、地形、土壤名称、时间、深度、作物、采集人等，采完后将坑或钻眼填平。

（二）土壤样品的制备

土壤样品的制备包括风干、去杂、磨细、过筛、混匀、装瓶保存和登记等操作。

1. 风干和去杂

从田间采回的土样，应及时进行风干。其方法是将土壤样品放在阴凉干燥通风，又无特殊的气体（如氯气、氨气、二氧化硫等）、无灰尘污染的室内风干，把样品全部倒在干净的木板或塑料布、纸上，摊成薄薄的一层，经常翻动，加速干燥。切忌阳光直接暴晒或烘烤。在土样半干时，需将大土块捏碎（尤其是黏性土壤），以免完全干后结成硬块，难以磨细。样品风干后，应拣出枯枝落叶、植物根、残茬等。若土壤中有铁锰结核、石灰结核或石子过多，应细心拣出称重，记下所占的百分数。

2. 磨细、过筛和保存

进行物理分析时，取风干土样100~200g，放在木板或胶板上用胶塞或圆木棍碾碎，放在有盖底的18号筛（孔径1mm）中，使之通过1mm的筛子，留在筛上的土块再倒在木板上重新碾碎，如此反复多次，直到全部通过为止。不得抛弃或遗漏，但石砾切勿压碎。留在筛上的石砾称重后须保存，以备石砾称重计算之用。同时将过筛的土样称重，以计算石砾重量百分数，然后将土样充分混合后盛于广口瓶中，作为土壤颗粒分析及其他物理性质测定之用。化学分析时，取风干土样100~200g，用胶塞或圆木棍将土样碾碎，使全部通过18号筛（孔径1mm）。这样的土样可供速效性养分、pH值等项目的测定。分析水解性氮、全氮和有机质等项目时，可取通过18号筛的土样20g，进一步研磨，使其全部通过60号筛（孔径0.25mm）为止，如需测定全磷、全钾，还应全部通过100号筛（孔径0.149mm）。研磨过筛后的土壤样品混匀后，装入广口瓶中。

3. 登记

样品装入广口瓶后，应贴上标签，记明土样号码、土类名称、采样地点、深度、日期、孔径、采集人等。瓶内的样品应保存在样品架上，尽量避免日光、高温、潮湿或酸碱气体等的影响，否则会影响分析结果的准确性。

五、思考题

1. 为使采集的土样具有最大的代表性，其分析结果能反映实际情况，应如何使采样误差减小到最低程度？

2. 采集土壤样品有哪些要求？应该注意些什么？

3. 土壤样品制备包括哪些？应注意哪些事项？

实习三 实习资料的整理和报告的编写

实习资料的整理和实习报告的编写，是对野外实习的业务总结，安排在实习的最后阶段进行。它是将野外实习资料从感性上升到理性的环节，也是野外实习成果的重要体现。

一、实习资料的整理

野外实习资料主要包括野外记录表、土壤草图、土壤标本和样品等。野外记录应坚持每日整理，并在此基础上进行分段综合整理。在野外调查过程中，鉴于时间和工作条件的限制，有些实习内容不能详尽地记载，回到室内要及时对当日的调查内容进行详细追记，对一些含糊不清的内容或问题，一定要抽时间到实地补查；将每日记录的有关土壤类型与性状、植物群落组成与特征、环境条件状况的数量统计数据应及时登记到一个地理生态系列表中，为综合整理提供方便；对当日的实习内容与观察结果进行深入理解与分析，对实习地区土壤资源、生物资源保护与利用，以及区域土地退化的防治提供自己的设想与建议等。在整理、归纳实习地区有关资料与数据的基础上，结合已有的资料文献和师生的交流成果，可进行区域综合分析，以深入了解实习地区土壤类型、诊断特性、植物群落类型、组成结构及其他们的地域分异规律，了解区域人类活动对植物土壤特征的影响。

二、野外实习报告的编写

野外实习报告是野外实习工作的总结。编写报告是培养同学独立分析问题、从事科研的能力必不可少的环节，要求每个人都能动手写。文字要求简明扼要，分析要运用实习资料，说理透彻，并要文图并茂。编写土壤学实习报告的一般内容，可参考下列提纲。

（一）概况

写明实习地区的地理位置，包括经纬度位置、地理相邻位置、行政区域、实习地区范围等；实习时间及组织安排，实习经过和方法；实习地区已有的资料及其评价，实习取得的主要资料等。

（二）成土环境条件和社会经济概况

包括实习地区的气候、生物、地形、母质、水文、地质特性及其对土壤的影响；当地土地利用状况及其他社会经济概况等。

（三）土壤情况

包括土壤的形成特点、土壤分类及分布规律；各种土壤的特性等，应逐一写明其所处环境条件的概括性特点、分布范围、形态特征、理化性质，并加以简单评价，提出利用改良的建议；所做的土壤图，要附于有关内容之下，并按要求编出土壤图说明。

第三篇　专业技能实训

第三篇　专业技能实训

第十章　草地保护学实训

实训一　主要草原鼠害的洞穴配置结构观察

一、目的和要求

通过实习了解主要草原害鼠的洞穴结构。

二、材料和器具

铁锹、钢卷尺、铅笔、白纸、记录本、记录笔。

三、方法和步骤

步骤一　观察鼠兔和鼢鼠的洞穴在生境中的配置特点。一般独居性鼠其洞穴配置比较分散、群居性鼠则较密集。

步骤二　详细记录洞穴所在地的地形、方位、土壤、植被类型。按比例绘出洞口的位置、土丘的大小、跑道和周围植物被破坏的情况。

步骤三　用草束堵住 $50m^2$ 的所有洞口，选居中的一个进行挖掘。边挖边测量，先测量洞口直径，从洞口到一个转弯处，或两个转弯之间都要测量长度和深度。遇到分支依次挖掘，遇到窝巢或仓库，要记录贮存物种类与相对数量，同时测窝巢或仓库的大小［长×宽×高（深度）］。

四、实训报告

用绘图法中的坐标（二维坐标）法绘图，先绘成草图，然后按草图绘出平面图和剖面图。

实训二　啮齿动物标本的制作与保存

一、目的和要求

通过本实训使学生了解标本采集、剥制与分类鉴定的全过程，要求掌握啮齿动物假剥制标本的剥制方法。

二、材料和器具

小动物解剖工具套装，防腐剂、脱脂棉、外形测量卡、铁丝。

三、方法和步骤

（一）捕获鼠类

用捕鼠工具（捕鼠笼、板夹、弓形夹等）捕获一定数量的鼠类，按要求做好体形测量，做好详细记录。用粗长针经耳孔穿刺其延脑深处，将鼠处死，或用折断颈椎的方法处死（一般用于大型鼠类），分类装入布袋中。

（二）标本的剥制过程

1. 剥皮

（1）将鼠体仰卧在平板上或铺有废报纸的平地上，用左手的拇指和食指轻轻提起皮肤，在腹中线胸骨后缘用剪刀剪一小口，再用刀尖向后剪开皮肤，直至肛门（不可过深，以免切开肌层）。

（2）用解剖刀小心地把两侧的皮肤与肌肉分开，并推出后腿的膝关节，用旧剪刀或小骨剪在膝关节处剪断，轻轻地把小腿拉出，直到足跟为止，并把腿上的肌肉刮掉。同样的方法处理另一后腿。

（3）切开肛门附近的肌肉，一手捏住尾基部的毛皮，另一手慢慢用力将尾椎全部抽出。切记不要用力过猛，否则会抽断尾椎。接着翻转后半部的皮肤。一手握住鼠体，另一手慢慢用力拉，使皮肤和肌肉分开，将皮肤翻到掌部为止，在肘关节处剪断，去掉前肢上的肌肉。

（4）从后向前，使毛向内翻转，剥颈部和头部。剥头部时，在紧贴听泡的地方切断耳根，紧接着在皮与眼球之间的后环（眼睑）与眼球之间剪开，不要损坏眼睑，随后剥离下颌和唇、慢慢将下颌的皮与颌骨分开。剥上唇时，要先剥口角和鼻部的后端，最后才剥鼻尖。

（5）将头从颈部剪下，用铅笔在纸条上标明号码放入口腔中。

2. 填装

（1）将皮上的残肉和脂肪清除干净，把破裂的地方缝好，然后涂上防腐剂（砒矾粉、砒皂膏）特别是头、耳及四肢和尾部要涂到。

（2）取一根比尾椎长 5～10cm 的鸡翅羽轴或削制的竹签，插入尾皮中代替原来的尾椎。在前、后肢上缠上棉花，多少与原来肌骨相似，然后将皮翻转过来，毛向外仰卧在平板上。用镊子夹紧棉花或其他代用品，慢慢填装。先填头部、颈部和胸部，再填装前肢的内外两侧和胸部，然后填装后肢和臀部，最后填装腹部。要注意肩部要衬出，胸部不要填装过多，前肢朝前紧靠胸部，后肢要紧靠臀部，臀部要突出来。填充完备将口唇合拢，将切口缝合。

3. 煮头骨

（1）把头骨肉用水煮到能撕下肌肉时取出，挖掉舌、眼球和脑髓，再将所有肌肉清除干净，用水冲洗后晒干。

（2）进行头骨测量，做好详细记录。

（3）用绘图墨水分别在头骨顶部和下颌骨标明号码，或装入小指瓶或塑料袋中，与同号标本放在一起。

（三）将所制标本进行分类鉴定，填好标签系到标本上

（四）标本的保存

标本要分类保存在标本柜中，严禁水浸，或被虫咬。入库前要先用药物熏蒸和灭菌杀虫，然后放入樟脑和干燥剂。标本必须专人管理，严防混淆和丢失。

注释：砒矾粉—亚砒酸、明矾各 1/2 研成细粉，砒皂膏—亚砒酸 1/5、樟脑 2/5、肥皂粉 2/5 混合加水煮成膏。

四、实训报告

每位学生制作 1 只调查地鼠类的完整的假剥制标本。

实训三　主要草原害鼠数量调查

一、目的和要求

通过本实训，了解各种鼠洞洞口的特征，掌握辨别不同鼠类的洞口，掌握判断居住鼠洞和废弃鼠洞的方法，以及在一定面积和一定路线上用鼠洞（土丘）数量统计鼠类相对密度的方法。

二、材料和器具

50m 皮尺 2 个/组、鼠夹 50 个/组、边界标界旗 16 个、绘好记录表。

三、方法和步骤

（一）洞口系数、土丘群系数的测定方法

1. 洞口系数

先在样方内堵塞所有洞口，经 24h 后，统计被打开的洞口数，即为有效洞口数。然后在有效洞口置夹捕鼠至捕尽为止（一般需要 3d 左右，可以设置对照来消除迁入或迁出的鼠数）

$$洞口系数 = \frac{捕获总鼠数}{总洞口数（有效洞口数）}$$

2. 土丘群系数

先统计样方内的新土丘群数，然后按土丘群挖开洞道，放置弓形夹或活捕笼捕鼠，直至捕尽为止，统计总捕获数。

$$土丘群系数 = \frac{总捕获数}{新土丘数}$$

（二）两种主要草原害鼠数量的调查方法

1. 鼠兔数量的调查方法

（1）绝对样方捕尽法　在 1hm² 的样方内布夹捕鼠，直至捕尽为止，记录总捕获数，则单位面积鼠数＝总捕获数/样方面积。这种方法的调查结果近似真实值，但费时、费力。

（2）有效洞口统计法　在1/2hm²的样方（方形、圆形或带形）内统计有效洞口。有效洞口的统计可根据经验直接判断出有效洞口，统计出其数量，或封闭样方内所有洞口，24h后打开的洞口数即是有效洞口数。则：

单位面积中的鼠兔数＝洞口系数×单位面积中有效洞口数（总洞口数）

（3）夹日法　在野外布夹时，最好两人合作。一人按夹距把鼠夹放到地上，另一人在放好诱饵的同时支好鼠夹。鼠夹应放在规定距离点50～100cm内的适宜地点，如洞口附近、疏草丛处等。夹日法适用于啮齿动物的数量调查，特别是对夜行性鼠（如跳鼠）的调查，但每一生境至少要累积500个夹日才有意义。检查鼠夹，准备踏板长3.5cm，宽2.5cm，灵敏度为4～5g的无损坏板夹25～50个，依据条件准备浸植物油的诱饵50g或花生米，按附录中的格式绘好记录表。

①一般夹日法。

a. 布夹方法：25个鼠夹为一行（又称夹线法），夹距5m，行距不小于50m，共布1～2行。

b. 布夹及统计捕获数的时间：一般晚上布夹，每日早晚各检查捕获数1次，2d后移动夹子。为了防止鼠夹丢失，也可以晚上放夹，清晨收回。

②定面积夹日法

a. 布夹方法：25个鼠夹排列成一行，夹距5m，行距20m，并排4行（100个夹子共占地1hm²），组成1个单元。

b. 布夹时间：同①。

③夹日法中鼠密度的表示方法。

通常用100个夹子1昼夜所捕获的鼠数作为鼠类种群密度的相对指标——捕获率。即以一百个夹日为单位（一夹日指一个鼠夹1昼夜内的捕获数）。

$$P（夹日捕获率）（\%）＝\frac{n（捕获数）}{N（鼠夹数）×m（捕鼠昼夜数）}×100$$

2. 鼢鼠的数量调查

（1）样方绝对捕尽法　同鼠兔的调查方法。

（2）开洞封洞法　在1/4～1hm²的样方内，每隔10m（视土丘分布走向而定）探查洞道，挖开洞口并记数，经一昼夜检查统计鼢鼠封洞数，以单位面积内的封洞数表示鼢鼠密度的相对数量。

（3）土丘群系数法　在样方内统计土丘群数（土丘群由数量不等的走向一致的若干土丘组成，个别情况下一孤立的土丘应视为一土丘群）。按土丘群挖开洞道（每隔16m挖1洞），24h后统计封洞数。

单位面积鼢鼠数＝土丘群系数×单位面积封洞数

3. 注意事项

（1）统计洞口时必须辨别不同鼠类的洞口，同时还应识别居住洞口和废弃洞口：辨别不同鼠类的洞口要通过观察记录各种鼠洞的洞口特征，然后结合洞群形态、跑道、粪便和栖息环境等进行综合判断；居住鼠洞一般光滑，有鼠的足迹和新鲜的粪便，没有蛛丝或其他秽物堆积，而废弃洞刚好相反。

（2）在统计洞口数进行鼠密度相对估算时，要根据不同的调查目的选择有代表性的样方，每个样方面积可为 $1hm^2$ 或 $1/4hm^2$。

（3）在统计洞口（土丘）数时既要防止重复，又要严防漏数。

四、实训报告

依据调查原始数据填附录的调查表，再统计出调查样地鼠兔和鼢鼠的有效洞口系数、有效土丘群系数、种群密度（只/hm^2）。

实训四　灭鼠效果检查方法

一、目的和要求

通过实训了解影响灭鼠效果的因素，要求掌握草原常见害鼠的灭效检查方法。

二、材料和器具

选择鼠害严重区，在小范围内进行数量调查，然后进行一定面积的机械灭鼠或化学灭鼠。或者在进行数量调查实训点附近进行小面积灭鼠。

三、方法和步骤

（一）鼠兔的灭效检查

鼠兔的灭效检查方法有鼠夹法、封洞开洞法 2 种。在实践中常用的是封洞开洞法。

工作程序：在所选样方内统计其有效洞口，灭鼠前的有效洞口称灭前有效洞（a），灭鼠后的有效洞口称灭后有效洞（b）。则：

$$灭鼠率（\%）=\frac{a-b}{a}\times100$$

这种方法简单易行，在实践中很常用，但其准确率较差，通常要在灭鼠区外相同生境设对照样方进行校正。

$$校正系数（d）=\frac{对照样方灭前有效洞（b'）}{对照样方灭后有效洞（b）}$$

则：

$$校正灭鼠率（\%）=\frac{ad-b}{ad}\times100$$

（二）鼢鼠的灭效检查

鼢鼠的灭效检查方法有开洞封洞法、新土丘观察法和弓形夹定面积法等 3 种，其中前 2 种较常用。

1. 开洞封洞法

灭鼠后刨开土堆，将洞道打一口子，观察 3d，记录有堵洞现象的洞道口 B 和无堵洞现象的洞道口数 A。则：

$$灭鼠率（\%）=\frac{A}{A+B}\times100$$

2. 新土堆观察法

灭鼠后第 2 天起连续观察 3d，如发现新土堆，记录其数量。

$$灭鼠率（\%）=\frac{A-B}{A}\times100$$

其中：A—样方内总土堆数；B—灭鼠 10d 后连续 3d 内增加的新土堆数。

注：实践中采用的灭鼠率指标是灭鼠效果检查的重要指标之一。综合评价某一次灭治鼠的效果优劣，应除测定其杀鼠率外，还应该考虑灭鼠过程中二次中毒严重与否，对天敌的杀伤情况、灭治后鼠数量的回升速率、对环境的污染情况，经济效益等一系列因素。

（三）注意事项

1. 样方要选择长方形，面积为 $0.25\sim1hm^2$，每一不同生境取 $2\sim8$ 个样方。同一生境样方之间要间隔 100m，总样方面积要不少于总灭治面积万分之三。

2. 灭效检查时间因不同的灭治方法而异。在化学防治后的灭效检查中，因使用药剂的不同，其灭治后至灭效检查之间的间隔时间亦不同。（敌鼠钠、大隆、生物毒素等均在 10d 后进行）。

四、实训报告

统计灭鼠率，评价灭鼠效果。

实训五　啮齿动物害情调查

一、目的和要求

通过实训了解害情调查的基本内容，掌握几个主要内容的调查方法及鼠害为害分布的编制。

二、材料和器具

GPS 定位仪、50m 皮尺、钢卷尺、样方框、剪刀、电子秤。

三、方法和步骤

（一）鼠害分布及发生面积调查

1. 鼠害的分布情况调查

鼠害的为害情况指在某一行政区域内哪些地区有鼠害，属于哪几个村、哪个乡、什么地名。

鼠害分布情况的调查要首先组织座谈访问，初步掌握该行政区内害鼠的大致分布情况，然后可深入到乡、村进行实地调查、实地勾图。同时，标明是发生区还是为害区。

2. 鼠害发生面积的调查

以乡为单位，在鼠害分布区进行调查，实地勾图（在地形图上以 1：50 000 比例尺勾画界线），个别地区因交通等原因不能实地勾图的，可采用访问勾图。勾图的同时标明鼠害种类、密度、为害程度等，根据图上勾出的界线用方格法或求积仪法算面积。

（二）破坏量调查

1. 抽选样地。在调查地区作粗放的踏查，按景观特点选择代表性地段作为样地。样地面积不超过 2km×4km。

2. 在样地中划分出若干生境类型，根据样地的地形及植被特点将样地划分成几个不同的生境类型。

3. 每一生境设 3 个以上的样方，样方面积 $1/4hm^2$。然后用长 15～30m 的测绳，拉成直线放在地上，登记所接触的土丘、洞口、秃斑、塌洞和镶嵌体等，记载每一个项目的长度，将数据记入表中（见附表），同一样方中拉 10 次，每一次都做好记录。某一样方中的破坏率为：

$$破坏率（\%）= \frac{各项所截长度的总和}{测绳长度×10} ×100$$

4. 求出统一生境中的平均破坏率，然后将各生境的破坏率求几何平均数，即得该样地的破坏率。

某个鼠害为害区的破坏量＝样地破坏量×鼠害为害区面积

（三）牧草损失量估计

对为害区的鼠密度进行详细调查，然后根据鼠害面积和主要害鼠的日食量算出牧草损失量。

牧草损失量＝为害面积×鼠密度×主要害鼠日食量×180

注：鼠兔日食量以 66g 鲜草/日计算，鼢鼠日食量以 264g 鲜草/日计算；180d 为鼠在一年中的为害时期。

（四）注意事项

1. 在鼠害面积调查、分布调查中，绝大部分要深入现场实地勾图，通过访问，勾圈图的面积不得超过总图面积的 20%，分布面积和为害面积超过 $100hm^2$ 的均要在图上显示（标注）出来，不足标注的要用符号表示。

2. 害情调查要在比较客观的条件下进行，要区别对待不同生态环境中所产生的为害的性质、强度以及实际结果。

四、实训报告

根据上述鼠害分布情况、破坏量、破坏程度可划分出为害等级，做出为害分布图。统计样地破坏率、牧草损失量、评价该样地鼠类的破坏程度。

实训六　啮齿动物的区系调查

一、目的和要求

通过实训，了解啮齿动物区系组成的特征和分布规律，以及动物与各种自然条件之间的相互关系，要求掌握区系调查的主要内容及方法。

二、材料和器具

（一）确定调查范围及调查路线

（二）查阅文献资料、了解实训地的草地类型及植被类型

（三）尽可能找到当地的 1∶50 000 地形图

（四）大型捕鼠夹（捕捉鼠兔）、小型捕鼠夹（捕捉田鼠）和鼢鼠地箭或活捕笼

三、方法和步骤

（一）自然概况与生境条件分析

动物的自然环境条件与地理分布有密切关系。在调查啮齿动物区系时可以参阅有关文献，获得地理位置、气候条件、地质与土壤、水文以及植被等特点，必要时植被、地质等资料可以实地调查。在实训中可进行踏线法植被特点调查。

（二）区系组成调查

1. 种类组成

选取不同海拔、不同生境的典型样地，用鼠夹、鼠笼等捕鼠工具捕鼠。然后按要求制成标本，进行分类鉴定。最后得出该地区的啮齿动物种类组成。

2. 数量组成

调查实训地各种啮齿动物的比例关系，确定该动物区系的优势种、常见种、稀有种。一般啮齿动物群落中优势种、常见种、稀有种的确定用夹日法统计结果来确定，其标准是：

夹日捕获量级别标准表示方法

+++：优势种捕获量 10% 以上；

++：常见种捕获量 1%~10%；

+：稀有种捕获量 1%。

一般优势种只有 1~2 种，至多不超过 3 种；常见种的比例较大，稀有种的种数亦较少。

（三）啮齿动物的群落组成

1. 群落调查的面积较大，同一景观至少需要 $1km^2$，根据地形和植被的变化，确定样方位置和数量（一般不少于 3 个，每一样方面积不少于 $0.25hm^2$）

2. 群落的命名以群落组成中的优势种及次优势种的顺序排列，如无次优势种，则仅以优势种命名。

3. 根据调查所得的种类、组成及其优势程度，结合生态条件（主要是地形、植被），考虑有特殊地方意义的稀有种进行群落划分。

4. 将调查结果经群落命名和划分后，标注在 1 : 50 000 的地形图上，参考地形和植被界限，绘出群落分布图。

注：某地区啮齿动物捕获量统计表、某地区不同生境小型啮齿动物数量组成（夹日法）统计表见附录。

四、实训报告

填写附录中的表格（表 10-1 至表 10-9），根据调查数据分析出样地鼠类的区系组成，分析出优势种、常见种、稀有种类。

附录：草原啮齿动物学实训常用表记录格式

表 10-1　夹日法灭鼠效果检查

地点：_____，生境：_____，灭鼠总面积：_____，布夹日期：_____，
验收日期：_____，布夹时天气：_____，验收时天气：_____，灭鼠总面积：_____

	灭鼠前			灭鼠后			灭鼠效果
	夹数	捕获鼠数	捕获率（%）	夹数	捕获鼠数	捕获率（%）	
投药区							
对照区							

表 10-2　某地区啮齿动物捕获量

序号	种类	个体数	百分比（%）	其他
1				
2				
3				
…				

表 10-3　某地区不同生境小型兽类数量及组成（夹日法）

项目/生境	沼泽	灌丛	滩地	阴坡	阳坡	…
总夹日数						
捕获数						
捕获率/%						
鼠兔						
鼢鼠						
田鼠						

表 10-4　草地破坏量与破坏率样线调查记录

地点：_____，生境：_____，日期：_____，观测人：_____

斑块/样线	样线 1		样线 2		样线 3		样线 4		样线 5		样线 6	
洞口长度/cm												
秃斑/cm												
土丘/cm												

表 10-5　牧草损失量样方调查记录

地点：_____，生境：_____，日期：_____，观测人：_____

生物量	样方 1		样方 2		样方 3		样方 4		样方 5		样方 6	
	鲜重	干重	鲜重	干重	鲜重	干重	鲜重	干重	鲜重	干重	鲜重	干重
可食牧草												
毒杂草												

表 10-6　夹日法调查鼠种数量记录

时间	生境	天气	夹日量	物候	捕获鼠数	捕鼠昼夜数	鼠种			
							种 1 (♀/♂)	种 2 (♀/♂)	种 3 (♀/♂)	种 4 (♀/♂)

表 10-7　鼠类有效洞口统计

时间	生境	面积	洞数	掘开洞数	平均有效洞数	日均气温	天气	物候	单位面积鼠兔捕获量	
									♀	♂

表 10-8　鼢鼠开洞堵洞法数量调查

样方号	日期	地点	生境	鼢鼠洞数			备注
				切开洞数	堵塞洞数	堵洞率/%	

表 10-9　鼠害密度调查

时间	地点	生境	面积	鼠洞数	下夹数	合计	捕鼠数		洞口密度/（个/hm²）	害鼠密度/（头/hm²）
							成鼠（♀/♂）	幼鼠（♀/♂）		

实训七　草地昆虫发生面积及为害面积估计

一、目的和要求

通过草地地上昆虫的发生面积及为害面积调查，掌握一种简单、快捷、准确的调查方法，即填图法。

二、材料和器具

罗盘仪或袖珍经纬仪、1/100 000～1/50 000 大比例尺地形图、测绘记录簿、测绳、透明坐标纸、三棱尺、半圆仪、皮擦等。

三、方法和步骤

（一）用填图法确定草地昆虫的发生面积

1. 首先确定虫害发生边界点（测点）在地形图上的位置

（1）确定测站点，测站点必须是地形图上明显的地点（特征点，如河流道路的交叉点、居民点、山顶湖泊等）。

（2）根据测站点，用罗盘仪或袖珍经纬仪瞄准待测点即害虫发生边界点（目标）定向，用测绳确定这两点的水平距离（测站点和待测点），此时就确定了测点在地面的位置。

（3）用半圆仪和直尺按比例点绘在地形图上，即确定了边界。

地形图实地定方向：①利用磁针定方向、②以已知直线定向。

在地形图上确定虫害发生的边界点的方法有：①直接判读法、②距离交会法、③后方交会法、④基点法。这些方法的具体操作请参阅《测量学》教材。

2. 用图解法在地图上求虫害发生面积

（1）原理　对于实地图形按比例缩小绘在地图上，那么，相似图形之比等于相应比例尺分母平方之比，其关系式如：$S'/S=1/M^2$（由平方厘米换算成平方米）。

式中：S 为实地面积；S' 为地形图上面积；M 为地形图比例尺分母。

（2）几何图形法　地形图上所测的面积图形是多边形时，可把它分成若干正方形，矩形（长方形）、三角形、梯形等简单几何图形，分别计算其面积，最后将所有简单的几何图形面积相加而得整个多边形面积，再乘上比例尺分母的平方即可。

（3）透明方格纸法　地形图上所求的面积范围，其边线不是直线，而是不规则的曲线，采用上述方法求面积，结果精度不高，在这种情况下，可采用透明纸法求面积。用透明纸坐标，覆盖在地形图上，并固定，使它不能移动，用铅笔在透明纸上勾出虫害发生面积边界图，逐一统计出图形的整方格数，目估不完整的方格数，用总方格数乘上该比例尺图的方格面积（比例尺的平方）即得所求图形的面积。

（二）确定草地昆虫的为害面积

在害虫发生区域内，用随即抽样调查法确定害虫的密度，当虫口密度大于 20 头/m^2 以上的地域定为为害地区。确定为害区域的面积仍用填图法。

四、实训报告

在 1:100 000 比例尺地形图上绘制一张实训地点土蝗（或草原害虫）发生面积草图，并计算出土蝗实地发生为害面积。

实训八　昆虫标本采集、制作及保存

一、目的和要求

学习采集、制作和保存昆虫标本的方法，是为了能自制必要的标本，以做进一步研究和普及昆虫知识之用，并可通过标本采集鉴定，熟悉当地常见害虫和天敌昆虫的形态、为害特征和发生情况，可加深对课堂学习的理解，扩大知识面。

二、材料和器具

（一）采集器具

1. 捕虫网

由网圈、网袋和网柄三部分组成。网圈用一根粗铁丝弯成直径约一尺的环形圈，两端用铁丝或铁棍固定在 1~1.33m 长的网柄上。网圈装上底为圆形，网袋深 33~66cm（图 10-1）。

捕虫网常因用途不同可分为以下几种。

气网用来采集正在飞行的昆虫，网袋宜用透气的尼龙纱或纱布做成。

扫网用来扫捕地面或植物丛中的昆虫，因而要求比气网更结实一些，网袋也可在底端留有小口，平时用橡皮筋扎住，以便取出时方便。

水网捞取水生昆虫之用。网袋要求结实、透水良好，通常用铜纱，铁纱或尼龙纱等制成。

2. 吸虫管

用玻璃瓶或大平底试管作为容器，再在瓶塞上插 2 根弯形小玻璃管，其中一根外端连接一段橡皮管制成，使用时以橡皮管对准小型昆虫，如蓟马、飞虱、寄生蜂等进行吸捕。但另一根玻璃管内端应包一层纱布，以避免把昆虫吸入口中。

3. 毒瓶

专门用来毒杀昆虫。一般可用严密封盖的磨口广口瓶等做成，最下层放毒剂，如氰化钾或氰化钠，上铺一层细木屑，压平，这 2 层各为 5~10mm 厚，最上面加一层熟石膏粉，

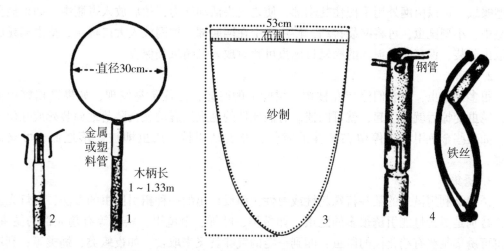

1. 空网的装置；2. 网圈连接网柄的方法；3. 网袋；4. 可拆卸折叠的网圈

图 10-1 捕虫网

不宜太厚，压平实，然后均匀地洒上些水，使之结成硬块即可。为避免氰酸气对人体的毒害，目前毒瓶多采用乙酸乙酯毒杀，具体做法为将浸满乙酸乙酯的脱脂棉在瓶底压实，再放入分隔片，为保持毒瓶的清洁和干燥，可在其上放两层吸水纸，并经常更换，乙酸乙酯可隔天添加。

4. 活虫采集盒

是盖上有小孔或装一块透气的铜纱的圆筒状金属小盒可装活虫。也可做成扁筒状的幼虫采集盒，盖上魔铜纱和一个带活盖的孔。

5. 三角纸包

用韧性大、表面光滑、能吸水的纸裁成 3∶2 的长方形，将中间部分按 45° 斜折，再将两端折转，最后折成三角形纸包。可把采来已毒死的蛾、蝶等昆虫装入纸包内。

6. 采集袋

形状同一般的挂包，再缝上许多小袋，可装毒瓶、指形管、采集盒等。

7. 采集箱

存放怕压的标本和必须及时针插的标本等。

8. 指形管

一般使用的是平底指形管，规格很多，管口直径一般为 10 ~ 20mm，管长一般为 50 ~ 100mm。

（二）制作器具

镊子、三角纸袋、毒瓶、昆虫针、三级台、展翅板、还软器、标本盒、手持放大镜、黑光灯、记录本。

三、方法和步骤

（一）采集方法

1. 网捕

用来捕捉能飞善跳的昆虫。对于飞行迅速的种类应迎头捕捉或从旁捕取，如捕到的是大型蝶蛾，可以由网外用手捏住其胸部，使之失去活动能力，然后放入毒瓶中。如果捕获的是中、小型昆虫，可将网袋抖动，使虫集中在网底部，把网放入大口毒瓶，待虫毒死后再取出分装、保存，易损坏的鳞翅目昆虫可暂时放入三角纸袋保存。

2. 震落

很多种昆虫，当它们停留在枝梢、树叶上的时候，往往不易发现，如果稍稍震动树干，昆虫受惊后就会飞起，就可网捕。有假死性的昆虫经震动就会坠落地面装死或吐丝下垂。如某些金龟甲种类停留在植株的时候，经震动树枝，成虫即被震落地面，可立即收集。

3. 诱集

诱集是利用昆虫的某些特殊趋性或习性，而设计出的一种招引昆虫的方法，如灯光诱集，特别是黑光灯能引诱很多的昆虫，如蛾类、叶蝉、金龟甲、蝼蛄等有趋光性的昆虫；食饵可诱集某些有趋化性的昆虫，闻到一定的气味就飞来取食，如夜蛾类、蝇类等；利用昆虫的特殊生活习性，设置诱集场所，如堆青草诱地老虎幼虫、果树上绑草能诱到多种越冬害虫等；此外，性引诱剂等也可诱集昆虫。

4. 搜索和观察

许多昆虫生活在隐蔽的场所，如天牛、象虫和茎蜂等的幼虫钻蛀在植物的茎秆中、卷叶蛾和螟蛾生活在卷叶中，还有些昆虫在枯枝落叶、树皮裂缝或土缝中越冬。这些场所只要仔细搜索观察，就可能捕捉到很多种昆虫。蚜虫、木虱等昆虫往往与蚂蚁共栖，见到植物上有许多蚂蚁时，就可能找到这类昆虫。从植物被害状来寻找昆虫，如被害状新鲜，害虫可能尚未远离。植物的叶子发黄或者有黄斑，多半是刺吸式口器昆虫为害的，可能有红蜘蛛，木虱、叶蝉等害虫和螨类。发现茎叶表面或树冠下有新鲜虫粪，那是咀嚼式口器昆虫在为害，可能找到蛾蝶类或叶蜂幼虫等。

标本采到后，要及时做好记录，包括编号、采集时间，地点，寄主植物等，并应尽量设法保持其完整，否则若有损坏，就会失去应用价值。昆虫的翅、足、触角及蛾类鳞片等极易碰损，故应避免直接用手捕捉。

（二）标本的制作

采集的标本，应根据不同昆虫的特点和用途，制成针插标本、浸渍标本、生活史标本和玻片标本。

1. 针插标本的制作

大、中型成虫标本，一般都制成针插标本保存。

（1）昆虫针　是用不锈钢制成的。针的型号分 0、1、2、3、4、5 共 6 种，1~5 号昆虫针长 4cm，号愈大愈粗，0 号是最短小的，只有 1cm 长，顶端不膨大，是专门制作小型昆虫供二重插时用的。

（2）三级台　由一整块木板做成，长 7.5cm、宽 3cm、高 2.4cm，分为三级：第一级高 8mm、第二级高 16mm、第三级高 24mm，每级中间有一小孔，将虫针插入孔内，使所制作标本与标签在昆虫针上的高度一致，整齐美观（图 10-2）。

（3）展翅板　用来展开蝶、蛾等昆虫的翅。它是用 2 块较软的木板固定在横档上制成。木板长 33cm 左右，其中一块是用螺钉固定，可以滑动的，使这 2 块木板之间的空间大小可以随意变动。在 2 块木板的空间下方横档上，固定一条上面黏着软木的木条，使中

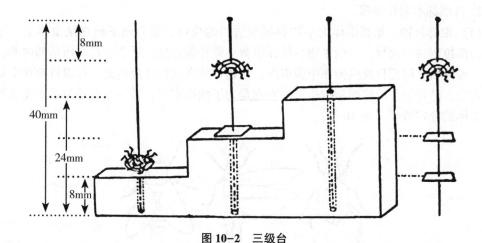

图 10-2 三级台

间成为深约等于昆虫针长的 3/4 的凹槽，这样可以使针插的标本插在软木上时，能保持一定的高度（图 10-3）。

图 10-3 展翅板

（4）还软器 采来的昆虫来不及制作，体已干硬，制作标本时可先放入还软器使之软化。还软器可用干燥器改装而成。在干燥器底部放洗净的河沙和少许清水，再加一点石炭酸防止标本发霉，把干燥的标本放在隔板上加盖密封，较小的昆虫约放置 1d，大的昆虫经数天才能软化（图 10-4）。

图 10-4 还软器

（5）台纸 用较硬的厚白纸剪成大小约为底 8mm、高 16mm 的等腰三角形，或长 12mm、宽 4mm 的长方形纸片，用来粘放小型昆虫。

（6）黏虫胶 一般常用虫胶经 95% 酒精溶解后使用，万能胶或白乳胶效果亦好。

2. 针插标本制作步骤

（1）虫体针插　根据虫体大小选择粗细适当的虫针，垂直向下插在昆虫体上。昆虫针插的部位因种类而异。一般半翅目插在中胸小盾片偏右处，甲虫插在右翅基部内侧，膜翅目、鳞翅目、同翅目成虫插在中胸中央，直翅目插在前胸背板右面，双翅目插在中胸中央偏右等。插针部位的原则和方法：一方面是为了插得牢固，另一方面是为了不使插针破坏了虫体的鉴定特征（图10-5）。

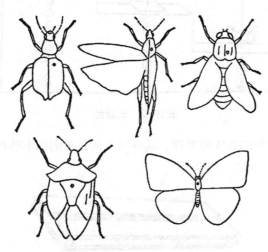

图10-5　各种昆虫的针插位置

虫体在针上要求一定的高度。在制作时可将插有虫的针倒过来，放入三级台第一级的小孔，使虫体背部紧贴在台面上，虫体上部的留针长度为8mm。小型昆虫可用胶粘在三角纸片的尖端上，再做成针插标本。

（2）整姿展翅　甲虫，蟀类、蝗虫等用昆虫针插好后，需将触角和足的姿势加以整理，使前足向前，后足向后，中足向两侧，尽量保持活虫姿势。蝶、蛾、蜻蜓等昆虫，插针后还需要展翅，将新鲜标本或还软后的标本，选取大小适宜的虫针将昆虫插入展翅板的槽内，并使虫体的背面与两侧面的木板在同一平面上，同时调节活动的木板，使中间的空隙恰为虫体大小，然后固定。

再用镊子夹住或用昆虫针刺在翅前缘较坚韧的地方，将翅轻轻拉开平铺板上。蝶蛾类以两前翅后缘拉成直线和身体成垂直为准，蜻蜓类则以后翅的两首缘成直线为准，蝇类和蜂类以翅尖端和头相齐为准。然后再拉开后翅使左右对称。最后用玻片或光滑纸条把翅压住，用大头针固定，放在干燥通风处或烘箱内（温度不可过高），待虫体干燥后，拿开玻片或纸条，从展翅板取下放入标本盒保存。

（3）装标签　每一个昆虫标本，必须附有标签，注明采集时间、地点、寄主，针插在正中央，高度在三级台的第二级。另取一标签，写上昆虫的名称插在第一级。

（4）修补　在标本制作过程中，如有损坏，则可用黏虫胶粘住。

（三）浸渍标本的制作

身体柔软或微小昆虫、卵、幼虫、蛹、螨类等都可用保存液浸泡，用指形管或其他玻璃瓶等来保存。保存液应具有消毒和防腐的作用，并尽可能保持昆虫原有的体形和色泽，活的幼虫（尤其是一些暴食性的种类，如地老虎、黏虫，斜纹夜蛾等）浸泡前饥饿1~

2d，使其体内食物残渣排净后用开水烫 2~3min；大型幼虫还应放在烧杯中加热煮 5min（绿色幼虫不宜煮杀，否则会失色），皮肤伸展后，移入保存液中。浸渍标本保存液，一般常用的有以下几种。

1. 酒精浸渍液

用 75% 的酒精，若再加 0.5%~1% 的甘油，能使体壁保持柔软状态。酒精液在浸渍标本半个月后，应更换一次，以保持浓度，否则长期下去标本会变黑或肿胀变形。以后再酌情更换 1~2 次，就可以长期保存了。酒精浸渍液常用于浸渍蜘蛛、螨类、寄生蜂等。

2. 福尔马林浸渍液

将含甲醛 40% 的福尔马林加水稀释成含甲醛 5% 的福尔马林浸渍液。此浸渍液防腐性强，不会使标本收缩，其缺点是有刺激性气味，虫体易膨胀而变形。

3. 冰醋酸、福尔马林、白糖混合液

即由白糖 5g、冰醋酸 5mL、福尔马林 4mL、蒸馏水或冷开水 100mL 配成。

4. 绿色幼虫浸渍液

硫酸铜 10g 溶于 100mL 水中，煮沸后停火，立即投入绿色幼虫，刚投入时有褪色现象，直至恢复到原色时，立即取出用清水洗净，然后浸于 5% 福尔马林溶液中长期保存。

5. 黄色幼虫浸渍液

用无水酒精 6mL、氯仿 3mL、冰醋酸 1mL 配成。先用此液浸渍 24h，然后移入 70% 酒精液中保存。

6. 螨类浸渍液

用 70% 酒精 87mL、甘油 5mL、冰醋酸 8mL 配成。或用 80% 酒精液保存。

7. 线虫浸渍液

用三乙醇胺 2mL、福尔马林 7mL、蒸馏水 9mL 配成。

（四）生活史标本的制作

生活史标本是将前面各种方法制作好的标本集中起来，按昆虫一生发生顺序；卵、幼虫的各龄期、蛹及成虫（雌虫和雄虫）的为害状，安排在有软垫物的标本盒内。再在左下角放上标签，加玻璃盖后用小钉钉好。

（五）标本的保存

采得的昆虫标本如果临时保存，成虫一般用毒瓶毒死，放在三角纸包内，但要保持干燥；卵、幼虫、蛹及小型昆虫，放在保存液中即可。若长期保存，成虫做成针插标本后，必须放在有防虫药的标本盒内，注意防止日光，灰尘、发霉及虫、老鼠蛀蚀或咬坏，一定要收藏在标本柜里。保存液浸制的标本，也要放在标本柜内，同时每年更换保存液 1~2 次。

四、实训报告

在草地害虫分布地，采集各类草地的昆虫，将采集的昆虫制作成针插干标本，然后将各类标本鉴定到目或科，并写出实训报告。

实训九　昆虫的分类鉴定

一、目的和要求

掌握常见科目（草地昆虫）的分类鉴定方法。

二、材料和器具

实训采集的标本、有关分类学教科书、昆虫分类专著及检索表，双筒解剖镜。

三、方法和步骤

步骤一　检索表的使用方法：在检索表中列有 1，2，3……，在每一数字后都列有两条对立的特征。在鉴定时，从第 1 查起，两条对立的特征，哪一条与所鉴定的昆虫一致，就按该条后面或括号内所指出的数字查下去，直至检索出科为止。

步骤二　科目以上分类，通过教科书的检索表从高级单元向低级单元检索，逐步鉴定到目和科。

步骤三　科以下分类，通过有关专著检索到族和属、种，再对照种的原描述确定种名。

四、实训报告

将本次实训采集、制作的标本鉴定到科和目，并根据各项实训内容写出综合的实训报告。

实训十　天然草地昆虫种类及种群数量调查

一、目的和要求

学习草地昆虫种类、数量调查方法。

二、材料和器具

捕虫网、采集箱、毒瓶、记录本、三角纸袋、样方框、铁锹、酒精、多个青霉素瓶、塑料袋。

三、方法和步骤

（一）草地地上昆虫种类密度调查法

1. 每 4 人一组。在不同类型的草地上分别选取 3~5 个样点，用样方框取样，记录每一样方框内昆虫种类和数量、发育阶段、为害程度，以及植被类型、植物群落结构（植被种类、盖度、高度、密度）、海拔等，然后每种昆虫采集 10 只放入毒瓶中杀死，放入三角袋并编号，带回实验室制作成干标本，并鉴定。

2. 在取样地用扫网采集昆虫，统计 100 网内昆虫种类及相关数量，采集每种昆虫 10 只放入毒瓶中杀死，放入三角袋并编号，带回实验室制作成干标本，并鉴定。

（二）草地地下昆虫种类密度调查法

1. 取样

按不同草地群落类型选取样地 $1hm^2$，每个样地随机取样 3 处，大型土壤昆虫取样面积为 50cm×50cm；中小型土壤昆虫为 10cm×10cm、湿生土壤动物为 5cm×5cm，分别取 5 层（0~5cm、5~10cm、10~15cm、15~20cm、20~30cm）。

2. 收集方法

采用手检法，Tullgre 法和 Baermann 法分离提取土壤昆虫，然后进行分类鉴定统计数量，同时测定土壤自然含水量、pH 值及土壤养分的含量。

四、实训报告

列表写出样地植被类型和群落结构（植被种类、盖度、高度、密度）、海拔高度、昆虫种类、各种昆虫数量（头/ m^2 ）、发育阶段、为害状况等。

实训十一　主要天敌昆虫及食虫动物种类的鉴别

一、目的和要求

认识主要天敌昆虫及食虫动物的形态特征。

二、材料和器具

采集的蜻蜓、草蛉、步行虫、虎甲、瓢虫、胡蜂、姬蜂、赤眼蜂、金小蜂、食虫虻、食蚜蝇，寄蝇、蜘蛛类干标本或浸渍标本，双筒解剖镜、扩大镜、载玻片、挑针、镊子等。

三、方法和步骤

步骤一　捕食性天敌昆虫鉴定。

1. 根据分类特征鉴定螳螂、蜻蜓，虎甲、步行虫、胡蜂，猎蝽、食虫虻的成虫，食蚜蝇除认识成虫外，还需认识其幼虫。

2. 观察七星瓢虫（异色瓢虫或龟纹瓢虫）成虫、卵，幼虫和蛹各个虫态，观察异色瓢虫和龟纹瓢虫的几种变型，比较异色瓢虫和龟纹瓢虫成虫的形态特征，注意其体形、前胸背板特征，鞘翅近末端中央是否有一个明显隆起的横脊痕。

3. 观察草蛉的成虫、卵、幼虫、茧的形态。区分成虫触角、复眼及翅的形状、幼虫口器的构造及胸足的发达程度。如有不同种类则比较成虫和幼虫头部的斑纹形状、数量及位置有何异同点。

步骤二　根据分类特征鉴定寄生性天敌赤眼蜂、金小蜂、姬蜂、食蚜蝇及寄蝇的成虫，特别注意赤眼蜂复眼色泽、前后翅的形状、特征，以及金小蜂的体色、光泽及胸部的特征等。

步骤三　观察当地常见的几种捕食性蜘蛛的形态特征。

四、实训报告

1. 采集当地常见天敌昆虫标本 5 种，并进行鉴定。采集草蛉或食蚜蝇的幼虫饲养，观察它们取食蚜虫的情形。

2. 列表归纳实训中采集的标本有几种天敌，按所在目、科、种类、数量、分布地点、生境类型列出。试总结出优势天敌种类。

实训十二　杀虫剂田间小区药效试验

一、目的和要求

田间小区药效试验是完全在自然条件下进行的，是多种因子的综合结果。具有一定的客观性和代表性，是药效试验程序中极重要的一环。可以对药剂能否实际应用做出客观的评价，本实验可以使学生初步掌握农药在田间的试验设计，效果调查，数据的整理和统计分析。

二、材料和器具

（一）供试植物

根据需要和条件，供试作物可用禾草、燕麦或草坪、花卉、观赏植物等，防治对象应选择该种作物某一种重要害虫，试验时害虫的虫态，龄期应采用适期或已达到防治指标的。

（二）参试药剂

根据不同作物及所发生的不同种类害虫，选择 4~5 个杀虫剂，采用常规剂量和方法，或仅用一种药剂设不同剂量，以比较不同种类药剂对一种害虫的不同效果或某一种药剂防治某一种害虫的最佳剂量。

（三）供试田块的选择与田间试验设计

供试田块必须具有代表性，田平土碎、肥力一致。作物长势整齐一致，对害虫较敏感的品种。害虫发生量及为害程度应在中等偏上。确定出田块后，根据药剂数量及重复数要求，划分若干个小区，如以草坪为供试作物，小区之间需作小田埂相隔。小区面积根据实际需要确定，一般应在 $30m^2$ 为好，整个试验应设 5 个区组，每区组内的处理作随机排列。

三、方法和步骤

（一）施药方法

根据药剂种类，植物和害虫的情况。可采用喷药法或撒施法。

喷雾法——多使用乳油或可湿性粉剂及胶悬剂等，可直接兑水喷雾。每 $667m^2$ 喷药液量一般采用常量 50~75kg。

微施法——可将液态药剂混入泥土内拌成毒土或直接撒施颗粒剂。

效果调查及整理。施药后调查时间可根据不同的作物和不同的害虫种类而确定。加上死亡率或虫口减退率为效果指标的，可于施药后 24h 或 48h 进行。如以作物被害率为指标，应在被害作物的被害状明显表露并呈稳定后进行。

（二）调查方法

可采用对角线五点取样法或平行线取样法。调查作物数应根据虫口密度及为害程度适当变动，即虫口密度大或为害严重的可适当少些，相反应多些。调查时应做详细记录并保存原始记录数据。

最后将全部数据进行计算并求平均防治效果，以各处理（或各剂量）的平均防治效果用邓肯氏新复极差检查法进行统计分析，比较各处理间的效果差异并做出评价。

（三）实例

几种杀虫剂防治食叶害虫效果（田间喷药）小区试验。

1. 试验目的

比较几种常用杀虫剂防治害虫为害所造成的失叶量效果和确定最优药剂及使用剂量。

2. 供试药剂及剂量

购置 3 种目前市场常用的杀虫剂，另设空白对照，共 4 个处理。

3. 田间试验设计

选择有代表性草坪 1 块约 667m²，平均划分成 4 个区组，每区组内分成 4 个小区，每小区面积 33m²、小区与小区间用 15cm×15cm 的小田埂相隔，并且每小区做到排灌分开。小区按常规规格种植当地适合品种。

4. 施药

当食叶害虫卵或成虫发生高峰期过后，密切注意田间初孵幼虫或低龄幼虫发生高峰期卵的分布及数量，并用标签标定其位置，如果自然卵块密度较低或每小区分布不均匀，应采摘同期卵块接入各个小区中，使各小区中的卵块数或幼虫数基本相同，并同样用标签标定位置。当卵块处于盛孵期即将药剂兑水后用喷雾器喷雾，或高压喷壶喷雾，每小区喷药液 2.5kg 或 4 小区总药量一起配成共 10kg（每 667m² 按 50kg 计）。幼虫期害虫，计数并记录 1m² 或 1/4m²，或每 10~100 片叶片上的幼虫数。

5. 效果调查及数据整理

（1）杀卵或杀虫作用　施药后 5d 左右，从田间各区组的小区分别收回卵块，分别放入 5%氢氧化钠溶液煮沸片刻，用双目镜检查未孵化和孵化卵粒数；或在田间计数每样方中幼虫活虫数，计算杀卵、杀幼虫百分率（%）。

$$\text{杀卵率（\%）}=\frac{\text{未孵化卵粒数}}{\text{未孵化与孵化卵粒之和}}\times100$$

$$\text{杀幼虫（卵）率（\%）}=\frac{\text{施药前幼虫（卵）数}}{\text{施药后对照幼虫（卵）数}}\times100$$

$$\text{校正幼虫死亡率（\%）}=\frac{\text{施药后对照幼虫数}-\text{施药前幼虫数}}{\text{施药后对照幼虫数}}\times100$$

（2）防治效果　施药后 15~20d，当对照区的被害状明显表露并不再发展后，即进行效果调查。

标定卵块周围叶片缺刻数和未被为害的叶片数。并统计为害率。

如缺刻叶少，可采用全田调查。缺刻叶片多，采用平行线取样法调查，计算叶片为害率（％）和防效（此法适用于不标定卵块田使用）。

$$叶片为害率（％）＝\frac{缺刻叶片数}{调查总叶片数}×100$$

$$防治效果（％）＝\frac{对照组叶片为害率－杀虫剂处理组叶片为害率}{对照组叶片为害率}×100$$

最后，将每处理的平均叶片为害率（％），用邓肯氏新复级差检验法进行统计分析。比较各处理之间防治效果，根据差异显著性做出结论。评价杀虫剂的优劣。

四、实训报告

将试验结果整理、统计分析，撰写结论。

实训十三　草地植物病害症状观察

一、目的和要求

认识草地植物病害对植物的为害，初步掌握主要病害的症状表现及其特点，学会植物病害症状的描述，为今后病害的诊断奠定基础。

二、材料和器具

植物病害的病状类型和病征类型的盒装标本及新鲜标本，挑针、放大镜。

三、方法和步骤

（一）病状的观察

1. 斑点

观察供试标本。注意不同类型病害所表现病斑的形状、大小、颜色等的异同以及病斑上有无轮纹、花纹伴生，同时注意观察各类病斑上有无病征以及病征的特点。斑点类发生在叶、茎、果等部位，受病组织局部坏死，一般有明显的边缘。斑点中还可以伴生轮纹、花纹等特点。根据病斑的颜色、形状等特点而分为褐斑、黑斑、紫斑、角斑、条斑、大斑、小斑、胡麻斑、轮纹斑、网斑等多种类型。

2. 腐烂

观察供试的病害标本，认识该类病害对植物所造成的为害，同时掌握这类病害的病状特点。腐烂类病状发生在植物的各个部位，由于组织分解的程度不同，有软腐、干腐之分。根据腐烂的部位，有根腐、基腐、茎腐、果腐、花腐等，还伴随有各种颜色变化的特点，如褐腐、白腐、黑腐等。

3. 萎蔫

观察供试标本。注意区别枯萎、黄萎、青枯等病状类型，必要时可以剖开病株茎秆观察维管束是否褐变。典型的萎蔫病状是植物根、茎的维管束组织受到破坏而发生的叶片或枝条萎垂现象，皮层组织完好，萎蔫病害常无外表的病征。植物受萎蔫菌侵染后，不一定都能引起萎蔫，发病初期有半边叶片、半个枝条萎垂的现象，但更常见的是全株性萎蔫。

注意事项：对于萎蔫类病害病状的观察应以新鲜标本为主，有条件时最好在田间进行，这类病害发生具有一定的地域性，观察时要注意其维管束组织的病变，干标本则失去了原有的特点。

4. 变色

变色主要有2种类型：一种表现为黄化，是整个植株或叶片部分或全部均匀褪绿、变黄，或呈现其他的颜色，多数伴生有整株或部分的畸形。另一种为花叶，病株叶片色泽浓淡不均，深绿与浅绿部分相间夹杂，一般遍及全株，上部叶片较为显著，无病征表现。比较观察植物的病毒病病状，注意每一种病害的病状特点。

5. 畸形

畸形类病状由不同组织、器官的病变，如叶片的膨肿、皱缩、小叶、蕨叶；果实的缩果及其他畸形；整个植株的徒长、矮缩；局部器官如花器和种子的退化变形和促进性的变态等。瘤、瘦、癌、丛枝和发根也是常见的畸形病状。

（二）病征的观察

1. 粉状物

借助扩大镜或实体解剖镜观察病害标本。注意粉状物的颜色、质地和着生状况等。

2. 霉状物

借助扩大镜或实体解剖镜观察标本。注意区别霜霉、黑霉、绵霉、青霉和灰霉等不同类型的霉状物。

3. 点状物

观察病害标本，借助扩大镜或实体解剖镜观察。注意点状物是埋生、半埋生还是表生，以及在寄主表面的排列状况、颜色等。

4. 菌核

观察油菜菌核病等病害标本。注意菌核的大小、形状、颜色、质地等，并观察菌核萌发状况。

5. 溢脓

溢脓为细菌性病害特有的病征。观察细菌病害标本。注意溢脓的颜色、出现位置等。用剪刀将植物病组织剪成 $4mm^2$ 的小块，放于载玻片上，加一滴水，盖上盖玻片，在显微镜下观察或直接用载玻片对光观察喷菌现象。

四、实训报告

将植物病害症状的观察结果填入表 10-10。

表 10-10　植物病害症状

寄主名称	发病部位	病状类型	病症类型

实训十四 植物病害的调查

一、目的和要求

通过调查，了解天然草地病害的种类构成、为害程度及防治效果，为制订切实可行的综合治理方案提供参考。同时通过病害标本的采集、鉴定，进一步巩固加深所学过的知识。

二、材料和器具

标本夹、放大镜、枝剪、笔记本、铅笔、钢卷尺。

三、方法和步骤

（一）调查方法

1. 一般调查（普查）法

对某一地区的病害缺少基本了解时，应先普查。其目的是弄清本地区病毒的种类、为害程度及其他发生特点。总的来说，这种调查面要求广，但数据不一定十分精确，次数也可以少些。最好在病害盛发期进行。调查方式可用实地调查、访问群众、开座谈会等。我国目前有关牧草病害的资料还很缺少，应当首先抓紧此项工作。

2. 重点调查（专题调查）法

已经发现的重要病害，应当深入了解其分布、发病率、损失、发病条件、防治情况。这类调查的次数要多，数据应力求精确。

3. 系统定点调查法

为了掌握某一病害的发展变化规律，需要采用定点调查法，即选择有代表性的一些样点，作为标志，定期或不定期地在这些固定地点上调查。这样就可以搜集到这一病害发生特点的系统资料。如它的初发、盛发和终发与环境条件的关系、病菌的生活周期等。如果再结合试验研究，就可以更精确地了解这些规律。

（二）取样方法

取样方法应力求能正确地反映田间病害的实际流行特点，往往随所调查对象和目的而有不同。

1. 取样地点

为了避免边际效应，取样地点距边至少5~10步。可以用双对角线、单对角线、棋盘式、"之"字或其他方式随机取样。调查的地块愈大，则样点数目相应要加多，这样才能使调查结果可靠。

2. 样品单位

样品单位根据所调查病害的特点，可以采取以株、穗、枝、叶、花、果等为单位。如黑穗病可以穗为单位、叶斑病以叶为单位等。

3. 样本数量

可以用面积或长度为单位，如以 $1m^2$ 或 $1~2m$ 的长度为单位来取样。也可以用植物器官为单位，通常每一样点穗部病害至少要调查 200~300 个穗、叶片 20~50 片、植株 100~200 株。

4. 调查结果的记载和统计方法

可以根据所调查病害的特点，参照文献自行设计记载表格，表格既要简明扼要，又能反映调查的要求和目的。在使用中，对表格的内容和形式可以做必要的变动，但不宜过于复杂，以免在最后统计分析结果时发生困难。记载工作应力求实事求是，避免主观性和片面性。

现场调查时，应以学生为主体。可全班集体活动，也可分组进行。由任课教师带队，进行深入细致的调查、记载并采集标本。

（三）室内鉴定

对于被害特征明显、现场容易识别的病虫害种类可以当场鉴定确认。难以识别或新出现的病害种类，则需带回实验室，在教师的指导下查阅有关资料，完成进一步的调查鉴定工作。

四、实训报告

写出调查报告，并列表描述被调查草坪的病害种类构成、为害程度及防治的基本情况。

第十一章　草地培育学实训

实训一　牧草分蘖类型的识别

一、目的和要求

分蘖主要指禾本科等植物生长过程中在地面以下或接近地面处所发生的分枝。多年生草类的繁殖是以营养繁殖为主的，而这种营养繁殖的方式又各不相同，与禾本科植物的分蘖很类似，因此在本课程中将植物分枝的现象统称为分蘖。不同分蘖类型的植物其生长方式和特点各不相同，对于放牧、刈割等干扰的响应情况也有较大差别。因此，了解此类植物的这些分蘖特点及其规律，对于合理利用草原、改善草地植被成分等具有十分重要的意义。

了解多年生草类枝条（分蘖）的形成特点，认识草原植物常见的分蘖类型，了解草本植物的生长特性及其与耐牧性和耐践踏性的关系。

二、材料和器具

记录本、记录笔、绘图笔、铁锹、钢卷尺、采集杖等。

三、方法和步骤

（一）采集植物

在选定地区上，采集植物标本，挖掘植物地下营养器官，挖掘时应尽量细心，以防损伤或弄断根系。

（二）识别分蘖类型

根据课堂讲授的有关知识，分蘖发生的部位，各分蘖之间的紧密程度（夹角）、新分蘖是否穿破叶鞘生长，根茎或根颈的性状、节间长短，是否具有匍匐茎，根的特点等，对采集的标本分蘖类型进行识别。多年生草类的枝条形成主要类型有以下8类：①根茎型草类；②疏丛型草类；③密丛型草类；④根茎疏丛型草类；⑤匍匐茎型草类；⑥轴根型草类；⑦根蘖型草类；⑧粗状须根型草类。

四、实训报告

列出所采集植物标本的名录，描述其分蘖类型（表11-1），并绘出简图。

表 11-1　牧草分蘖类型调查

植物种名	属	科	分蘖类型	特点

实训二　草地植物根量测定

一、目的和要求

根系是植物吸收土壤水分和养分的重要器官，草地在放牧条件下，根系是植物实现再生和提高生产力的重要器官。根系中的贮藏营养物质的数量与质量对于植物越冬、翌年返青和再生有着极其重要的影响。对草地而言，牧草根系的重量是研究土壤中根系生长对环境反应最常用的参数，根系重量可以认为是植物体内光合产物贮藏量的基本指标。因此，研究牧草根系的分布状况，测定牧草根系的重量，对于了解植物的生长状况，判定草原培育措施是极为重要的。

二、材料和器具

土钻、取土样框、剪刀、钢卷尺、铁锹、土壤袋、标签、土壤筛、橡胶手套、水桶、盆、烘箱等。

三、方法和步骤

（一）取样

测定根量的土壤样品，可用挖掘法、土钻法，取土样方或土层的方法采取。

挖掘土壤剖面法：用专门制作的土壤刀切取，其方法：分层取样，先用剪刀齐地面剪去地上部分牧草，自地表向下切取土样，按 0～10cm、10～20cm、20～30cm、30～40cm 等切取，一般取到 100cm 的深度即可。切取面积根据草层生长状况而定，通常为 10cm×10cm、10cm×20cm、20cm×20cm、20cm×30cm 等。切取的土样应分层分别装入土壤袋中，并装入标签。

在草层过密的草地上，最好用土钻取样，用此方法时，需按剖面层次重复 10 次，为了取得精确的数据，土钻应增加到 20～30 次。

（二）洗根

1. 冲洗前土壤—根系样品贮存方法

自野外取回样品之后，不可能对每个试验都能立刻自土壤样品冲洗根系，如果把样品悬浮在水里，那么在 15～20℃ 条件下，一般可贮存 2～5d，超过这个时间，根系便开始腐烂，如果样品贮存数星期以上，则土壤—根系—水分悬浮液中必须加酒精，并保持酒精浓度不低于 10%。

风干是保存土壤—根系样品的最佳方法。样品可采取风干，或置于 70℃ 左右的烘箱烘干，干燥过程不宜太慢，因这会增加微生物分解的危险。

2. 洗根

土壤样品中根系的冲洗分为粗洗和精洗。用土壤筛冲洗时，将土样放置土壤筛上层，然后用水进行分层冲洗。第一层筛孔为 1mm，阻拦粗大的根、石块、硬土粒等；第二层孔径为 0.5mm，以沉积较细的根和大沙粒；第三层为 0.25mm，主要拦截大量的细根；第四层为 0.15mm，拦截沙子和非常细小的根，土壤的冲洗一直到洗下的水变清为止。此过程之后就是精洗，把第一筛中存留的根量和其他杂物倒入水盆中，第二、三、四层则拦截相应类群的根系，这是粗洗时第一层筛中所遗留下来的根，用同样的方法，继续把第二、三层中拦截下来的根进行精洗。洗根也可用纱布袋反复冲洗。

（三）去杂

混有沙粒的第四层筛中的根是由幼嫩的吸收性根所组成的，可用焚烧法使它们与砂粒分开。

（四）活根与死根的区别

通常用 TTC（2,3,5-三苯基四唑）和溴化 2,3,4-三基四唑，但染色技术存在若干问题。另一种方法就是用悬浮法测定，活根悬浮于水中，死根浮于表层。

四、实训报告

计算出不同层次的牧草根量，并绘出根量分布图 11-1。

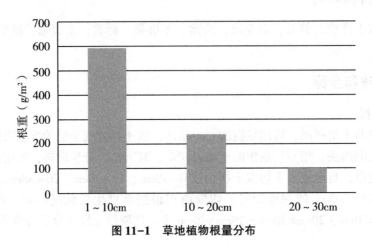

图 11-1 草地植物根量分布

实训三　草原放牧演替的研究

一、目的和要求

草原在放牧情况下，演替有 2 个方向：一是进展演替；二是退化演替。如果放牧适当，并辅之以适当的改良，草地就向好的发展方向演替，草地种类组成复杂、牧草生长繁茂、品质好、产量高，相反，如果放牧过度就会使草原退化，表现为有毒有害植物增多、牧草品质变劣、产量降低等。

研究草原放牧演替的目的就在于掌握演替方向，针对不同的演替阶段采取相应的培育措施，防治退化演替，促进良性演替，使草原向着有利于生产的方向演替。通过本实训的学习和实践，使同学们掌握研究草原放牧演替的一般方法和过程，提高同学们实际操作的能力和分析、整理资料的技能。

二、材料和器具

本实训以 4~6 人为一组，每一小组样方框（1m×1m）1 个、样圆（0.1m²）1 个、钢针 1 根、钢卷尺 1 个、剪刀 2 把、手提秤 1 杆、台秤 1 台、样袋 4~6 个、烘箱 1 台、瓷盘 1 个、计算器 2 台及有关记录表格若干。

表 11-2　草地植物群落样方调查

样地样方编号：_____　地理位置：N_____　E_____　海拔：_____（m）
植被类型：_____　样方面积：_____（m²）　坡向_____　坡度_____。
日期：_____年____月____日　　　　　　　　　　　　　记录人：_____

物种	高度（cm）	平均	密度	盖度（%）	频度	生物量（g）	备注

三、方法和步骤

（一）选择调查地段

选具有代表性的地段 4~5 处，如畜圈、饮水点周围或具有不同放牧强度的地段，并设置样方，重复 3~4 次。

（二）测定植被特征

每一样方内分别测定盖度、频度、密度、高度及产量。

1. 生产力（Production）、密度（Density）

1m×1m 的样方法测定，分种记录，3 次重复，求出平均数。

2. 高度

用卷尺测定种群植物自然高度，可在样方周围测定。每种测定 5 株，求均值。

3. 频度（Frequency）

样圆法，样圆面积 1/10m²，重复 30 次，求均值。

4. 盖度（Coverage）

针刺法（样方框内间隔 10cm 处针刺测定，共测定 100 次）。并计算出分种盖度、裸地率和植被率：

$$某草种的盖度（\%）=\frac{某草种触针点数}{测针总点数}\times100$$

$$裸地率（\%）=\frac{裸地点数}{测针总点数}\times100$$

$$植被率（\%）=1-裸地率$$

$$某草种的频度（\%）= \frac{含某草种的样圆数}{测定样圆总数} \times 100$$

（三）计算草地特征值（SDR5、FICC、DS）

计算公式如下：

$$SDR5 = \frac{C' + F' + D' + H' + P'}{5}$$

$$FICC = \frac{2W}{a + b}$$

$$DS = \frac{\sum (L \times d) \times U}{N}$$

式中，*SDR5* 为草地中某草种的优势度，C'、F'、D'、H'、P' 分别是该草种盖度、频度、密度、高度和产量的相对值。*FICC* 为频度指数群落系数，a、b 分别为 A、B 群落出现的全部植物种频度的合计；W 为 A、B 两群落共同出现的植物种频度的最小合计。*DS* 为演替度，L 为构成种的寿命，d 为构成种的 *SDR5*，N 为构成种总数，U 为植被率。

DS 为一个相对值，数值越大，表示该群落稳定性越大，种类组成越复杂，草地生产状况越好；相反，数值越小，表示该群落稳定性越小，种类组成越简单，草地趋于退化。

（四）排出草原放牧演替序列

根据 *FICC* 和 *DS* 值就可排出草原在放牧演替情况下的演替序列。掌握了草原的演替序列，就可根据各群落在演替序列中的位置，采取不同的措施，使草地向良好方向演替，为人们生产出更多的畜产品。

四、实训报告

根据实地调查所得资料，排出调查地段的演替序列，并提出使处于不同演替阶段的草地向良好方向演替的培育改良措施。

实训四 草原杂毒草的识别及化学机械防除

一、目的和要求

草原上的杂草占据和侵占着草地面积，与有饲用价值的优良牧草竞争水分和养料，排挤这些优良牧草，从而降低了草地的质量与生产力，特别是当草群中的毒害草类数量多时，家畜大量采食中毒甚至死亡，给畜牧业生产带来严重损失。因而，草原杂草的识别与防除是草原培育改良的主要措施之一。

二、材料和器具

植物采集箱、采集仗、标本夹、麻纸、2,4-D 丁酯、茅草枯、背负式喷雾器、量筒、水桶，测绳、卷尺、小秤、样方框、样品袋、记录板、表格等。

三、方法和步骤

（一）杂草识别

根据课堂所学及参照教科书，对草原上的有毒有害植物进行采集鉴定，针对每种杂草均有带队老师进行特征的详细介绍。按不同类型的草地进行杂草的实地鉴别。

（二）机械除草

用铁锹或小刀等工具依试验小区连根清除杂草，3次重复。

（三）化学除草

1. 除莠剂选择

如要清除全部植被或连片的有毒杂草群落，可用灭生性除莠剂，要清除一种或多种杂草时，应选用选择性除莠剂，要消灭多年生深根性毒草，则用内吸型除莠剂，灭除一年生杂草时用触杀除莠剂等。

2. 药液配制

有3种方法：①百分浓度法；②倍数稀释法；③百万分之几浓度。

3. 试验处理

本试验按 $40kg/667m^2$ 不同浓度的药液进行喷洒处理，小区面积 $66.7m^2$，3次重复。

4. 喷雾技术

参照教科书规定。

（四）观测及结果分析

本试验可在各处理样区中选一定数量的定株，在处理 $15\sim20d$ 后，观测灭数，然后进行统计分析，确定最适宜、最经济的浓度。

四、实训报告

写出调查地段的有毒有害植物名录、生境及形态特征，画出形态特征图；详细叙述除莠试验实施方案，并对观察结果进行统计分析并提交相应的分析报告。

实训五　划区轮牧方案设计

一、目的和要求

放牧是草原畜牧业的传统生产方式，因放牧制度不同，其生产效率，尤其是草原的利用率差异很大。如何充分利用草地资源，发挥放牧生产的优势，力争在可能的范围内取得最佳的生态经济效率。这就要求草原科技工作者，依据草原合理利用的原理进行放牧试验，如适宜的放牧时期，适宜的放牧强度，合理的畜群组合等。本实训拟通过对某一生产单位草原畜牧业生产情况的调查资料，设计出一个合理的划区轮牧方案；以提高学生对草原合理利用的认识和解决实际问题的能力，初步掌握划区轮牧方案设计的技能。

二、材料和器具

每小组大平板仪1架、标杆2根、测绳（100m）1盘、样方框（1m×1m）2个、手提秤 1 杆、剪刀 2 把、草样袋 6 个、计算器 2 个及有关记录表格。

三、方法和步骤

（一）收集资料

1. 统计该地区可利用草地面积，绘制出平面图。
2. 测定不同类型草地各月的产草量，计算出草地全年供草量。
3. 统计在该地区放牧的家畜头数，计算出全年需草量。

（二）划区轮牧设计

1. 季节牧场的划分
2. 轮牧单元的划分
3. 轮牧小区的划分：第一要确定轮牧周期，第二要确定放牧频率，第三要确定小区数目和小区面积，第四要确定放牧密度，第五要轮牧小区形状。
4. 牧场轮换

四、实训报告

根据资料分析结果，撰写轮牧方案制度。

表 11-3　草地划区轮牧规划

利用方式	放牧日期	放牧天数（日）	饲料需要量（kg）	产草量（kg/hm²）	需要放牧场面积（hm²）	小区数目	小区面积（hm²）
第一次放牧	16/Ⅴ–19/Ⅵ	35	42 000	350	120.0	10	12.0
第二次放牧	20/Ⅵ–23/Ⅶ	34	40 800	340	(120.0)	(10)	—
15–20/Ⅵ 割干草后的再生草	24/Ⅶ–11/Ⅷ	19	22 800	400	57.0	5	11.4
第三次放牧	12/Ⅷ–11/Ⅸ	31	67 200	310	(120.0)	(10)	—
开花初期割干草后的再生草	12/Ⅸ–30/Ⅸ	19	22 800	400	57.0	5	11.4
合计	16/Ⅴ–30/Ⅸ	138	165 600	—	234.1	20	11.7

实训六　放牧地实际生产的访问调查

一、目的和要求

随着草地的承包到户，放牧地利用和管理得到了每一牧户的高度重视。放牧地的实际管理水平和理论管理水平差距很大。许多课堂上所学的知识及技术在实践中并没有很好地应用。通过访问每一牧户放牧地的实际生产，可使学生掌握放牧地管理的生产现状，以及生产中存在的问题和具体困难，使学生了解放牧地管理中欠缺的科学管理技术。针对生产中存在的问题和管理上的不科学，学生们可以根据自己所学，加以综合分析和判断，进行合理规划和管理草原，从而提出科学管理草原的建议和措施。

二、材料和器具

常用计算工具、调查登记表、笔记本等。

三、方法和步骤

按小组为单位进行牧户调查，主要调查内容如下。

（一）草地的分布及特点

依照草原调查与规划课知识，确定草地的类型、等级及面积。

（二）草地牧草产量及家畜数量

结合牧户及测定的产量，主要调查草地的生产能力，判断草地是否退化，是哪些原因所致。了解每户家畜的数量、种类及生产性能等。

（三）草地放牧强度

根据草地面积和牧草产量，家畜数量、放牧季长短和需草量，计算比较实际载畜量与理论载畜量是否一致，根据两者的大小，判断草地的放牧强度。

（四）存在的主要问题

一方面通过牧户进行生产上的主要问题的访问调查；另一方面结合实地考察和课堂上所学提出生产中存在的主要问题。

（五）草地培育及管理措施

结合生产实际和存在的问题，提出培育措施及科学管理草地的方法。

四、实训报告

通过对牧户的管理生产实际调查，找出存在的主要问题，提出科学管理草地的具体方法和建议。写出综述性的调查报告。

实训七 草地经济类群的测定

一、目的意义

草地植物经济类群（Economic groups），是从经济利用角度，特别是从饲用价值出发划分的具有大致相似利用价值的草地植物类群，通常亦反映这些类群具有相似的经济特性及其内在的生态学与生物学特性。类似的划分在生态学上成为植物功能群（Plant functional groups）。草原上饲用植物的生活型虽然有多种，但经济价值最大的是多年生草本植物。多年生草类按其经济意义可划分为四大类：禾本科草类、豆科草类、莎草科草类及杂类草（不包括前三类的所有可食的其他科植物）。当然还有一类草——毒草是没有经济意义的，毒草的多少是评定草原质量的依据之一。测定草地经济类群及其产量，对于了解和评价草地质量以及草地的经济价值具有重要的意义。

（一）禾本科植物类群

禾本科植物类群（Grass group）是我国天然草地植被的主要草类，全世界有 500 多属、6 000 多种。我国已知有 160 多属、660 多种禾本科植物，种的数量次于菊科、豆科和兰科。禾本科植物分布最广，数量最多，适应多样的环境，适应各种土壤类型，如羊草、赖草、早熟禾、披碱草、针茅、洽草、芨芨草等。禾本科植物是草食动物适口性最高的植物，与其他科草类相比，富含无氮浸出物，它的茎叶含有较多的糖分，粗蛋白质占干物质的含量为 10%~15%，粗纤维约占 30%。营养价值低于豆科植物。大部分禾本科植物用于放牧和调制干草，家畜都很喜食，也是反刍家畜最主要的饲草料。

（二）豆科植物类群

豆科植物类群（Legume group）是植物界第三大科，有 500 多属、12 000 多种。在我国，豆科草分布很广，但所占比重不大（10%~20%）。豆科植物含有较高的蛋白质（占干物质的 18%~24%），富含钙（0.9%~2%），其鲜草被称为维生素饲料，营养价值高于禾本科植物。此外，豆科植物的蛋白质含量较高，氨基酸也比较平衡。它的不足之处是产量不高，适口性比不上禾本科植物，叶子干燥时容易脱落，调制干草时养分容易损失，青贮比较困难，其有毒种类也比较多。

（三）莎草科植物类群

莎草科草类群（Sedges group）约有 80 个属，4 000 多种。我国有 30 多个属，500 多种。喜潮湿，多数是高山、亚高山草甸的建群种。嵩草属和苔草属分布最广、饲用价值最大。高大喜水的莎草科植物家畜不采食。嵩草属（Kobresia）是高寒草甸的典型植物，往往是建群种或优势种。嵩草耐牧耐践踏，适口性好，蛋白质含量高，是很好的抓膘植物。高山嵩草、矮嵩草、线叶嵩草、西藏嵩草等，营养价值不次于禾本科牧草。耐牧耐践踏，春季返青早，在提供家畜早春营养上有重要意义。

（四）杂类草

杂类草（Forbs group）是天然草地上植物除豆科、禾本科和莎草科牧草外，具有饲用价值的其他科属植物的统称。通常指双子叶草本植物。种类极多，菊科蒿属、蔷薇科委陵菜属、藜科和百合科葱属植物为干草原和荒漠中常见建群种。虽在放牧、晒制干草和适口性等方面不及豆科和禾本科牧草，但在草场上作为放牧牲畜饲草仍有重要意义。由于有些杂类草植物或叶片有钩刺、茸毛，带有特殊的气味等，家畜不采食，因此杂类草又可分为可食杂草和不可食杂草。

（五）毒草

有毒植物（Toxic group）是自然条件下，以青饲料或干草形式被家畜采食后，妨碍了家畜的正常生长发育或引起家畜的生理异常现象，甚至发生死亡。据统计，我国北方草原上有毒植物的数量占 5%~7%，其中有毒植物 238 种，分属 45 科，127 属，其中蕨类植物有 2 科 5 种，裸子植物 1 科 5 种，被子植物有 42 科，124 属，228 种。有毒植物导致家畜中毒是由于它含有某种化学成分所引起的，这些有毒物质主要是生物碱类、配糖体类、挥发油、有机酸、皂素、白脂及毒蛋白等。

二、材料与用具

本实验以小组为单位，每一小组样方框（1m×1m）1 个，剪刀 2 把，电子秤 1 台，样袋 4~6 个，烘箱 1 台及有关记录表格若干。

三、方法步骤

1. 选择调查地段，选具有不同草地群落结构的代表性地段 3~4 处，设置样方，重复 3~4 次。

2. 统计样方中出现的所有物种，并按经济类群分类。

3. 将样方中所有植物按照经济类群分类齐地面剪下，测定每种经济类群产量（鲜重或干重）。

4. 计算统计每种经济类群的产量和比例，并可在不同草地类型间进行比较分析。

四、实验报告要求

根据实地调查所得资料，填写相应表格，并对数据进行分析，评价其经济价值高低。

实训八　草地植物群落地上与地下生物量的比较

一、目的意义

草地生态系统的净初级生产力（Net primary productivity）是草地生态学研究的重要内容。草地植物群落地上生物量（Above-ground biomass）是草地生态系统生产力和畜牧业生产的重要指标，而表征地下生物量（Below-ground biomass）的根系是植物营养器官的重要部分，是吸收土壤水分和养分的重要器官，根系在植物的养分代谢中起着重要作用。地下生产力分配其在土壤中的发育情况是极为重要的。对草地来讲，牧草根系的重量是研究土壤中根系生长对环境反应最常用的参数，根系重量可以认为是植物体内光合产物贮藏量的基本尺度，也是草地多年生植物在放牧利用条件下再生的重要基础。因此，研究草地植物群落的地上地下生物量及其地上地下比值，对于了解草地植物生长状况和草地培育与管理具有重要的意义。

二、材料用具

样方框、土钻、剪刀、植物样品袋、土壤袋、标签（或记号笔）、土壤筛、纱布、橡皮手套、水盆、烘箱、电子秤等。

三、方法步骤

（一）地上生物量取样
利用样方法，用剪刀直接剪取单位面积所有植物量，并测定其鲜重或干重。

（二）地下生物量取样
测定根量的土壤样品，可用挖掘法、土钻法，取土样方或土层的方法采取。

挖掘土壤剖面法：用专门制作的土壤刀切取，其方法是分层取样，先用剪刀齐地面剪去地上部分牧草，自地表向下切取土样，按下述层次切取，0~10cm，10~20cm，20~30cm，30~40cm 等。切取面积根据草层生长状况而定，通常为 10cm×10cm，10cm×20cm，

20cm×20cm，20cm×30cm 等。切取的土样应分层分别装入土壤袋中，并装入标签。

在草层过密的草地上，最好用土钻取样，用此方法时，测定土钻大小直径，需按剖面层次重复 10 次，为了取得精确的数据，土钻应增加到 20～30 次。

（三）洗根

1. 冲洗前土壤—根系样品贮存方法

自野外取回样品之后，不可能每个试验都能立刻对土壤样品冲洗根系，如果把样品悬浮在水里，那么在 15～20℃条件下，一般可贮存 2～5d，超过这个时间，根系便开始腐烂，如果样品贮存数星期以上，则土壤—根系—水分悬浮液中必须加酒精，并保持酒精浓度不低于 10%。

风干是保存土壤—根系样品以待日冲洗的最便宜途径。样品可采取风干，或置于 70℃左右的烘箱烘干，干燥过程不宜太慢，因这会增加微生物分解的危险。

2. 洗根

土壤样品中根系的冲洗分为粗洗和精洗。用土壤筛冲洗时，将土样放置土壤筛上层，然后用水进行分层冲洗。第一层筛孔为 1mm，阻拦粗大的根、石块、硬土粒等，第二层孔径为 0.5mm，以沉积较细的根和大沙粒，第三层为 0.25mm，主要拦截大量的细根，第四层为 0.15mm，拦截沙子和非常细小的根，土壤的冲洗一直到洗下的水变清为止。此过程之后就是精洗，把第一筛中存留的根量和其他杂物倒入水盆中，第二、三、四层则拦截相应类群的根系，这是粗洗时第一层筛中所遗留下来的根，用同样的方法，继续把第二、三层中拦截下来的根进行精洗。洗根也可用纱布袋反复冲洗。

（三）取杂

混有沙粒的第四层筛中的根是由幼嫩的吸收性根所组成的，可用焚烧法使它们与沙粒分开。

（四）活根与死根的区别

通常用 TTC（2,3,5-三苯基四唑）和溴化 2,3,4-三基四唑，但染色技术存在若干问题。再一种方法就是用悬浮法测定，活根悬浮于水中，死根浮于表层。

四、实验报告要求

计算出草地植物群落单位面积地上生物量，根据土钻直径计算不同层次的地下生物量以及地上地下比，并绘出地上生物量和不同层次地下生物量分布图和地上地下比的图示。

实训九　草地生态系统 CO_2 通量的测定

一、目的意义

土壤—植被—大气连续体的能量与物质（水和碳）通量动力学模型是分析陆地生态系统的碳循环和水循环过程机制及预测循环通量的基础。全球植被和土壤共储存 2 200 Pg 有机碳，是大气碳储量的 3 倍。在碳元素的生物地球化学循环过程中，陆地生态系统与大气之间净生态系统 CO_2 交换（NEE，Net ecosystem exchange）决定于植被群落光合作用（总初级生产力，Gross primary productivity，GPP）增益和生态系统呼吸作用（ER，Ecosystem respiration）损失之间的平衡。而人类活动（化石燃料的燃烧和土地利用的变化）导致的大气 CO_2 浓度增加是全球气候变暖的主要原因，温度升高同时会增加光合效率和呼吸速率，当二者变化速率不一致时就会改变生态系统 NEE。同时，NEE 及其组分受温度、降水、土壤质地和养分供应的强烈影响，与全球气候和环境变化密切相关。因此，测定草地生态系统 NEE，可以判定该系统是碳汇（系统碳吸收大于碳释放）还是碳源（吸收小于释放），从而为草地生态系统的保护和碳汇管理提供理论依据。植物光合速率和土壤呼吸速率常与植物群落的生物量、土壤温度和水分等土壤物理性质和化学性质密切相关。因此，同时测定土壤的理化性质有助于解释生态系统碳交换的机制。

二、材料用具

便携式植物光合作用测定系统（Targas-1，美国 PP Systems）1 台，土壤温度（Soil temperature，T_s）、湿度（Moisture，M）、电导率（Electrical conductivity，EC）仪 1 台，土壤紧实度仪（Soil compaction meter，SC 900，美国 Spectrum）1 台，相关记录表格等。

三、方法步骤

1. 打开光合作用测定系统先进行预热，当开机界面的 W（预热）达到55°后会变成 Z 35 的字样，表明仪器可以进行测定。

2. 按下 Main 菜单，显示 Main menu 界面，按下 Processes，再按下 Custom，按下向右箭头，设置测定空间体积 V（cm^3）（已设定：12 500），接地面积（cm^2）（已设定：625），按下向右箭头，设置 DT（s）（时间差），DC（ppm）（浓度差），Delay（s）（延时），按下向右箭头，设置 Plot Number（小区号），t（℃）（气温），按下向右箭头，再按下 Start，显示 Place chamber on soil（将罩子放在植被群落上），即开始测定。

3. 界面显示 dC（CO_2 浓度变化量），dT（时间变化量），L（线性呼吸速率），Q（二次方程呼吸速率），同时显示 CO_2 浓度随时间的变化曲线，直到测定结束，此时测定的速率即为 NEE。

4. 测定结束后当前界面按下 New，再次设置相关参数和小区号，按下 Start，将罩子放置在植被群落后用不透光材料盖住罩子，直到步骤 3 结束，此时测定的速率为 ER。

5. 群落光合速率（CP，Community photosynthesis）多用 GPP 来表示，即 GPP = ER-NEE。

6. 在测定完 CO_2 交换值的样方上，测定群落单位面积地上生物量。

7. 用土壤三参数仪原位测定 Ts、M 和 EC，同时测定土壤紧实度。

8. 选择不同的草地类型或样地进行测定，并设置至少 3 次重复。

四、实验报告要求

根据实地所测数据资料，比较不同草地类型的 CO_2 交换量的差异，并分析各组分与群落生物量、土壤温度、湿度、电导率和紧实度之间的关系。以图表形式展示测定结果，并对结果加以描述和分析。

第十二章 草地调查与规划学实训

实训一 草地类型调查

一、目的和要求

本实训使学生掌握草地植被特征测定与分析的基本方法，掌握草地类型调查的路线及样地设置、样方布局、样方的测定和描述等技术，根据草地植被特征划分草地型，并在此基础上根据生境条件及草地分布规律对草地类进行划分。培养学生具有实际工作能力，并能熟练掌握划分草地类型的指标和方法。

二、材料和器具

皮卷尺、钢卷尺、测绳、剪刀、克称、钢针、1m×1m 的样方框、0.1m² 的频度样圆、登记表格、铅笔、记录纸、PDA（或海拔仪）。

三、方法和步骤

（一）调查路线的选择与布置

所选每条调查路线一定要有代表性，各条路线上开展的工作，能满足完成整个调查区域内类型登记与现场填图。同时还要具有省工、节时与高效率的特点。

1. 调查路线必须有代表性，能反映调查区内草地及其立地条件特征的变化规律。
2. 调查路线应垂直于地形变化，穿越随地形而发生变化的草地部位。
3. 尽可能照顾到交通状况、显著地形、地物和主要标识点。
4. 根据地形变化复杂程度，必要时在调查主路线上设支路线。
5. 调查路线的布置一般为路线间隔法，也可为区域控置制法或网格法。

（二）设置样地，布局样方

样方的布局有随机取样和系统取样 2 种方法。随机取样法，虽可消除偏见，避免人为性，但可能使样地分布不均匀，在草地植被水平结构很不均匀的情况下，会导致产生误差。实践中多用系统取样法，即将样地尽可能等距、均匀而广泛地散布在调查地段上。方法可有多种，但主要介绍以下 2 种：

1. 面积不大而植被均匀时，可按网格状等距取样，或"梅花五"取样。
2. 面积较大时，可沿对角线等距取样，或可采用"S"形等距取样。

（三）草地植被样方登记

植物的名称、生活型、物候期、高度、盖度、多度、频度、生活力、重量。

1. 植物名称

植物的俗名和学名。

2. 生活型

乔木、灌木、半灌木、多年生草类、一年生草类、苔藓类、地衣类。

3. 物候期

物候期是指植物在某一时期的气候条件下所表现的生长发育状态。登记时可按样方内同一种植物的大多数表现的物候期登记。如同时出现 2 个以上的物候期，可同时登记。例如，在花盛期又有形成果实的现象时，可登记为开花盛期/果实开始形成。

4. 高度

用钢卷尺或直尺分别测量营养枝（不开花的枝条）或叶片或生殖枝（开花结果的枝条）的自然高度和伸展高度。草地植被的高度有种的高度和草层高度。种的高度有自然高度和伸展高度，并分别按生殖枝和营养枝测定，草层高度系指草地植被优势种生殖枝的自然高度，营养枝的高度称为叶层高度。

5. 盖度

盖度是指植被的垂直投影面积占地表面积的百分率，它反映植被的茂密程度，以及植被进行光合作用的面积。测定盖度的方法主要有针刺法：如样方为 $1m^2$，借助于钢卷尺和样方框绳上每隔 10cm 的标记，用粗约 2mm 的细针（针越细得出的结果越准确）按顺序在样方内上下左右间隔 10cm 的点上（共点 100 个点），从植被的上方垂直下插，如果刺针与植物接触即算作一次"有"、在盖度表的栏内记 1 次，如没有接触则算"无"不划记。最后计算数次，用百分数表示即为盖度。

6. 多度

多度指植被中某一种植物的多少。多度的测定和表示方法有几种，比较简单的是计算法。计算样方中一种植物的多少，如难以区别植物的个体（如芦苇、无芒雀麦等根茎植物），可计算根茎的数目。

7. 频度

频度是指某一个种的个体在样地上的分布特征，表示种的个体在一个地段上出现的均匀程度。频度的测定是用直径 35.6cm 的样圆（面积为 $1/10m^2$），走遍调查的样地，沿着经过的路线将样圆抛出 20 次，并编制样圆圈内生长的植物名录。该种植物出现的样圆数目与所抛样圆总数的百分比，即为该种植物的频度。丹麦学者 C. Raunkiaer 把频度划分为 5 级，即 A（级）= 1%~20%、B（级）= 21%~40%、C（级）= 41%~60%、D（级）= 61%~80%、E（级）= 81%~100%。

8. 生活力

生活力通常只用来指那些在某一草地型中，因受放牧、割草和其他原因而表现出发育不良或者相反的，生长发育非常茂盛的植物种类和个体，生活力可分为 3 级，第一级：正常生活，能开花结实；第二级：能正常生活，但不能开花结实，只停留在茎叶的生长阶段；第三级：不能正常生活，植株比正常的矮小，发育体弱。

9. 重量

重量也称产量，是单位面积草地植物的鲜重和风干重。重量是草地植被成分发生变化后反应最灵敏的指标，它表示草地总初级生产能力的大小。因此，重量的调查与分析是草地调查规划中最主要的指标之一。1 个样方内将植被样方登记表中除产量以外的项目记录后，就可以剪草测定产草量。

（四）确定种的优势度，分析草地植被特征

种的优势度指草地上各种植物在草层中所占优势的程度，由重量、盖度、多度等多种特性所决定。在草地生产规划中，由于要说明草地型的利用价值，因此对重量给予特别的考虑。

优势度＝（相对密度+相对频度+相对盖度+相对高度+相对重量）/5

1. 优势种：一般情况下，一个草地上的优势植物只是 1~2 种，最多 3~4 种，在一个草地型的植物群落中，它们在数量上占主导地位。全部优势种的产量，约占群落总产量的 60%~90%，分种的产量不少于 15%。优势种的盖度不少于总盖度的 30%。

2. 亚优势种：一个草地型的植物群落中有 1~3 种，极端情况下可达 4~5 种，它们的数量仅次于优势种，产量不少于总产量的 10%~30%，盖度在 30%以下。

3. 显著伴生种：种数可以很多，但其全部产量不超过总产量的 10%~30%，分种产量不超过 1%~5%。

4. 不显著伴生种：种数比显著伴生种还要多，但个体数量少，难以计算重量，有时在样方内只有一株。

优势植物和亚优势植物的产量在天然草地的不同样方中有很大的差别，有时可达 20%以上，在统计时应注意到这一点。

（五）结合有关资料确定草地型，对草地进行分类

1. 草地型的确定

型是具有一定放牧和割草的经济意义和植被学特征的草地地段，面积的大小应在一个轮牧分区以上（一般应在 6.7hm² 以上，小于这个面积不必划型），每个草地型生长有显著的具有特征的优势和亚优势植物。

2. 草地类的划分

依据草地型并结合草地生境条件及草地分布规律，确定草地类。

四、实训报告

制作草地植被样方登记表，记录样方内植物的名称、生活型、物候期、高度、盖度、多度、频度、生活力、重量等指标。依据实训地区草地植物种的优势度确定草地型，并结合草地生境条件及分布规律，确定草地类。

实训二　草地资源等级评价

一、目的和要求

草地资源的等级评定对草地资源合理利用、生产规划必不可少，是一项直接服务于草地生产实践，而又同时构成草地资源研究重要内容的基础工作。草地资源分级应着重反映草地资源的经济特征和自然特性，即从利用价值和草地群落现实情况两个方面做出评定。

二、材料和器具

钢卷尺、测绳、克秤、剪刀、枝剪、草样袋、样方框、记录表格、标杆、PDA（或海拔仪）、计算器。

三、方法和步骤

（一）测定和计算产草量

一般用 1∶50 000 的地形图进行调查时，每 $1km^2$ 的面积取 1 个样本；用 1∶20 000 地形图时，每 $0.5km^2$ 取 1 个；用 1∶10 000 地形图时，每 $0.2\sim0.3km^2$ 取 1 个。

测定产量时，在草地植被较为稠密、盖度大、分布均匀的条件下，可用 0.5m×0.5m 样方，或用 1m×0.5m 的样方，重复 5~6 次，求出平均数。在植被稀疏，但较为均一时，用 1m×1m 的样方重复 3 次。在生长有高大草本，半灌木和灌木的草地上，常用 2m×2m 或 4m×4m 或 10m×2m 的大样方重复 3 次。折算成 $1m^2$ 的产量。在干旱荒漠和高山灌丛地区，草地的饲料主要是灌木或半灌木，灌丛的大小差别很大，有时分布稀疏，因此要用（10×10）m^2 或（2×50）m^2 的大样方。在样方内按大、中、小将灌木分为三级，分别计算株丛数量，然后在每一级的丛数中选择 3~5 株丛，作为标准丛，在这些标准丛上用手摘取和用枝剪剪取家畜可食的粗约 2~3mm 的嫩枝叶。高大灌丛的上部，家畜采食不到的可以不剪。求出大、中、小三级的标准产量，分别乘以各自的丛数，即为各级的产量，三级的产量之和，即为 $100m^2$ 样方内的灌丛产量，然后再折算成 $1m^2$ 的产量备用。大样方内草本层的产量，仍用（1×1）m^2 样方重复 5~6 次，求出 $1m^2$ 的产量。大样方灌丛和草本植物的产量，可按下列公式计算：

总产量（g/m^2）= 灌丛产量+草本层盖度×草本层产量

测定产量时，如按每一种草分别剪取登记，可先记入植被样方登记表内，再转入产量样方登记表内即可。如果按禾本科、豆科、莎草科、菊科、藜科、杂类草、毒草、不食草等经济类群分别剪草登记，或按灌丛、草本登记，则直接记在产量样方测定登记表或灌丛或高大草类产量登记表内。

（二）确定牧草适口性、营养价值和利用性状

通过走访、查阅相关资料，确定牧草适口性、营养价值和利用性状。

（三）草地等级评价

1. 草地等的评价标准和方法

草地等表示草地草群品质的优劣，根据草地草群中各种饲用植物的适口性、营养价值及可利用性进行综合评价。将草地牧草划分为优、良、中、低、劣 5 等。

优等牧草：各种家畜各个季节首先从草群中挑食；营养价值高，粗蛋白质含量>10%，粗纤维含量<30%，草质柔软；耐牧性好，冷季保存率高，利用率高。

良等牧草：各种家畜喜食，但不挑食，粗蛋白质含量>8%，粗纤维含量<35%；耐牧性好，冷季保存率高，利用率较好。

中等牧草：各种家畜均采食，但喜食程度不及优等和良等牧草，枯黄后草质粗硬或青绿期有异味家畜不愿采食；粗蛋白含量>10%，粗纤维含量>30%；耐牧性良好，利用率中等。

低等牧草：大多家畜不愿采食，仅耐粗饲的骆驼或山羊喜食，或草群中优良牧草已被采食后才采食；营养物质含量与中等牧草无明显差异；耐牧性较差，冷季保存率低，利用率较低。

劣等牧草：家畜不愿采食或很少采食；或在饥饿程度很重的情况下才采食；或某些季节有轻微毒害作用，仅在一定季节少量采食；营养物质含量与中等牧草无明显差异；耐牧性较差，利用率低。

再以同等植物重量占草群总重量的百分比作为划分草地等的具体指标，标准如下。

一等草地：优等饲用植物占60%以上；

二等草地：良等及优等饲用植物占60%以上；

三等草地：中等及中等以上饲用植物占60%以上；

四等草地：低等及低等以上饲用植物占60%以上；

五等草地：劣等饲用植物占40%以上。

2. 草地级的评价标准和方法

草地级表示草地草群地上部分产草量高低，依据单位面积产草量划分草地级，标准如表12-1所示。

表12-1　草地级别

草地级别	鲜草产量（kg/hm^2）
1级	>12 000
2级	9 000~12 000
3级	6 000~9 000
4级	4 500~6 000
5级	3 000~4 500
6级	1 500~3 000
7级	750~1 500
8级	<750

3. 草地等级的综合评价

将草地的等和级相连级就是其等级的综合评价。草地的5个等和8个级可以组合为40个不同的等级，其中Ⅰ等1级（Ⅰ1）就是质量最好，产量最高的草地，Ⅴ等8级（Ⅴ8）就是质量最差，产量最低的草地。

四、实训报告

首先，走访并查阅相关文献资料，确定实训地区的草地等别。其次，测定草地的鲜草产量，确定草地级别。最后，对当地草地资源的等级进行综合评价。

实训三　草地类型分布的地带性

一、目的和要求

通过调查和测定，在实训地区草地资源类型的基础上，认识和掌握草地资源的分布规律。

二、材料和器具

皮卷尺、钢卷尺、测绳、剪刀、克称、钢针、1m×1m 样方框、$0.1m^2$ 的频度样圆、登记表格、铅笔、记录纸、PDA（或海拔仪）。

三、方法和步骤

在实训地区草地类型调查的基础上并结合有关气候、土壤等资料，分析和总结实训地区草地类型的水平分布规律，草地类型的垂直分布规律（草地的山地分布）。

四、实训报告

结合草地类型划分结果及资料搜集，分析并总结实训地区草地类型的水平分布规律和垂直分布规律（草地的山地分布）。

实训四　草地资源利用现状与分析

一、目的和要求

在了解和掌握实训地区草地资源利用现状的基础上，分析草地资源利用中存在的问题，并能结合所学专业知识提出相应的对策与建议。

二、材料和器具

调查地区草地资源调查及评价结果、草地畜牧业生产等文献资料。

三、方法和步骤

在实训地区草地类型划分、草地资源评价的基础上，结合走访、查阅和收集草地畜牧业生产等文献资料，计算草地载畜量，分析草畜平衡状况，总结调查地区草地资源的利用现状及退化草地恢复对策。

（一）草地载畜量计算

草地载畜量是在一个长时期的放牧时间内和一定面积草地，在不影响草地生产力且保证家畜正常生长发育的情况下能容纳放牧家畜的头数。草地载畜量是衡量草地生产力潜能的标志，也是草畜平衡的动态指标。草地载畜量表示方法：

1. 时间单位法

单位面积草地上，一定数量的家畜能放牧的日数。简便易行，尤其适用于划区轮牧方案的确定。

2. 草地单位法

一定放牧时期内，单位数量家畜所需要的草地面积。比较抽象，畜牧业生产实践中不易推广应用。

3. 家畜单位法

一定面积的草地上，一年内能放养成年家畜的头数。我国广泛采用"绵羊单位"表示。

国内一般用"经验估测法"或"根据放牧家畜体况"来估测载畜量。为了数据的准确性，草地科技工作者多采用"放牧试验法"或"按照草地产草量"来计算载畜量。其计算公式为：

$$草地载畜量（头/hm^2）= \frac{饲草贮藏量（kg/hm^2）×利用率}{家畜日食量［kg/（d·头）］×放牧天数}$$

饲草贮藏量指草地全年的产草量，依草场类型、测定时间及利用年份的不同而变化。想要获取比较准确的数据，必须对不同类型草地进行多年、多点跟踪测定，以求得年度平均值。对大面积草地估算载畜量时，还应以多年测定的秋季最高产草量为依据，按家畜实际采食的牧草量加以计算。估测不同季节草地的载畜量，要以多年各季节平均产草量为依据，按照各季节产草量占最高季节产草量的百分比（%）计算。日食量，即家畜在维持正常生长发育和一定生产性能的基础上，每天需要采食的饲草量。

（二）草畜平衡分析

草畜平衡是以草地生产力为基础，以草定畜，实现草畜之间的动态平衡。如果调查区域现存载畜量（折算为标准羊单位）大于草地载畜量，则该区域草地过牧；如果现存载畜量等于草地载畜量，则为草畜平衡；如果现存载畜量小于草地载畜量，则该区域草地利用不足，可适当增加家畜数量。

四、实训报告

在草地类型划分和草地资源评价的基础上，结合资料搜集，分析并总结调查地区草地资源利用现状及存在的问题，提出一些草地合理利用的建议。

第十三章　牧草饲料作物栽培学实训

实训一　人工草地建植地块准备

一、目的和要求

人工牧草地建植前进行地块准备是为牧草播种、出苗和生长发育提供适宜土壤环境的重要栽培技术措施。通过农具的机械力量作用于建植地块土壤，用于调整耕作层和地面状况，从而调节土壤水分、空气、温度和养分的关系，为人工牧草地建植奠定基础。同时通过实训使学生掌握土壤耕作的作用和具体措施。

二、材料和器具

皮尺、测绳、铁锨、耙子、肥料等。

三、方法和步骤

（一）地块选择

选择地势相对平坦，肥沃，病、虫、草害相对较轻，有灌溉条件，便于农事操作的地块作为新建人工牧草地建植地块。

（二）翻耕

翻耕也称犁耕。首先，翻耕对土壤起3种作用：一是翻土，可将原耕层上层土翻入下层，下层土翻到上层；二是松土，使原来较紧实的耕层翻松；三是碎土，改善土壤结构，松碎成团聚体状态。其次，翻耕也有翻埋牧草根茎、化肥、杂草以及防除病虫害的作用，对增加耕层厚度、增加土壤通透性、促进好气微生物活动和养分矿化等有利。

一般情况下，土层较厚，表、底土质地一致，有犁底层存在或黏质土、盐碱土等时，翻耕可深些；而土层较薄、沙质土或有石砾的土壤不宜深耕。在干旱、多风、高温时不宜深耕，否则失墒严重，提墒困难。同时，翻地过深，生土翻到地面的就较多，不利于牧草的生长发育。

（三）耙地

在翻耕的同时或结束后的地块整治操作，是牧草或饲料作物播前或播后苗前、幼苗期采用的一类次级耕作措施，深度一般5cm左右。不同场合采用的目的不同，工具也因之而异。耙地的目的在于进一步破碎土块。

（四）糖地

糖地又称耢地，是耙地之后的平土碎土作业。一般作用于表土，深度为3cm。糖地起碎土、轻压、糖严播种沟、防止透风跑墒等作用。糖地多用于半干旱地区旱地上，也常用在干旱地区灌溉地上，多雨地区或土壤潮湿时不宜采用。

（五）镇压

镇压是以重力作用于土壤，达到破碎土块、压紧耕层、平整地面和提墒的目的，一般作用深度3~4cm。播种后镇压使种子与土壤密接，引墒返润，及早发芽。正确镇压是一项良好的技术措施，如使用不当，也会引起水分的大量蒸发。应用时应注意在土壤水分含量适宜时镇压，过湿则会使土壤过于紧实，干后结成硬块或表层形成结皮。

（六）起垄

起垄可增厚耕作层，利于牧草地下部分生长发育，也利于防风排涝、防止表土板结、改善土壤通气性、压埋杂草等。起垄是垄作的一项主要作业，用农具开沟培土而成。垄宽50~70cm，视种植的牧草品种而定。

（七）作畦

开沟作畦有利于灌水、排水，也有利于进行农事操作。

（八）施基肥

1. 化学肥料

（1）氮肥　氮肥分为3类，即铵态氮、硝态氮和酰胺态氮肥。牧草地建植时常用的氮肥是铵态氮肥和酰胺态氮肥。常用几种化学氮肥有尿素等。

尿素基肥用量：180~300kg/hm^2。

（2）磷肥　磷肥包括过磷酸钙、钙镁磷肥、磷矿粉等。目前生产上常用的为过磷酸钙，其他磷肥施用较少。磷肥施用时应早施、深施、集中施。过磷酸钙基肥用量450~600kg/hm^2。

（3）钾肥　化学合成钾肥主要是硫酸钾和氯化钾。目前人工牧草地建植应用较多的钾肥是草木灰，草木灰除作基肥外，也可作种肥或追肥。草木灰不能与过磷酸钙混施，以免降低磷的有效性。

（4）复合肥　为含N、P、K的三元肥料，用量一般为150kg/hm^2。

2. 有机肥料

有机肥料包括厩肥、堆肥、人粪尿、绿肥等，其特点是养分含量全面，除含氮磷钾外还含有植物生长发育所需要的其他矿物元素。有机肥料的养分以有机态的形式存在，只有被微生物分解后，才能被作物吸收利用，因而当季的利用率较低，通常为20%~30%。施用有机肥料还有改良土壤的作用。

四、实训报告

人工牧草地建植时，耕地、耙地、镇压、糖地需注意的事项是什么？

实训二　人工草地建植播种

一、目的和要求

人工草地建植过程中，播种是重要环节，播种质量的高低不仅影响到牧草种子的萌发、出苗，甚至影响到牧草的长势、产量和品质，进而影响到牧草地建植的效果。因此，因地制宜地根据生产实践的要求，掌握人工牧草地播种方法、方式、技术要点等具有重要意义。同时，通过实训学生能掌握标准化种子品质要求及种子处理方法和播种方法等。

二、材料和器具

铁锨、开沟器、耙子、测绳、托盘天平、信封、牧草种子、肥料等。

三、方法和步骤

（一）播种材料的选择及其准备

播种材料包括豆科牧草的种子和荚果，禾本科牧草的颖果和小穗，生产中通称为"种子"。

1. 品质要求

纯净度高：纯度是指本种种子在供试种子中所占的数量百分比，它反映了播种材料中混杂其他植物种子的程度，也显示了播种材料的真实性。净度是指除去混杂物后，本种种子在播种材料中所占的重量百分比，它反映了播种材料中含有废种子、生物杂质和非生物杂质等混杂物的程度。

籽粒饱满匀称：指种子成熟的发育程度和整齐性。一般成熟的种子饱满，粒级也高，千粒重也大，发芽力和生长势也强。籽粒饱满程度通常用千粒重来衡量。

生活力强：种子的生活力是指种子的发芽力，指在一定水温条件下，种子能够萌发长出健壮幼苗并发育成正常植株的能力，其指标常用发芽率和发芽势表示。

无病虫害：优质的播种材料要求没有病虫害，播前必须到有关部门检验播种材料携带病虫害的情况。对携带病虫害的播种材料，应进行彻底的灭菌杀虫处理，然后才能播种。

2. 种子预处理

清选去杂：对于杂质多、净度低的播种材料应在播前采取必要的清选措施，许多豆科牧草的播种材料常含有荚壳，禾本科牧草常含有长芒、长绵毛、稃片、颖壳和穗轴等附属物，这些影响播种质量的杂物应在播前尽可能去掉。清选的方法有筛子过筛、风选和水漂等。

破除休眠：种子休眠是指在给予种子适宜的光、温、水、气等发芽条件后仍不能萌发的现象。豆科牧草是由于种皮结构致密和具有角质层而致使种皮不透水造成种子休眠的，此类种子称为硬实种子。禾本科牧草是由于种胚不成熟造成的种子休眠，尚需等待一段时间完成后熟后才能发芽，此类种子称为后熟种子。对于豆科硬实种子，可以通过机械、物理、化学的方法进行处理，对于禾本科后熟种子，可以通过晒种、变温等方法处理。

（二）播种量的计算

适宜播种量取决于牧草的生物学特性、栽培条件、土壤条件及播种材料的种用价值等（表 13-1）。

实际播种量（kg/hm^2）=［保苗系数×田间合理密度（株/hm^2）×千粒重（g）］／［净度（%）×发芽率（%）］

保苗系数：1~3。

表 13-1　常见栽培牧草单播播量（参考值）

牧草种类	播量（kg/hm^2）	牧草种类	播量（kg/hm^2）
紫花苜蓿	7.5~15	老芒麦	22.5~30
红三叶	9~15	披碱草	22.5~30
红豆草	45~90	羊茅	30~45
毛苕子	45~60	早熟禾	9~15
燕麦	150~225	饲用玉米	60~105

（三）根瘤菌接种

根瘤菌接种是在播前将特定根瘤菌菌种接种到与其有共生关系的豆科植物种子上的方法。豆科牧草能否发挥固氮作用，关键在于土壤中是否有能够与其共生的根瘤菌菌种，以及这种根瘤菌的数量和菌系特性，尤其是侵染能力和固氮能力。一般新建人工草地的自然结瘤率很低，因此，为获得高产，播种前应接种根瘤菌。接种方法有土壤接种法、商用根瘤菌剂接种、自制菌株接种。

（四）播种

条播：有行距无株距，行距的宽度应以便于田间管理和能否获得高产为依据，同时要考虑利用目的和栽培条件，一般 15~30cm，收籽 45~60cm。

撒播：既无行距，也无株距，因而播种能否均匀是关键。

点播：点播亦称穴播，是按一定的株距开穴播种。此方式节省种子，田间管理方便，利于株型较大的饲料作物生长，对种子生产亦较有利，便于土地不够平整地块的播种。

四、实训报告

1. 清选种子、计算播种量、播种。
2. 播种前牧草地土壤整治和播种过程中需注意的事项有什么？

实训三　人工建植牧草地栽培管理措施

一、目的和要求

人工草地建植的关键之一是进行科学的管护，尤其对于多年生牧草地，管护时间长，管护措施将贯穿牧草栽培全过程，而管护措施是否得当、管护效果的优劣，将直接影响牧草生产性能的发挥，因此，牧草地栽培管理措施是牧草生产的重要环节。同时，通过实训，学生能掌握灌溉、施肥的时间和方法。

二、材料和器具

铁锨、手铲、喷壶、托盘天平、农药、肥料等。

三、方法和步骤

（一）破除土表板结

这是播后至出苗前必须要关注的一项措施，此时土表板结易使萌发的种子无力突破穿出，致使幼芽在密闭的土层中耗竭枯死，对于子叶出土的豆科牧草及小粒的禾本科牧草尤为严重，土壤出现板结后，应立即用短齿耙或手铲进行破除。

（二）中耕、松土、除草

中耕是在苗期进行的一项作业，目的是疏松土壤、增高地温、减少蒸发、灭除杂草。一般应根据牧草及饲料作物种类、土壤情况及杂草发生情况，掌握中耕的时间和次数。中耕、松土、除草最好与施肥、灌溉结合进行，这样既可节省劳力，又可提高肥效和水分利用效率。

（三）杂草防除

由于牧草苗期生长慢，持续时间长，极易受杂草为害，因而防除杂草是建植人工草地成败的关键。

化学除草省工、高效，但其对土壤的污染及对家畜的二次污染也不容忽视。在使用过程中，应根据各种除莠剂的使用说明，掌握它们的施用对象、施用时期、施用方法、施用剂量及其安全注意事项等。

（四）追肥

追肥是在牧草生长期间施用的肥料，其目的是满足饲料作物和牧草生育期间对养分的要求。追肥的主要种类为速效氮肥和腐熟的有机肥料。磷、钾、复合肥也可用作追肥。

追肥的施用方法通常包括撒施、条施、穴施和灌溉施肥等，但前三者在土壤墒情不好时也多结合灌溉进行。在多数情况下根外施肥是将肥料溶解在一定比例的水中，然后喷洒于叶面，通过组织吸收满足饲料作物和牧草对营养的需要。

（五）灌溉

灌溉是补充土壤水分，满足饲料作物和牧草正常生长发育所需水分的一种农事措施。灌溉方法多种多样，大致分为3种类型，即地表灌溉、喷灌（空中）和地下灌溉。目前，生产中仍然较多采用地表灌溉。

灌溉必须有利于饲料作物和牧草生长，保证高产、低成本，根据土壤墒情、天气条件、饲料作物和牧草生育时期正确实施。禾本科植物通常在拔节至抽穗是需水的关键时期，豆科植物则从现蕾到开花是需水的关键时期。对于刈割草地来说，每次刈割后都要进行灌溉施肥。灌溉用水量以不超过田间持水量为原则。

（六）刈割

确定牧草的最适刈割时期，必须考虑2项指标：一是产草量，二是可消化营养物质的含量。在牧草的一个生长周期内，只有当产草量和营养成分之积（即综合生物指标）达到最高时，才是最佳收割期。

1. 豆科牧草的最适刈割期

豆科牧草富含蛋白质及维生素和矿物质，其茎叶比随生育期而变化，在现蕾期叶片重量要比茎秆重量大，而至终花期则相反。因此收获越晚，叶片损失越多，品质就越差。早春收割幼嫩的豆科牧草对其生长是有害的，会大幅度降低当年的产草量，并降低来年的返青率。因此，从豆科牧草产量、营养价值和有利于再生等情况综合考虑，豆科牧草的最适收割期应为现蕾盛期至始花期。

2. 禾本科牧草的最适收割期

禾本科牧草在拔节至抽穗以前，叶多茎少，纤维素含量较低，质地柔软，蛋白质含量较高，但到后期茎叶比显著增大，蛋白质含量减少，纤维素含量增加，消化率降低。对多年生禾本科牧草而言，总的趋势是粗蛋白质、粗灰分的含量在抽穗前期较高，开花期开始下降，成熟期最低；而粗纤维的含量，从抽穗至成熟期逐渐增加。从产草量上看，一般产量高峰出现在抽穗期-开花期，也就是说禾本科牧草在开花期内产量最高，而在孕穗-抽穗期饲料价值最高。根据多年生禾本科牧草的营养动态，同时兼顾产量、再生性以及下一年的生产力等因素，大多数多年生禾本科牧草在用于调制干草或青贮时，应在抽穗-开花期刈割。

3. 刈割高度

牧草的刈割高度直接影响到牧草的产量和品质，还会影响来年牧草的再生速度和返青率。一般来说，1年只收割1茬的多年生牧草，刈割留茬高度为4~5cm；1年刈割2茬以上的多年生牧草，每次的刈割留茬高度宜保持在6~7cm，以保证再生草的生长和越冬。

4. 刈割次数和频率

决定于牧草再生性、土壤肥力、气候条件、栽培条件。一般北方一年2次。牧草前后2次刈割应至少间隔6~7周，以保证牧草再生。

5. 刈割方法

人工割草通常用镰刀或钐刀2种工具。

四、实训报告

牧草地施肥和灌溉的要点是什么？

实训四　牧草生育时期观察

一、目的和要求

了解牧草生育时期观察的意义，掌握牧草各生育时期观察的形态特征标准，了解牧草的生长发育规律。

二、材料和器具

不同生育阶段的牧草、生育期记载表、铅笔、钢卷尺、计算器。

三、方法和步骤

（一）生育时期观察的时间

生育时期观察的时间以不漏测生育时期为原则。一般每 2d 观察 1 次，在双日进行。如果牧草的某些生育时期生长很慢，或 2 个生育期相隔很长时，可每隔 4~5d 观察 1 次。观察生育时期的时间和顺序要固定，一般在下午进行。

（二）生育时期观察的方法

1. 目测法

选择有代表性的 (1×1) m^2 植株，进行目测估计。

2. 定株法

选择有代表性的 4 个小区，小区长 1m，宽 2~3 行。在每小区选出 25 株，4 个小区共 100 株，进行标记。后观察进入某一生育时期的植株数，然后计算其百分率。

（三）各生育时期的含义及记载标准

1. 禾本科牧草

（1）播种期　实际播种日期，以月/日表示。

（2）出苗期及返青期　种子萌发后，幼苗露出地面称为出苗，有 50% 的幼苗露出地面时称为出苗期，有 50% 的植株返青时为返青期。

（3）分蘖期　幼苗在茎的基部茎节上生长侧芽并形成新枝为分蘖，有 50% 的幼苗在幼苗基部茎节上生长侧芽，并形成新枝时为分蘖期。

（4）拔节期　植株的第一个节露出地面 1~2cm 时为拔节期。

（5）孕穗期　植株出现剑叶为孕穗，50% 植株出现剑叶为孕穗期。

（6）抽穗期　幼穗从顶部叶鞘中伸出称为抽穗，当有 50% 的植株幼穗从顶部叶鞘中伸出而显露于叶外时为抽穗期。

（7）开花期　花颖张开、花丝伸出颖外，花药成熟，具有授粉能力称为开花，当有 50% 的植株花颖张开、花丝伸出颖外时为开花期。

（8）成熟期　禾草授粉后，胚和胚乳开始发育，进行营养物质转化、积累，该过程称为成熟。

禾草种子成熟分以下 3 个时期。

①乳熟期。籽粒充满乳白色液体，含水量在 50% 左右叫乳熟，当有 50% 植株的籽粒内充满乳汁，并接近正常大小为乳熟期。

②蜡熟期。籽粒由绿变黄，水分减少到 25%~30%，内含物呈蜡状称蜡熟，当有 50% 植株籽粒颜色接近正常，内具蜡状物时记载为蜡熟期。

③完熟期。茎秆变黄，籽粒变硬叫完熟，当 80% 以上的籽粒变黄、坚硬时记载为完熟期。

（9）枯黄期　植株叶片由绿变黄变枯，叫枯黄，当植株的叶片达 2/3 枯黄时为枯黄期。

生育天数：由出苗至种子成熟的天数记载为生育天数。

生长天数：由出苗或返青期至枯黄期的天数记载为生长天数。

株高：每小区选择 10 株测量从地面到植株最高部位（芒除外）的高度。于孕穗期和完熟期测定。

2. 豆科牧草

（1）出苗期　幼苗从地面出现为出苗，有 50% 的幼苗出土后为出苗期。

（2）分枝期　从主茎长出侧枝为分枝，当 50% 的植株主茎长出侧枝时记载为分枝期。

（3）现蕾期　植株叶腋出现第一批花蕾为现蕾，有 50% 花蕾出现时称为现蕾。

（4）开花期　花序上花的旗瓣张开为开花，有 20% 的植株开花称为开花期，有 80% 的植株开花称为开花盛期。

（5）结荚期　在花序上形成第一批绿色豆荚称为结荚，有 20% 植株出现绿色荚果时称为结荚初期，有 80% 植株出现绿色荚果时，称为结荚盛期。

（6）成熟期　荚果脱绿变色，变成原品种固有色泽和大小、种子成熟坚硬，称为成熟，有 80% 种子成熟时称为成熟期。

株高：与禾本科牧草相同，只于现蕾期、开花期、成熟期进行测定。

根颈入土深度和直径：入冬前，在每小区选择有代表性的植株 10 株测定。

四、实训报告

每组观察豆科、禾本科牧草及饲料作物的生育时期，并填入相应的表格内。

实训五　人工草地牧草生产性能的测定

一、目的和要求

人工牧草地建植后，由于自然气候、栽培管理措施等因素的共同作用，会在一定程度上影响牧草的生长发育状况，对此所引起的变化（如株高、分蘖数目、产草量等）要进行调查和测定，明确其经济价值和推广价值。同时通过对牧草生产性能的测定，对于建立和合理利用人工草地，评定草地载畜量以及草地类型的划分和分级将提供必备的基础数据。

二、材料和器具

已建植的豆科或禾本科或其他科人工草地、饲料作物地；天平、剪刀、线绳、钢卷尺、记录本等。

三、方法和步骤

（一）产量的测定

1. 产草量的种类

（1）生物学产量　牧草生长期间生产和积累的有机物质的总量，即整个植株（不包括根系）总干物质的收获量。在组成牧草株体的全部干物质中，有机物质占 90%～95%、矿物质占 5%～10%，可见有机物质的生产和积累是形成产量的主要物质基础。

（2）经济产量　生物学产量的一部分，经济产量是指种植目的所需要的产品收获量。经济产量的形成是以生物学产量即有机质总量为物质基础，没有高的生物学产量，也就不可能有高的经济产量。但是有了高的生物学产量，究竟能获得多少经济产量，还需看生物产量转化为经济产量的效率，即经济系数＝经济产量/生物产量。经济系数越高，说明有机质的利用越经济。

由于牧草种类和栽培目的不同，它们被用作为产品的部分也不同，如牧草种子田的产品是籽实、生产田的产品为饲草等。

2. 样地的大小

（1）当建植地面积较大，全部测产人力、物力、时间不允许时采用取样测产。取样面积为 $1/4m^2$、$1/2m^2$、$1m^2$ 等。样方形状最好是正方形或长方形。取样时应注意有代表性，严禁在边行及密度不正常的地段取样。取样方法通常采用随机取样、顺序取样和对角线取样。测产不少于 4 次重复。

（2）小区测产即在样地小区内全部刈割称重（包括几次重复的全部小区）。小区测产的条件是小区面积小，重复不多，人力充足和在一日内能测完全部小区。这种方法准确，但花费人力时间较多，大面积试验不宜采用。测产结果均需换算成每公顷的产量（kg/hm^2）。

3. 测定方法（刈割法）

在牧草地取样四处，每处 $0.25 \sim 1.00m^2$，用镰刀或剪刀齐地面（生物原产量）或距地面 $3 \sim 4cm$（经济产量）割下并立即称重得鲜草产量，从鲜草中称取 1 000g 装入布袋阴干，至重量不变时称重即为风干重。再从风干草或鲜草中称取 500g，放入 105℃ 烘箱内经 10min 后降温到 65℃ 经 24h，烘至恒重，即为干物质重，因为测定的目的不同，时间规定也不一样，按时间特征来归纳，可以有下列 3 种产量的测定。

平均产量：是在人工草地利用的成熟时期测定第一次产量，当牧草生长到可以再次利用的高度时，再测其再生草产量。再生草可以测一次、二次乃至多次。各次测定的产量相加，即全年的平均产量。

实际产量：也叫利用前产量，即比测定平均产量早一些或晚一些所测定的产量称为实际产量。第一次测定后每次刈割或放牧时重复测定产量，各次测定的产量之和，就是全年实际产量。

动态产量：是在不同时期测定的一组产量．在进行这项工作时，要在一定的地段，设立有围栏保护的定位样地，在样地上根据设计预先布置样方，进行定期的产量测定。动态产量的测定可按牧草的生育时期，或按一定的间隔时间，如 10d、15d、1 个月或 1 个季度测定 1 次。

（二）种子产量测定

1. 选定样方 6~10 个，总面积为 6~10m²。

2. 调查每样点有效株数，取平均值，再求每 667m² 株数。即每 667m² 株数＝取样点平均株数（株/m²）×666.7m²。

3. 调查每株平均粒数（代表性植株 20 株的平均）。

4. 通过千粒重的测定，求出每千克粒数：每千克粒数＝1 000（g）/ 千粒重（g）× 1 000。

5. 根据下列公式求出每公顷草地种子产量：种子产量（kg/hm^2）＝每公顷株数×每株平均粒数/每千克粒数。

或者将样方内植株全部刈割后脱粒称重再折算成每公顷的产量。

（三）茎叶比例的测定

叶片中牧草营养物质的含量高于茎秆，因此牧草的叶量在很大程度上影响了饲草中的营养物质含量。同时，叶量大者适口性好、消化率也高。

测定方法（表13-2）：在测定产草量的同时取代表性草样200~500g，将茎、叶、花序分开，待风干后称重，计算各占总重量的百分比。花序可算为茎的部分。禾本科牧草的茎包括茎和叶鞘2个部分，豆科牧草的叶包括小叶、小叶柄和托叶3个部分。

表13-2 茎叶比测定登记表（计算法）

小区号	牧草名称	总重（g）	茎重（g）	占总重的比例	叶重（g）	占总重的比例	茎叶比

（四）植株高度测定

牧草的株高与产草量呈正比。牧草的株高与牧草的利用方式（刈割、放牧或兼用）、草层高度与各草种在混播草地中的比例有密切关系。植株高度分为以下三种情况。

1. 草层高度

大部分植株所在的高度。

2. 真正高度（茎长）

植株和地面垂直时的高度，即把植株拉直后茎的长度。

3. 自然高度

自然高度即牧草在自然生长状态下的高度，测定时从植株生长的最高部位到垂直地面的高度。

植株高度从地面量至叶尖（开花前）或花序顶部，禾本科牧草的芒和豆科牧草的卷须不包括在内。株高的测定采用定株或随机取样法。

（五）分枝分蘖数的测定

牧草从分蘖节或根颈上长出侧枝的现象谓之分蘖（分枝）。分枝分蘖数的多少不仅与播种密度、混播比例有关，且直接关系到产量的高低。分枝分蘖数的测定，根据不同目的可在不同物候期进行，一种方法是在测定过产草量的样方内取代表性植株10株，连根拔出（拔5~10cm深即可），数每株分枝分蘖数，平均之；二是取代表性样段3行，每行内定50~100cm长，然后数每行样段内每一单株的分枝分蘖数，计算平均数。

四、实训报告

对已建植人工牧草地地上部生物学产量、经济产量、种子产量、茎叶比、株高、分枝分蘖数进行测定。

对牧草的生产性能状况进行具体的分析。

第十四章 草地信息学实训

实训一 ArcGIS 应用基础实践

一、目的和要求

掌握 ArcGIS 软件的安装，熟悉 ArcMap 的窗口组成。掌握地图文档的创建，数据层的加载基本操作和保存。掌握数据框的添加，要素的选择与转出。掌握利用 ArcCatalog 进行目录内容的浏览。熟悉 Geoprocessing 的地理处理框架和 ArcToolbox 的应用基础。

二、材料和器具

ArcGIS 10. X 软件、计算机。

在安装 ArcMap 之前必须先安装 Microsoft. NET Framework 4. 5. 2 或更高版本。ArcGIS Desktop 需要使用 Microsoft Visual C++ 2017 Redistributable（x86）（Update 5 或更高版本）。如果尚未安装 Visual C++ 2017 Redistributable（Update 5 或更高版本），则在 setup. msi 启动之前运行 setup. exe 会对其进行安装。如果尚未安装 Microsoft Visual C++ 2017 Redistributable（x86）（Update 5 或更高版本），则将无法安装 Setup. msi（表 14-1、表 14-2）。

表 14-1 计算机硬件推荐配置

硬件	支持和推荐的配置
CPU 速度	最低 2. 2 GHz；建议使用超线程（HHT）或多核
平台	含有 SSE2 扩展的 32 位（×86）或 64 位（×64）
内存/RAM	最低：4GB，推荐：8GB 或更高，使用 ArcGlobe 时，最低可能需要 8GB
显示属性	24 位颜色深度
屏幕分辨率	标准尺寸（96dpi）下建议使用 1 024×768 或更高分辨率
磁盘空间	最低：4GB，推荐：6GB 或更高，因为使用 ArcGlobe 的过程中会创建缓存文件。如果使用 ArcGlobe，可能需要额外的磁盘空间
视频和图形适配器	64MB RAM（最低配置）；建议使用 256MB RAM 或更高配置。支持 NVIDIA AMD 和 Intel 芯片组。具有 24 位处理能力的图形加速器需要安装 OpenGL 2. 0 runtime 或更高版本，并建议使用 Shader Model 3. 0 或更高版本。请务必使用最新的可用驱动程序

表 14-2 计算机软件的推荐配置

软件	软件要求
Python	ArcGIS 要求安装 Python 2.7.16 和 Numerical Python 1.9.3。如果 ArcGIS 安装程序发现目标计算机中尚未安装 Python 2.7.16 或 Numerical Python（NumPy）1.9.3，则会在完整安装 ArcMap 期间安装 Python 2.7.16 和 Numerical Python 1.9.3。您可选择"自定义"安装以取消选择 Python 功能，从而取消其安装。此外，如果您在 ArcMap 安装过程中执行 Python 的安装，则可自行选择它的安装位置。Python 安装位置不应含有空格。ArcGIS 要求安装 Python 2.7.16 和 Numerical Python（NumPy）1.9.3。如果 ArcGIS 安装程序，发现目标计算机中尚未安装 Python 2.7.16 或 Numerical Python（NumPy）1.9.3，则会在完整安装期间安装 Python 2.7.16 和 Numerical Python 1.9.3
Microsoft. NET Framework	在安装 ArcMap 之前必须先安装 Microsoft. NET Frame work 4.5.2 或更高版本
浏览器要求	在安装 ArcMap 之前必须先安装 Microsoft Internet Explorer（至少是 IE11 版本）

三、方法和步骤

（一）ArcMap 窗口组成

ArcMap 窗口组成包括主菜单、窗口标准工具、内容列表窗口、地图显示窗口、快捷菜单（图 14-1）。

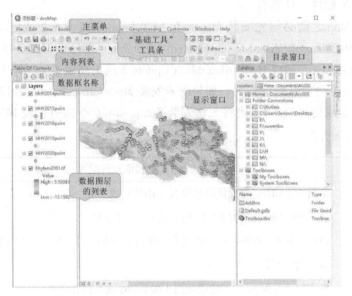

图 14-1 ArcMap 窗口

（二）数据图层编辑

1. 在已有地图中加载数据层，利用 ArcCatalog 加载数据层，在地图中加载文本（图 14-2）。

2. 数据层更改名称。

改变数据层顺序，数据层的坐标定义。

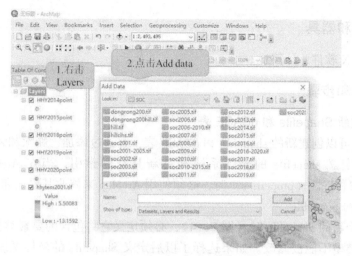

图 14-2　ArcMap 中加载数据层

3. 数据层的保存，目录内容浏览（图 14-1）。

4. ArcToolbox 扩展工具激活，创建新的 Toolbox，管理工具（图 14-3）。

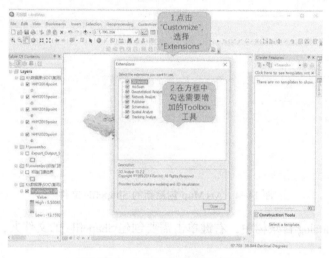

图 14-3　ArcMap 激活扩展工具

四、实训报告

创建新的地图文档，加载数据，简单查询与分析。保存与打开文档，然后利用 Arc-Catalog 浏览目录内容。

实训二　空间数据分析基础操作

一、目的和要求

掌握地图投影的概念和具体操作步骤；熟悉理论课关于空间数据获取的相关知识。

二、材料和器具

ArcGIS 10. X 软件、计算机。

三、方法和步骤

（一）创建新 Shapefile 和 dBASE 表

ArcCatalog 可以创建新的 shapefile 和 dBASE 表，并通过添加、删除和索引属性来修改它们，也可以定义 shapefile 的坐标系统和更新其空间索引。当在 ArcCatalog 中改变 shapefile 的结构和特性（properties）时，必须使用 ArcMap 来修改其要素和属性。

1. 创建新的 Shapefile

当创建一个新的 Shapefile 时（图 14-4），必须定义它将包含的要素类型，Shapefile 创建之后，这个类型不能被修改。如果选择了以后定义 Shapefile 的坐标系统，那么直到被定义前，它将被定义为 "Unkown"。创建一个新的 Shapefile 文件的具体过程如下：

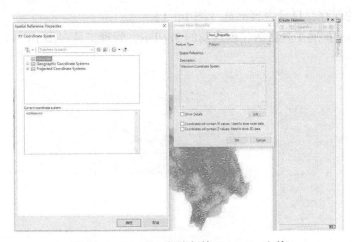

图 14-4　ArcMap 创建新的 Shapefile 文件

（1）在 ArcCatalog 目录树中，右键单击需要创建 Shapefile 的文件夹，单击 New，再单击 Shapefile。

（2）打开 Create New Shapefile 对话框，设置文件名称和要素类型。要素类型可以通过下拉菜单选择 Polyline、Polygon、MultiPoint、Multi、Patch 等要素类型。

（3）单击 Edit 按钮，定义 Shapefile 的坐标系统，打开 Spatial Reference 对话框，如图 14-4 所示。

（4）单击 Select 按钮，可以选择一种预定义的坐标系统；单击 Import 按钮，可以选择想要复制其坐标系统的数据源；单击 New 按钮，可以定义一个新的自定义的坐标系统。

（5）如果 Shapefile 要存储表示路线的折线，那么要复选 Coordinates will contain M Values，如果 Shapefile 将存储三维要素，那么要复选 Coordinates will Contain Z Values。

（6）单击 OK 按钮，新的 Shapefile 在文件夹中出现。

2. 创建新的 dBASE 表

在 Catalog 目录数中，右键单击需要创建 dBASE 表的文件夹，单击 New，再单击

dBASE 表，为其输入一个名称，并按回车键。

（二）空间数据编辑

数据编辑是纠正数据错误的重要手段，主要包括几何数据和属性数据的编辑。几何数据的编辑主要是针对图形的操作，包括平行线复制缓冲区、生成镜面反射图层、合并结点操作、拓扑编辑等。属性数据的编辑包括对图形要素的属性进行添加/删除/修改/复制等。

1. 空间数据基本编辑

在 ArcMap 中可以对所加载的数据的图形要素进行各种编辑（图 14-5），如平行线复制缓冲区生成、镜面反射、拼接处理、结点删除、结点添加、线的延长和裁剪、形的分割等。线与多边以下操作都是以打开地图文档，并开始编辑（Start Editing）数据层为前提。

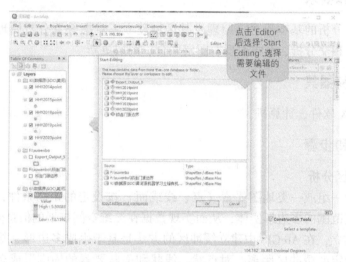

图 14-5　ArcMap 编辑 Shapefile 文件

（1）要素合并　ArcMap 系统的要素合并操作可以概括为 2 种类型，要素空间合并与要素裁剪合并。要素空间合并包括 Merge 和 Union 这 2 个基本操作。要素裁剪合并可以在同一个数据层中进行，也可在不同数据层之间进行，参与合并的要素可以是相邻要素，也可以是分离要素，当然，只有相同类型的要素才可以合并。Merge：只能是同层要素合并，新要素生成，同时原来的要素自动删除。Union：同层或异层的要素合并，合并后产生新要素，原要素不删除。

（2）要素分割　点进行分割，也可以在离开线的起点或终点一定的距离处分割，还可以按照线要素长度百分比进行分割，分割后线要素的属性值是分割前线要素属性值的复制。对于多边形要素，是按照所绘制的分割线进行分割，多边形原有的属性将复制到分割以后的多边形要素当中。Split：按长度或百分比分割，分割后原要素删除。Divide：布点分割，可以删除或者保留原要素多边形。

2. 地图属性信息的编辑

属性表的编辑操作有两种方式：

（1）右击需要编辑属性的要素，选择 Attributes，左边显示被选中的要素，右边显示属性字段及属性值，单击 Value，可修改其属性值。

（2）单击需要进行属性编辑的图层，Open Attribute Table 打开属性表，可添加字段、修改字段值、关联表、属性表导出等操作。

四、实训报告

尝试使用不同的工具编辑地图要素。

练习使用 Merge Union Split Divide 等工具编辑地图。

实训三　矢量数据分析基础操作

一、目的和要求

掌握缓冲区分析的基本概念、原理及其区域建立；掌握叠置分析原理，掌握图层擦除、标识叠加、相交分析、交集取反、图层联合、图层更新。

二、材料和器具

ArcGIS 10.X 软件、计算机。

三、方法和步骤

（一）缓冲区分析

缓冲区是对一组或一类地图要素（点、线或面）按设定的距离条件，围绕这组要素而形成具有一定范围的多边形实体，从而实现数据在二维空间扩展的信息分析方法。

缓冲区的建立，在 ArcGIS 中建立缓冲区的方法是基于生成多边形（缓冲向导）来实现的。它根据给定的缓冲区距离，对点状、线状和面状要素的周围形成缓冲区多边形图层，是基于矢量结构（图 14-6）。

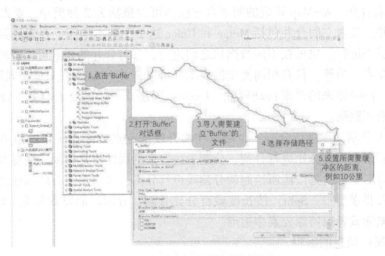

图 14-6　建立面状要素的缓冲区

在 ArcGIS 的 ArcToolbox 中选择 Analysis Tools | Proximity | Buffer，打开缓冲分析工具界面（图 14-7），选择输入数据、输出位置和名称、输出单位等信息。

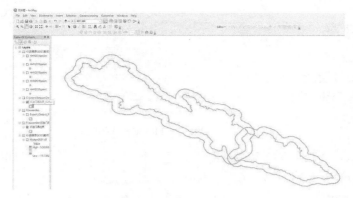

图 14-7 缓冲分析结果

（二）叠置分析

叠置分析是地理信息系统中用来提取空间隐含信息的方法之一。叠置分析是将代表不同主题的各个数据层面进行叠置产生一个新的数据层面，叠置结果综合了原来 2 个或多个层面要素所具有的属性。叠置分析不仅生成了新的空间关系，而且还将输入的多个数据层的属性联系起来产生了新的属性关系。叠置分析要求被叠加的要素层面必须是基于相同坐标系统的相同区域，同时还必须查验叠加层面之间的基准面是否相同。从原理上说，叠置分析是对新要素的属性按一定的数学模型进行计算分析，其中往往涉及逻辑交、逻辑并、逻辑差等运算。叠置分析要求被叠加的要素层面必须是基于相同坐标系统的相同区域，同时还必须查验叠加层面之间的基准面是否相同。从原理上说，叠置分析是对新要素的属性按一定的数学模型进行计算分析，其中往往涉及逻辑交、逻辑并、逻辑差等运算（图 14-8）。

1. 图层擦除（Erase）

图层擦除是指根据参照图层的范围大小，擦除参照图层所覆盖的输入图层内的要素。在 ArcGIS 中实现图层擦除的操作，步骤如下：

（1）打开 ArcMap，打开 ArcToolbox 工具箱，选择 Analysis Tools｜Overlay｜Erase 工具，打开 Erase 对话框。

（2）在 Erase 操作对话框中选择输入图层，擦除参照，输出图层。

（3）单击 OK 按钮，完成操作。

2. 识别（Identity）

输入图层进行识别叠加，是在图形交叠的区域，识别图层的属性将赋给输入图层在该区域内的地图要素，同时也有部分的图形变化在其中。在 ArcGIS 中的具体操作：

（1）在 ArcToolbox 中，选择 Analysis Tools｜ Overlay｜ Identity 工具，打开 Identity 对话框。

（2）分别设置输入图层（Input features）、识别参照图层（Identity features）、输出图层（Output Feature Class）和选择需要连接的属性字段（Join Attributes）。

（三）交集操作（Intersect）

交集操作是通过叠置处理得到两个图层的交集部分，并且原图层的所有属性将同时在新的图层上显示出来。在 ArcGIS 中的具体操作：

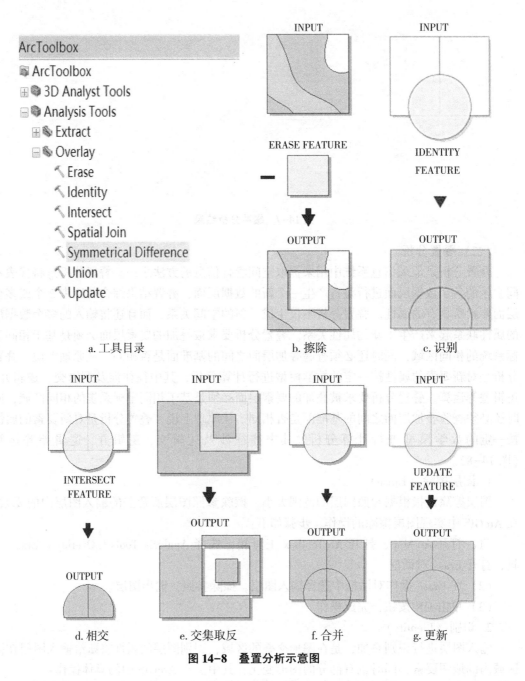

图 14-8　叠置分析示意图

在 ArcToolbox 中，选择 Analysis Tools｜Overlay｜Intersect 工具，打开 Intersect 对话框。逐个输入要进行相交的图层，设置输出文件的路径和名称，选择要进行连接的属性字段，确定输出文件类型。

（四）对称区别（Symmetrical Difference）

在矢量的叠置分析中有时只需获得 2 个图层叠加后去掉其公共的区域。新生成的图层的属性也是综合两者的属性而产生的。

（五）图层合并（Union）

图层合并是指通过将 2 个图层的区域范围联合起来而保持来自输入地图和叠加地图的所有地图要素。在布尔运算上用的是"or"关键字。在图层合并时要求 2 个图层的几何特性全部是多边形。

四、实训报告

练习叠置分析和缓冲区分析的操作。

熟悉和了解空间插值的操作。

实训四　栅格数据空间分析

一、目的和要求

掌握距离制图、密度制图、表面生成、表面分析、统计分析、重分类、栅格计算等。

二、材料和器具

ArcGIS 10. X 软件、计算机。

三、方法和步骤

栅格数据结构简单、直观，非常有利于计算机操作和处理，是 GIS 常用的基础空间数据格式。基于栅格数据的空间分析既是 GIS 空间分析的基础，也是 ArcGIS 空间分析模块（Spatial Analyst）的核心内容。ArcGIS 空间分析模块（Spatial Analyst）提供了一个范围广阔且功能强大的空间分析和建模工具集，它允许用户从 GIS 数据中快速获取所需信息，并以多种方式进行分析操作，包括距离制图、密度制图、表面生成、表面分析、统计分析、重分类、栅格计算等。ArcGIS 10 软件中空间分析模块主要是以 Arc-Toolbox 工具箱来操作。

（一）栅格数据空间分析环境设置

ArcGIS 中提供了 Spatial Analyst 模块用于分析栅格数据。要使用该模块，应先加载：单击 Tools 菜单下的 Extensions，选择 Spatial Analyst，单击 Close 完成加载。在 ArcMap 菜单区单击鼠标右键，选择 Spatial Analyst 工具，就可将其加载到视图中。可在 Spatial Analyst 下拉菜单里的 Option 中对 Spatial Analyst 的工作环境进行设置。包括：工作路径（General ｜ Working）、分析单元格大小（Cell Size ｜ Cell Size）、分析区域（Extent ｜ Analysis extent）、坐标系统（General ｜ Analysis Coordinate System）、过程文件管理（鼠标右键单击文件 ｜ Make Permanent）等。

（二）格网数据的表面分析

1. 重采样

栅格数据的重采样工具：Toolbox ｜ Data Management Tools ｜ Raster ｜ resample。

（1）最邻近采样　用输入栅格数据中最邻近栅格值作为输出值。因此，在重采样后的输出栅格中的每个栅格值，都是输入栅格数据中真实存在而未加任何改变的值。

（2）双线性采样 取内插点（x, y）点周围4个邻点，在y方向（或x方向）内插一次，再在x方向（y方向）内插一次，得到（x, y）点的栅格值。

（3）三次卷积采样 这是进一步提高内插精度的一种方法。它的基本原理是增加邻点来获得最佳插值函数。取内插点周围相邻的16个样点数据，与双线性采样类似，分方向内插。

2. 等值线绘制

等值线是将表面上相邻的具有相同值的点连接起来的线（图14-9）。操作步骤：

（1）选择 Spatial Analyst | Surface | Contour；

（2）Input raster 中选择用来生成等值线的栅格数据集；

（3）在 Contour interval 中设置等值距；

（4）Base contour 中设置基准值；

（5）Z factor 设置变换系数；

（6）Output raster 中输入输出结果名称；

（7）点 OK 键完成。

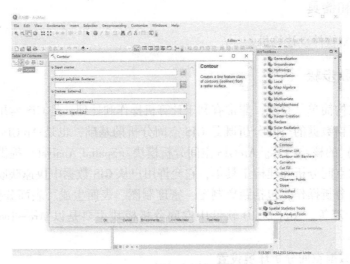

图14-9 等值线绘制示意图

3. 地形因子提取

坡度：地表任意一点的坡度是指过这点的切平面与水平地面的夹角，坡度表示了地表面在该点的倾斜程度（图14-10）。操作步骤：

（1）选择 Spatial Analyst | Surface | Slope；

（2）Input surface 中选择栅格数据集；

（3）Output measurement 中选择坡度表示方式；

（4）Z factor 设置变换系数；

（5）Output cell size 设置输出栅格大小；

（6）Output raster 中输入输出结果名称；

（7）点 OK 键完成。

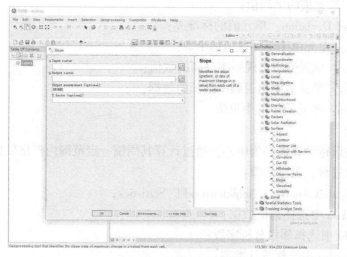

图 14-10 坡度提取示意图

坡向：指地表面上一点的切平面的法线矢量在水平面的投影与过该点的正北方向的夹角。对地面任意一点，坡向表征了该点高程值改变量的最大变化方向。操作步骤：

（1）选择 Spatial Analyst｜Surface｜Aspect；

（2）Input raster 中选择栅格数据集；

（3）Output cell size 设置输出栅格大小；

（4）Output raster 中输入输出结果名称；

（5）点 OK 键完成。

山体阴影：根据假想的照明光源对高程栅格图的每个栅格单元计算照明值。操作步骤：

（1）选择 Spatial Analyst｜Spatial Analysis｜Hill shade；

（2）Input surface 中选择栅格数据；

（3）在 Azimuth 中设置太阳方位角；

（4）在 Altitude 中设置太阳高度角；

（5）Model shadows 选中，则落在阴影内的单元赋值为 0；

（6）在 Z factor 中设定高程变换系数；

（7）在 Output cell size 中设定输出栅格单元大小；

（8）Output raster 中输入输出结果名称；

（9）点 OK 键完成。

（三）统计分析

1. 单元统计

ArcGIS 中提供 10 种单元统计方法，操作步骤：

（1）Minimum：单元值中的最小数值；

（2）Maximum：单元值中的最大数值；

（3）Range：单元值的数值范围；

（4）Sum：单元值的总和；

（5）Mean：单元值的平均值；

（6）Standard Deviation：单元值的标准差；

（7）Variety：单元值中不同数值的个数；

（8）Majority：单元值中出现频率最高的数值；

（9）Minority：单元值中出现频率最低的数据；

（10）Median：单元值中的中央值。

2. 邻域统计

邻域统计是以待计算栅格为中心，通过计算其周围一定范围内栅格数据的统计值，来确定该栅格值的过程。操作步骤：

（1）选择 Spatial Analyst | Neighborhood | Statistics；

（2）Input data 中选择栅格数据；

（3）在 Field 中选择邻域分析字段；

（4）在 Statistics 中选择统计类型；

（5）Neighborhood 中选择邻域分析窗口类型，设定参数；

（6）在 Units 中选择邻域分析窗口单位；

（7）在 Output cell size 中设定输出栅格单元大小；

（8）Output raster 中输入输出结果名称；

（9）点 OK 键完成。

3. 分类区统计

分类区统计，即以一个数据集的分类区为基础，对另一个数据集进行数据统计分析，包括计算数值取值范围、最大值、最小值、标准差等。一个分类区就是在栅格数据中拥有相同值的所有栅格单元，而不考虑它们是否邻近。分类区统计是在每一个分类区的基础上运行操作，所以输出结果时同一分类区被赋予相同的单一输出值（图 14-11）。操作步骤：

（1）选择 Spatial Analyst | Zonal | Zonal Statistics；

（2）在 Zone dataset 中选择分类区数据层；

（3）在 Zone field 中选择邻域分析字段；

（4）在 Value raster 中选择统计数据；

（5）Ignore No Data in calculations，可选项，是否允许栅格数据中的空值参与运算；

（6）Join output table to zone layer，可选项，是否将统计结果表连接到分类区数据层；

（7）在 Chart statistic 中选择统计类型；

（8）Output table 中输入输出结果的目录和名称；

（9）点 OK 键完成。

4. 重分类

操作步骤：

（1）选择 Spatial Analyst | Reclassify；

（2）Input Raster 中选择要重新组合分类的栅格数据；

（3）在 Reclass Field 中选择需用的字段；

（4）单击 Classify，打开 Classification 对话框；

（5）在 Method 下拉菜单中选择一种分类方法：包括 Manual（手工分类）、Equal In-

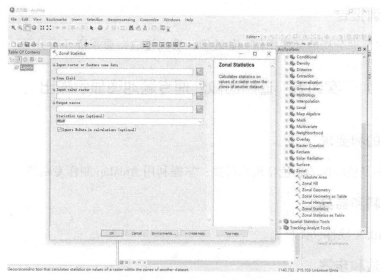

图 14-11　分类区统计示意图

terval（等间距分类）、Defined Interval（自定义间距分类）、Quantile（分位数分类）、Natural Breaks（自然间距分类）、Standard Deviation（标准差分类）。

（6）单击 Classification 对话框的 OK 按钮；

（7）在 Reclassify 对话框中 New values 列表框中输入新的分类数值，或通过 Load 导入已有重映射表；

（8）可通过 Save 按钮保存当前重映射表；

（9）Output raster 中输入输出结果名称；

（10）点 OK 键完成。

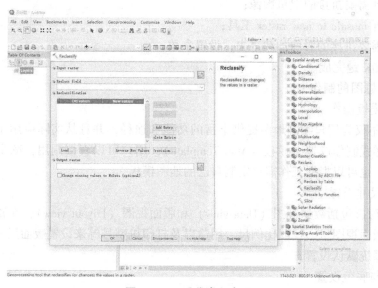

图 14-12　重分类示意图

四、实训报告

练习栅格数据分析的常规操作，如坡度、坡向提取、重采样及重分类。

实训五　遥感图像处理专题地图显示输出

一、目的和要求

掌握遥感卫星影像的彩色合成和拼接；掌握利用 ArcMap 制作专题图。

二、材料和器具

ArcGIS 10. X 软件、计算机。

三、方法和步骤

（一）遥感卫星影像的显示

1. TM432 假彩色合成

操作步骤：

（1）加载 TM 影像；

（2）点击图层属性，选择渲染方式；

（3）调整 RGB 显示顺序和波段；

（4）点 OK 键完成。

2. 遥感图像拼接

操作步骤：

（1）打开需要拼接的卫星影像；

（2）打开 mosaic to new raster 工具；

（3）将需要拼接的影像加载进去，设置参数；

（4）点 OK 键完成。

（二）专题图的制作

1. 地图模板操作

ArcMap 不仅为用户编制地图提供丰富的功能和途径，并且从实际应用出发，将常用的地图输出样式制作成地图模板（Map Template），用户可以直接调用，减少了很多常规设置。当然，也可以根据工作需要定制自己的地图模板。

2. 图面尺寸设置

ArcMap 窗口包括数据视图（Data view）和版面视图（Layout view），在正式输出地图之前，应在版面视图里，按照比例尺、用途以及打印机型号等来设置版面尺寸。若没有设置，则采用系统默认设置。

3. 图框与底色设置

ArcMap 地图文档是由一个或多个数据组构成的，相应地，ArcMap 的输出地图可以是一个或多个数据组构成，每个数据组可以设置不同的图框和底色。

4. 绘制坐标格网

地图中的坐标格网是地图的三大要素之一，反映地图的坐标系统或地图投影信息。不同制图区域的大小有不同类型的坐标格网：小比例尺大区域的地图通常使用经纬线网格；中比例尺中区域地图通常使用投影坐标网格；大比例尺小区域地图通常采用公里格网或索引参考格网。在需要放置地理坐标网格的数据组上右击，弹出快捷菜单，单击 Properties…命令按钮打开 Data Frame Properties 对话框。单击 Grids 选项卡。单击 New Grid 按钮，打开 Grids and Graticules Wizard 对话框。选择 Graticule：divides map by meridians and parallels（绘制经纬线格网）单选按钮。单击 Finish 按钮，完成经纬网的设置。返回 Data Frame Properties 对话框。

5. 地图整饰

就是地图表现形式、表示方法和地图图型的总称。包括地图色彩与地图符号设计、线划和注记的刻绘、地形图的立体表现、图面配置与图外装饰设计、地图集的图幅编排和装帧。

6. 图名的放置与修改的步骤

在 ArcMap 菜单栏上单击 View | Layout View 选项，打开版面视图。单击 Insert | Title 选项，出现 Enter Map Title 矩形框。在此框中输入图名。拖动矩形框，改变其位置。

7. 图例的放置与修改

图例说明了地图内容的确切含义，包括 2 个部分：一部分是用于表示地图符号的点线面按钮；另一部分是对地图符号含义的标注与说明。单击 Insert | Legend 选项，打开 Legend Wizard 对话框设置图例标题等内容预览图例效果拖动图例至合适的部分，如果对图例效果不满意，可以右击图例，打开属性对话框进行设置。

8. 比例尺的放置与修改

地图上标注的比例尺有数字比例尺和图形比例尺 2 种。数字比例尺精确地表达地图要素与所代表地物之间的定量关系，但不够直观，而且随着地图的变形与缩放，数字比例尺标注的数字无法相应变化；无法直接用于地图的测量。图形比例尺虽然不能精确的表达制图比例，但可以用于地图测量，而且随地图本身的变形与缩放一起变化。单击 Insert | Scale Bar 选项，打开 Scale Bar Selector 对话框选择比例尺样式设置所选比例尺属性，拖动放置比例尺位置。

9. 指北针的放置

单击 Insert | North Arrow 选项，打开 North Arrow 窗口选择指北针样式对所选指北针进行属性编辑。

10. 地图输出

选择 file 下的 export map 按钮设置输出参数点击 OK 完成地图输出。

四、实训报告

练习制作专题地图。

提交一份 JPG 格式的专题地图。

实训六　地统计分析和空间插值

一、目的和要求

掌握遥感卫星影像的彩色合成和拼接；掌握利用 ArcMap 制作专题图。

二、材料和器具

ArcGIS 10.X 软件、计算机。

三、方法和步骤

栅格插值就是通过一定数量的已知点值来推算未知点值的过程。

（一）反距离权重插值（Inverse Distance Weighted，IDW）

反距离加权法是最常用的空间内插方法之一。它认为与未采样点距离最近的若干个点对未采样点值的贡献最大，其贡献与距离呈反比。反距离权重插值的特点：该插值方法假设已知点的分布均匀，未知点的值和已知点的值存在距离上的连续性和相关性。即，该研究数据或地理特性分布只与空间位置（距离）相关，插值精度依赖已知点的分布是否均匀或是否能反映被插值的分布特点（图 14-13）。

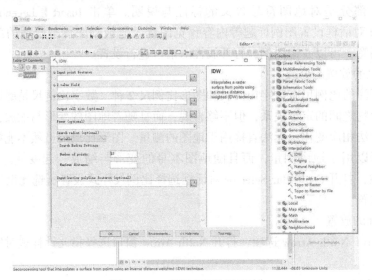

图 14-13　反距离插值示意图

操作步骤：

（1）单击 Spatial Analyst 下拉菜单，单击选中 Interpolation，在弹出的下一级菜单中单击 Inverse Distance Weighted 命令，打开 IDW 对话框；

（2）单击 Input points 下拉菜单，选择参加内插计算的点数据集；

（3）单击 Z Value field 下拉菜单，选择参加内插计算的字段名称；

（4）在 Power 文本框中输入 IDW 的幂值；

（5）单击 Search radius type 下拉菜单，选择搜索半径类型。A. Variable：可变搜索半径，B. Fixed：固定搜索半径；

（6）Use barriers polylines：用于指定一个中断线文件；

（7）Output cell size：输出结果的栅格大小；

（8）Output raster：输出结果文件名；

（9）单击 OK 完成操作。

（二）样条函数插值（SPLINE）

样条插值的目标就是寻找一表面，使它满足最优平滑原则，也就是说，利用样本点拟合光滑曲线，使其表面曲率最小。相当于扭曲一个橡皮，使它通过所有样点，同时曲率最小。样条函数是灵活曲线规的数学等式，为分段函数，一次拟合只有少数数据点配准，同时保证曲线段的连接处为平滑连续曲线。这就意味着样条函数可以修改曲线的某一段而不必重新计算整条曲线，插值速度快；保留了微地物特征，视觉上的满意效果。样条函数每次只用少量的数据点，被插值速度快。

样条函数易操作，计算量不大，它与空间统计方法相比具有以下特点：不需要对空间方差的结构做预先估计；不需要做统计假设，而这些假设往往是难以估计和验证的；同时，当表面很平滑时，也不牺牲精度。样条函数适合于非常平滑的表面，一般要求有连续的一阶和二阶导数；它适合于根据很密的点内插等值线，特别是从不规则三角网（TIN）内插等值线。缺点：样条内插的误差不能直接估算。点稀时效果不好（图 14-14）。

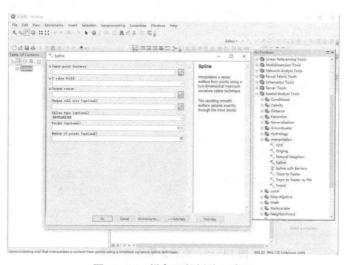

图 14-14　样条函数插值示意图

操作步骤：

（1）选择 Spatial Analyst | Interpolation | Spline；

（2）Input point 中选择所要插值的点数据；

（3）Z value field 中选择所要插值的字段；

（4）Spline type 中选择样条插值方法：Regularized（规则样条）Tension（张力样条）；

（5）Weight 中输入权重；

（6）Number of points 中输入参加运算的样本点数；

（7）Output cell size 中输入所输出栅格大小；

（8）Output raster 中输入输出结果名称；

（9）点 OK 键完成。

（三）克里金插值（Kriging）

克里金插值认为任何在空间连续性变化的属性是非常不规则的，不能用简单平滑数学函数进行模拟，可以用随机表面给予较恰当的描述。目的：提供确定权重系数最优的方法并能描述误差信息。理论假设：任何变量的空间变化表现为 3 个主要成分的和：①与恒定均值或趋势有关的结构性成分；②与空间变化有关的随机变量，即区域性变量；③与空间无关的随机噪声项或剩余误差项。即差异的稳定性和可变性，一旦结构性成分确定后，剩余的差异变化属于同质变化，不同位置之间的差异仅是距离的函数。

克里金法的优点是以空间统计学作为其坚实的理论基础，物理含义明确；不但能估计测定参数的空间变异分布，而且还可以估算估计参数的方差分布。

克里金法的缺点是计算步骤较烦琐、计算量大、变异函数有时需要根据经验人为选定。Ordinary kriging 是单个变量的局部线形最优无偏估计方法，也是最稳健常用的一种方法。Universal kriging 是把一个确定性趋势模型加入克里金估值中，将空间过程总可以分解为趋势项和残差项 2 个部分的和，有其合理的一面。如果能够很容易地预测残差的变异函数，那么该方法将会得到非常广泛的应用（图 14-15）。

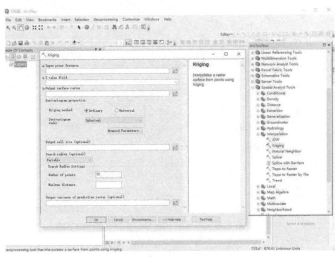

图 14-15　克里金插值示意图

操作步骤：

（1）选择 Spatial Analyst | Interpolation | Kriging；

（2）Input point 中选择所要插值的离散点数据；

（3）Z value field 中选择所要插值的字段；

（4）Kriging method 中选择克里格方法：Ordinary（普通克里格）、Universal（泛克里格）；

（5）Semi variogram model 下拉菜单中选择合适的变异函数模型；

(6) Search radius type 中选择搜索半径；

(7) Output cell size 中输入所输出栅格大小；

(8) Create variance of prediction 选择是否需要生成预测的标准误；

(9) Output raster 中输入输出结果名称；

(10) 点 OK 键完成。

四、实训报告

练习使用不同插值方法，对比插值结果。

第十五章 牧草育种学实训

实训一 牧草种子识别

一、目的和要求

学会种子鉴定方法，熟悉主要牧草种子的外部形态特征及内部构造特点，为以后进行牧草生产和科学研究奠定基础。

二、材料和器具

禾本科牧草和豆科牧草种子数个品种，干种子和吸胀种子。

手执放大镜、解剖镜、解剖针、镊子、刀片、种子长宽度测量器或游标卡尺。

三、方法和步骤

（一）果实和种子类型观察

观察不同牧草的果实和种子类型，检索它们在植物学上所属的科，并查明其果实的种类和种子类型。

（二）种子外部形态观察

主要牧草的干种子，利用放大镜和立体显微镜，详细观察其外部形态，特别是各类种子的主要特征，注意其籽粒外面有无附属物，各类附属物（如翅、刺、毛、芒、冠毛等）的形状、颜色、位置，并绘简图，各部分用文字标明。对于豆科牧草种子，观察种脐及其位置、形状、大小及颜色是非常重要的，因为它直接影响到种子的形状和大小。在鉴定豆科牧草种子时应标明种皮、种脐、脐条、内脐以及种孔所在部位。

（三）种子内部构造观察

取吸胀软化的玉米、燕麦等种子，用刀片将种子纵切。观察切面果皮、种皮的层次；胚乳是否存在；胚与胚乳的形状、位置和比例；种胚所分化的各个部分。并绘简图标明各部分。

（四）种子长度和宽度的测量

各种种子随机数取 10 粒形状规则的种子，依其长度或宽度方向将种子逐粒排列在种子长宽度测量尺上（排列的方向一致，如燕麦籽粒腹沟朝下），测量种子的长度和宽度。形状不规则的种子用游标卡尺测量，逐一测量每一粒种子的长度、宽度和厚度，对 10 粒种子取平均。每种种子的测量重复 4 次，求其平均数，以 mm/粒表示。

注意事项：

柱形和卵形种子，有长宽之分而无宽厚之分，只用2个数值表示种子的大小。球形种子用直径表示大小。

牧草种子常带有芒，应先去掉再测量种子长度。

四、实训报告

根据种子的大小、形态及光泽等特征，对盛于不同编号容器中的牧草种子进行鉴定区分，并进行形态特征的记载。

绘画主要牧草种子外部形态和内部构造图，并注明各部分名称。

实训二　育种试验的设计及播种

一、目的和要求

通过随机区组试验设计，了解田间试验设计的基本方法和步骤，并掌握田间试验计划书的编写和育种各阶段试验圃的播种技术。

二、材料和器具

燕麦品种数个、测尺、皮卷尺、标杆、瓷盘、天平、纸袋、铅笔。

三、方法和步骤

（一）种子材料的准备

将供试品种材料取出，进行整理、除杂、挑选。测定其千粒重、发芽率。

根据种子的发芽率、纯净度、千粒重，计算出小区播种量。

方法如下：

种子用价＝种子发芽率×种子纯净度

理论播种量（kg/667m^2）＝（每667m^{2}苗数×千粒重）/1 000

实际播种量（kg/667m^2）＝每667m^{2}理论播种量/种子用价

小区播种量（kg）＝（每667m^{2}实际播种量×小区面积）/667

按公式计算出的小区播种量，将各小区种子分别称出、装入纸袋，纸带上写明名称及种子数量，对种子袋进行排队编号，按顺序放置在瓷盘内，以备播种。

（二）编制田间试验计划书

一般包括以下内容：

1. 试验名称和目的

2. 试验材料

3. 试验设计

包括田间设计方法、重复次数、小区面积与形状、株行距、小区间距及走道的宽度、试验地总面积等。

4. 对照品种及保护行品种

5. 播种日期、地点、播种量、播种方法

6. 试验地基本情况：前茬、施肥、耕作方法、土壤状况等

7. 田间管理计划，如灌水、施肥、除草等

8. 田间种植简图

9. 田间记载表

（三）试验地的选择

1. 试验地的土壤要有代表性

2. 试验地段要平坦

3. 试验地肥力要均匀

4. 前作相同

5. 试验地位置要恰当，试验地远离道路，四周无大的障碍物

（四）试验地的规划

1. 小区的面积和形状

试验小区面积的大小决定于试验的性质和要求、试验品种的多少和每个品种的种子量、试验可利用土地面积的大小、重复次数的多少等，小区面积通常为 2m×5m 或 4m×5m 为宜。小区的形状一般以长方形较好，长宽比例通常为 5∶1 或 10∶1。

2. 确定重复次数

重复次数决定于试验要求的准确程度、每个品种的种子量、土壤肥力的差异程度等。通常为 3 次或 4 次。

3. 小区间距、走道及保护行的设置

试验小区之间的间距宽度依牧草种类不同而异，一般在 0.5～1.0m。重复与重复之间要设走道，宽度一般为 1m。试验地周围必须设置保护行，以减少边际效应和人畜踩踏危害。保护行一般为 1～3m。

4. 试验地面积的计算

试验地总面积=重复次数×重复内的小区数×每小区面积+人行道和保护行的面积。同时要求计算出整个试验面积的总长度和总宽度，以便于田间区划。

5. 区组及各小区的排列

各重复试验区的排列决定于试验地的形状，可以依次排列，也可以并排排列。如为长方形则每一重复试验区排列在同一条地段上；如果土壤肥力不均匀，在排列时重复的方向应与土壤肥力的差异成垂直角度。

在采用顺序排列法时，不同重复间可以采用逆向式或阶梯式来安排各小区位置。采用随机排列法时，可用抽签法或随机数字表来安排小区顺序。

6. 田间区划

田间区划是根据种植计划书，把纸面上的种植图具体落实到试验地。区划时根据已算出的试验区的总长度和总宽度，首先在试验区较为整齐的一边定出一条直线，然后拉直测绳，踩出一条线，再以勾股定律确定出与此直线垂直的另一条边，最后同法确定出第三条边，将两端点连接起来即为试验区。再进一步划出每个重复的小区长度、走道宽度、小区宽度及区距宽度，依次分别用测绳将小区面积的长、宽直线踩出，即可进行播种。

（五）播种

1. 按小区顺序将种子袋一一排列，每一个重复的放在一起。然后对号入座，将种子袋依次放在各小区头上，经与种植简图核对无误时，进行播种。

2. 按规定的行距及深度划行，人工开沟，要求平直且深浅一致。

3. 将种子倒出，根据小区播种的行数将种子分成均匀的几份，每一份播一行。手撒时要均匀。播完后覆土耙平，将种子袋压在小区地头。全部试验小区播完之后，收回纸袋。收纸袋时要与计划书逐一进行核对，如发现错误，立即记入计划书中，以免混乱。播种完毕后，要依据简图，按最后的实际播种情况，画出正式的田间种植图，作为以后观察记载时的查阅依据。

四、实训报告

通过随机法设计田间试验，进而编制出种植计划书。

实训三　牧草物候期的观察

一、目的和要求

了解牧草生育期鉴定与物候观察测定的意义；熟悉并掌握主要栽培牧草进入每一发育时期的形态特征的鉴定标准；摸清几种主要栽培牧草在青海高寒地区的生育规律。

二、材料和器具

物候期记载表、铅笔、钢卷尺、小铁铲、计算器等。

三、方法和步骤

（一）物候期观察的时间

物候期观察的时间以不漏测规定的任何一个物候期为原则。一般为每 2~3d 观察 1 次，在双日进行。观察物候期的时间和顺序要固定，一般在下午进行。

（二）物候期观察的方法

1. 目测法

在牧草田内选择有代表性的 $1m^2$ 植株，进行目测估计，有 20% 进入某一物候期的日期为"始期"，80% 进入某一物候期的日期为"盛期"。

2. 定株法

在牧草田内选择有代表性的 4 个小区，小区长 1m，宽 2~3 行。在每小区选出 25 株，共 100 株，做好标记。然后观察统计进入某一物候期的株数。

（三）物候期记载的标准

1. 禾本科牧草

（1）物候期

①出苗期（返青期）。牧草萌发后的幼苗露出地面达 50% 为出苗期；越冬后，植株有

50%返青时为返青期。

②分蘖期。50%的幼苗在茎的基部茎节上生长侧芽 1cm 以上为分蘖期。

③拔节期。50%植株的第一个节露出地面 1~2cm 为拔节期。

④孕穗期。50%植株出现剑叶为孕穗期。

⑤抽穗期。50%植株的穗顶由上部叶鞘伸出而露于外时为抽穗期。

⑥开花期。50%植株开花为开花期。

⑦成熟期。A. 乳熟期：50%以上植株的籽粒内充满乳汁，并接近正常大小；B. 蜡熟期：50%以上植株籽粒的颜色接近正常，内表蜡状；C. 完熟期：80%以上的籽粒坚硬。

⑧生育期。由出苗至种子成熟的天数。

⑨枯黄期。当植株的叶片有 2/3 枯黄时为枯黄期。

⑩全生育期。由出苗（返青）至枯黄期的天数。

（2）越冬（夏）率　在小区中选择有代表性的样段 2 处，每段长 1m，在越冬前及第二年返青（或夏季越夏）后分别计算样段中植株总数及返青数，即可统计出越冬（夏）率。

$$越冬（夏）率（\%）= \frac{返青植株数}{样段内植株总数} \times 100$$

（3）抗逆性　可根据小区内发生的冻害、旱害、病虫害等具体情况加以记载。

（4）株高　每小区选择 10 株，测量从地面至植株的最高部位（芒除外）的绝对高度，只限于孕穗期、成熟期测量。

2. 豆科牧草田间观察记载标准

（1）出苗返青期　50%的幼苗出土后为出苗期。

（2）分枝期　50%的植株长出侧枝为分枝期。

（3）现蕾期　50%植株有花蕾出现为现蕾期。

（4）开花期　20%的植株开花为初期，80%为盛期。

（5）结荚期　50%植株有荚果出现为结荚期。

（6）成熟期　60%种子成熟为成熟期。

（7）株高　与禾本科牧草相同，只限于现蕾、初花、成熟期进行测定。

（8）根颈入土深度和直径　入冬前，在每小区选择有代表性的 10 株测定。

四、实训报告

每人观察禾本科、豆科牧草的生育期各 2 种，填入牧草田间观察记载表。

实训四　多年生牧草越冬率测定

一、目的和要求

了解多年生牧草越冬性的含义及对越冬率测定的必要性，熟悉越冬率测定的一般方法。确定多年生牧草不同种或品种的越冬性强弱，为选出抗寒性强、越冬良好的原始材料和育成品种提供依据。

二、材料和器具

鉴定材料：紫花苜蓿（或红豆草等）的原始材料圃。

器具：米尺、铅笔、记载本、小锹等。

三、方法和步骤

在气候温暖、湿润的地区，越冬率的测定要分两次进行，头一年入冬前要固定样方或样点、查明株数，入冬土壤结冻前，选择当年播种或上年播种的大田或试验小区，各选择确定若干个50cm×50cm的样方，四角钉以木桩等标记，做好标记，查明株数。如系条播的可采用样段法测定，即每小区中取长1m的样段，2行，每行查明株数，做好标记。次年春天当土壤解冻，牧草开始返青前后，即可到田间检查返青植株数。春季测定是在田间直接检查，选1m长、二行的样段3~5个，在选好的样方或样段上，用铁锹、小铲取掉植株周围的土，露出根茎部，并使各植株之间彼此分离而便于计数。

越冬率的计算公式：越冬率（%）= 返青植株数/植株总数×100。

入冬前未确定样方的，也可以在春季返青时随机地抽取样方，检查存活植株数和死亡植株数，两者之和为植株总数，然后计算越冬率。

统计时将那些长出绿叶、新芽或幼芽突起，以及虽然没有幼芽萌发，但根茎部颜色正常、没有枯黄变色、根细嫩光滑的归于存活植株一类中去。将根茎腐烂发黑，没有新芽发生的归于死亡植株。春季测定法因为简便易行，所以在越冬率测定中最为常用。在本实习进行时，必须密切注意当地冬春季节的气象记载。

四、实训报告

分组统计越冬率，将本组越冬率测定的结果写成实习报告。

实训五　多年生牧草无性繁殖系的建立

一、目的和要求

本次实习要求掌握无性系的建立方法。无性系建立是多年生豆科牧草育种很重要的技术工作。它对培育自交系、自交系结合力的测定、优良单株或优良品种的扩大繁殖和配制杂种种子等方面都是不可缺少的，对大多数豆科牧草都是适用的。

二、材料和器具

苜蓿（或红豆草等）的孕蕾期枝条、剪刀、米尺、烧杯或塑料薄膜、整地工具、水桶、记录本。

三、方法和步骤

现以苜蓿茎条扦插为例，无性系建植的方法与步骤如下。

开花以后扦插，成活率逐渐降低。从植株生长发育状况来看，春季返青后，株高达

30cm 左右的枝条即可扦插。苜蓿扦插的最适宜时期是孕蕾前期。这时扦插成活率很高，而且能繁殖较多的数量。扦插苗床在扦插前要施足基肥。根据扦插目的的不同，可以采取不同间隔距离。每个苗床面积 20cm×20cm 为充足，苗床应低于地面 4cm 以便浇水。扦插前应先灌足水分。

由母株基部剪取的枝条，需要修整后再扦插。每个插条要求在其顶端保留 1 个叶节。扦插条的长度不限，视品种的节间长度而定。因此每个枝条应在叶节的上部靠近节的地方来剪取。剪掉小叶保留托叶内的腋芽。一般 1 个插条约为 5cm 长，个别长的可达 10cm；短的 2~3cm 都可以成活。按这种剪法，1 株母株可繁殖 50 株左右。

将准备好的插条，插入土中，每苗床 2~4 株，株距 2~5cm，叶节留在齐地面处，插好后再灌少量水，以使与土接触紧密便于吸水。如在 4 月底到 5 月初扦插，每个苗床扦插后应随即盖上塑料薄膜以保持湿度。如在 5 月到 6 月初扦插不需覆盖塑料薄膜，如果覆盖，反而会引起幼苗死亡。

插后的管理，每天给苗床浇水 1 次，保持其湿度。在生长季节中光和温度无需特殊调节，自然状态可满足插条幼苗生长的需要。扦插 4 周后，茎条开始生根，地上部分可达 10~15cm，植株开始独立生长。

四、实训报告

每人扦插 20 个插条，扦插后注意灌水。1 周后调查扦插存活率，写出实习报告。

实训六　牧草开花习性的观察方法

一、目的和要求

观察牧草开花习性主要是了解牧草的开花时间、开花动态及其授粉类型，为杂交育种及一些牧草的人工辅助授粉提供依据。牧草开花习性是牧草种子生产和牧草育种必备的基础知识。

二、材料和器具

某种禾本科和豆科牧草的栽培小区、田间记录本、放大镜、镊子、小剪刀、干湿球温度计、标签、铅笔、量角器。

三、方法和步骤

（一）开花期、开花持续期的观察方法

开花期需要整体观察，以小区内 20% 植株开花为初期、50% 开花为开花期、80% 开花为盛期。观察开花期时还要了解由出苗（或返青）至开花所需的天数，由出苗（或返青）至种子成熟所需要的天数，由开花至种子成熟所需要的天数。

在栽培小区上，分布均匀地在全小区范围内选择孕穗及抽穗（豆科牧草：孕蕾或现蕾）的花序 100 个，挂牌标记，逐日记载已开花的花序数及其日期，直到全部挂牌的花序开花为止。观察完毕后，通过开花的起始和结束时间，得出开花的延续期；同时统计

每日开花的花序数占观察总数的百分比，并绘制曲线图，以了解群体的开花动态及开花的整齐度。

（二）开花顺序的观察方法

牧草开花是按一定规律进行的。一个穗子上的小花或自下而上，或自上而下开放，或是从中部小花开始向上、下部小花开放，其时间早晚是不同的，因而也影响了种子成熟的一致性及饱满度。

观察开花顺序时一般采用图式法，即在抽穗期选取所观察牧草的 10 个花穗，挂牌标记。各张纸上绘上每一穗的开花图式（图 15-1）。图中自下而上以 1，2，3，…，19 代表花序的各个小穗数，小圆圈代表小穗上的小花。每小穗基部近穗轴的小花是小穗的第一朵花，接着是第二朵花、第三朵花……。考虑到牧草白天、夜间均有开花的可能，因此，从 0:00 至 24:00 内，每隔 2h 观察 1 次，并在图式上注明已开的花及日期。为清楚起见，可仿照图式把同一天开放的花用线连接起来。开花全部结束后，确定每个花序和花序上小穗的开放顺序及开花时间的长短。

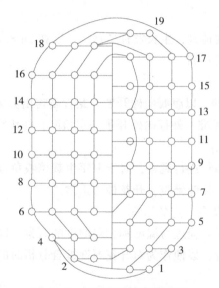

图 15-1　牧草开花顺序示意图

（三）一穗开花动态的观察方法

在草群中分布均匀地选取 10 个花序，挂牌标记，逐日按时分别观察记载其已开花的小花数，记载完毕后，要用剪刀剪去已开放的小花的雄蕊，直至 10 个花序开花完毕，统计 10 个花序在开花期内的开花总数，并计算出逐日开花数。

（四）一日开花动态的观察方法

在试验小区上均匀分布地选取 10 个花序，挂牌标记，从草群大部已进入开花时，连续 3d 自早至晚，每间隔 1h，统计各穗已开花的小花数及 10 穗总和。观察完毕后，随即用剪刀剪除已开放小花的雄蕊，并记载该时间的气温及相对湿度。3d 后，统计在 3d 不同时间内的开花总数，计算出其百分比，并绘图表示，了解一日开花起止时间及大量开花时间与天气状况的关系。

（五）小花开放情况的观察方法

在一日内的开花高峰时期，选取 5~10 朵未开，但即将开放的小花（在阳光下外稃略呈透明状、隐约可见花药），挂牌标记。此后对每一朵小花的开放进行持续观察，了解其由内外稃开始开张，到花药下垂散出药粉，直至内外稃完全闭合全过程的开放情况，并分别记录下由内外稃开始张开到雄蕊露出、花药下垂、散粉、内外稃开始闭合、内外稃完全闭合等各开花过程所需的时间（以 min 计），以及各过程中内外稃开张的角度。

（六）授粉特点及结实率的观察

在植株群体大量抽穗后但尚未进入开花期时，从中均匀地选取 100 个花序，用羊皮纸（或硫酸纸）纸袋套袋隔离，使其自花授粉，其余未套袋的花序作为自由授粉处理。待全部植株开花完毕后，取下纸袋，挂牌标记。种子成熟后，将套袋的花序取下，并取同等数量的自由授粉花序，分别统计上述 2 种花序一穗或总穗数的小花数，然后分别脱粒，统计出结实种子数，得出该种牧草自交和异交结实率。

（七）注意事项

1. 选好样地

样地要有典型性，密度适宜，生长发育良好。一般在 2m×5m 的试验小区内选择 10 个花序为宜，挂好标签，写明日期。

2. 开花标准

（1）豆科牧草开花标准　以旗瓣向外开展，龙骨瓣露出翼瓣之间为准。

（2）禾本科牧草开花标准　外稃向外开张一定角度，柱头露出、花药下垂为准。

3. 观察开花习性的时期

一年生牧草可于播种当年进行观察，对于多年生栽培牧草以生活第二年观察为宜。因为这个时期牧草生长旺盛、枝叶繁茂，开花最为正常。

4. 气候条件对牧草开花有一定的影响

在进行开花习性观察时，应进行温度和相对湿度的观察，同时也要记载观察期间的天气状况，如风、雨或阴天等，以便作为对开花习性综合分析时的参考。

四、实训报告

写出供试牧草开花习性的观察报告。

实训七　燕麦的有性杂交技术

一、目的和要求

实践燕麦的有性杂交技术，掌握禾本科牧草的基本杂交技术，以便在育种工作中加以应用。

二、材料和器具

燕麦的不同品种，小剪子、尖头镊子、隔离纸袋、标签、毛笔、铅笔等。

三、方法和步骤

（一）燕麦的花器构造及开花习性

燕麦为圆锥花序，开花顺序是从花序上部小穗依次向下开放，即先露出叶鞘的小穗先开花。每小穗有 2~6 个小花，通常只有 1~3 花结实。每小穗小花的开放顺序是自下而上，即基部的小花先开。小花开放前，子房基部呈白色透明的 2 浆片吸水膨胀，使包被小花的内外稃张开。雄蕊（3 枚）的花丝先伸长，花药由绿变黄，其顶形成裂缝，成熟的花粉散落于二裂羽毛状的雌蕊（1 枚）柱头上，并开始萌发，长成花粉管，将精子传入胚珠与卵子结合成受精卵，开始形成籽粒。受精后的柱头凋萎，内外稃和护颖闭合，授粉完毕。

燕麦是自花授粉植物，异交率低于 1%。燕麦开花期长短依种类不同而略有差异，一般为 13d 左右，其中在第 4~7 天内开花数量最多。每穗开花时间持续 3d 左右，阴雨天需要持续 7~14d。每朵花开放持续时间为 40~140min，通常皮燕麦小花开放时间较裸燕麦短。一日内开花时间集中在 14—18 时，尤其以 14—16 时开花最盛。开花最适温度为 20~26℃，湿度（55±5）%。

（二）有性杂交方法

燕麦杂交育种依据不同的育种目标可采取单交、复交和回交等方式，但无论哪一种杂交方式，育种者都应掌握最基本的杂交技术环节，即选株、整穗、去雄和授粉。

1. 选株

在预先确定好的杂交组合的母本群体中选择健壮无病，具有本品种典型性状的植株，正处于孕穗后期，小穗刚刚从叶鞘抽出，剥开颖壳后雌蕊柱头已成羽状，花药由绿变成黄绿色。

2. 整穗

在母本植株的穗部抽出剑叶 3cm 左右时，透过外稃可以看到花药呈黄色，此时便可进行整穗。也可选择个别小花已开放的穗子，剪去发育不良的已开花的小穗，每穗只在中上部留下 5~10 个小穗，每个小穗留下基部 2 个左右小花。当小穗过于紧密有碍授粉时，可以间隔去小穗。经过整穗后，每个花序保留 10 朵左右的小花。

3. 去雄

整好穗后，立即进行去雄。去雄时用左手大拇指和食指轻轻捏住小花基部，右手轻轻用镊子把内外稃拨开，小心地将 3 个雄蕊去掉，注意不要挟破花药，更不要用力过大损伤内外稃和雄蕊。去雄后，让小花恢复原状，再去下一个小花。去雄完毕后，套上隔离袋（袋子大小为 6cm×12cm），并挂上标签，写上父母本的名称和去雄者，以备杂交之用。

4. 授粉

授粉之前先要采粉，采粉应在开花盛期到来之前进行。在父本行内选择生长健壮的典型植株，采集其花药未破裂的成熟花粉，此时花药呈黄色。采集足够数量的花药置于小瓶中，将花药搅碎再行授粉，切勿采集绿色花药，否则杂交不易成功。

在母本去雄后的第二天 14—17 时，进行采花粉和授粉为宜，此时为一日内的开花高峰期。授粉时先把母本隔离袋取下，用毛笔蘸少量的花粉置于母本羽状柱头上，并轻轻地擦抹。然后闭合内外稃，使其恢复原状，待全部小花授粉完毕，再用隔离袋将母本穗套起来，以防其他花粉进入。最后在标签上注明授粉日期。隔离袋可以一直不取，直到成熟时按组合分别收获为止。

由于燕麦小花的内稃小、外稃大（内外稃统称颖壳）、外稃紧包内稃且较脆，剥开颖壳去雄、取花粉及授粉操作时易损伤花器，使得杂交工作量增大且结实率低，一般为 5% 左右。近年来，国内外从事燕麦杂交育种者们均改用剪颖杂交技术。使用该项改进的技术能使燕麦杂交结实率由传统杂交法的 5% 提高到 50% 以上，杂交工作效率大大提高。剪颖杂交技术包括剪颖去雄和剪颖授粉 2 个步骤。其操作步骤如下：

（1）剪颖去雄　该工作于抽穗期在上午进行。从母本行中选择刚抽出 8~10 个小穗的健壮植株，剪去花序基部发育不全的小穗，并使剩下的每个小穗只留基部第 1 朵小花。将每朵小花的颖壳上部剪掉约 1/2 或 2/3，使花药露出，用镊子取出花药后套上羊皮纸袋（15cm×8cm）。

（2）剪颖授粉　在下午开花盛期进行。从父本行中选择抽出 10~15 个小穗的健壮植株，将果穗（整体花序）剪下，留下即将开花的小穗予以剪颖，一般剪去小花颖壳上部的 1/4 即可，以便使花粉从剪口处散出。把父本小花的花粉抖落在母本小花柱头上，套袋后令其自行授粉。在花序去雄后 1 周内，每天在燕麦开花最盛的时候（14~16 时）抖动隔离袋，花粉散下，即可授粉。授粉完毕后，挂上标签，用铅笔注明母本、父本名称和去雄日期。

（三）注意事项

在燕麦杂交育种过程中，有时因双亲生物学特性的差异，造成花期不相遇，影响杂交工作的进行。这时，应在了解父母本开花相差时间（日数）的情况下，采取相应的措施调节花期，使父母本花期相遇，便于杂交。实践证明，对燕麦最有效的办法是采取提早或延期播种，即分期播种法调节花期。

标签的设计方法及记载项目可参考下面的格式：

组合♀×♂	_____
去雄方法	_____
去雄日期	_____
杂交者	_____

四、实训报告

每人杂交 3~5 穗，收获时统计杂交结实率。

实训八　苜蓿的有性杂交技术

一、目的和要求

通过练习苜蓿的有性杂交法，掌握豆科牧草的有性杂交技术。

二、材料和器具

苜蓿的不同品种、小剪子、尖头镊子、牛角勺、放大镜、隔离纸袋、标签、毛笔、铅笔、棉花等。

三、方法和步骤

(一) 苜蓿的花器构造和开花习性

苜蓿为总状花序，蝶形花，有旗瓣1枚、翼瓣2枚、龙骨瓣2（合一），雌蕊1，雄蕊10（呈9合1离），合成花丝管。

苜蓿为无限花序，主侧枝上都有花序。同一植株花序上的小花数，一般是主茎上的花序小花数多，侧枝上小花数少；早期生成的花序小花数多，后期生长的少。苜蓿全株开花的顺序是自下而上，自内而外。花序上的开花顺序也是由下向上，持续2~6d，第2、第3天为最盛期。

一天之内，5—17时均有开花，盛期9—12时，13时后显著降低。一朵小花开花时间持续2~5d。苜蓿开花最适宜的温度20~27℃，湿度53%~75%。

(二) 开花机制与授粉

苜蓿是虫媒花，自交结实率很低，在隔离情况下强迫自交的结实率不超过14%~15%，天然异交率25%~75%，属异花授粉植物。

苜蓿花在开放时旗瓣、翼瓣先张开，花丝管被龙骨瓣里面的侧生相对突出物所包握，一般不易裂开。据研究认为打开花的机制有2种动力，一为雄蕊管与龙骨瓣相关联处的张力作用以及子房中胚珠的压力所致，一为紧贴龙骨瓣的角质组织中手指状突起的力量。丸花蜂、切叶蜂等一些野生昆虫在采访花时，爬在龙骨瓣上，把喙伸进旗瓣和花粉管之间来采集花蜜，同时以头顶住旗瓣，然后在翼瓣上不断运动，引起"解钩"作用，将花粉弹在蜂的腿部和腹部，最终达到传粉作用。苜蓿的柱头、花粉的生活力在田间持续2~5d。

(三) 有性杂交方法

1. 人工去雄法

选取主茎上的花序，用镊子去掉下部已开放的小花和上部发育不全的花蕾，只保留花冠从萼片中露出一半，其花药呈现黄绿色的小花。去雄时以左手拇指和中指固定小花，用镊子将旗瓣和翼瓣向一旁折转，用左手食指按住，以此露出龙骨瓣。然后用镊尖沿着龙骨瓣外缘切开，并使其向旁边折转，即可看到雄蕊。用镊子夹去花药。取完花序中所有小花的雄蕊后，即套上纸袋（6cm×3.5cm）隔离，并系上标签，用铅笔注明母本名称和去雄日期。去雄最好在上午6—9时进行。

去雄后的小花可在当天或次日的10—14时授粉。选择即将开放尚未散粉或已开放的小花，用牛角勺伸入旗瓣和龙骨瓣之间，在龙骨瓣基部轻轻下按，即发生"解钩"作用而有力地把花粉弹出，落在牛角勺上。然后将花粉授于已去雄的小花柱头上，套上纸袋，系以标签，注明父本名称和授粉日期。

2. 不去雄杂交

在杂交前，先收集大量已开放而龙骨瓣未打开的父本花序，用牛角勺取出父本花粉，又以同样的方法在母本小花上按压龙骨瓣，母本柱头伸出，使它正好触到从父本小花上取下的花粉，即完成了全部的杂交过程。

注意事项：每杂交一个母本植株后，要将镊子、牛角勺用酒精消毒1次。授粉之后，为了防止其他花粉的传入，还必须用纸袋或棉花隔离。最后挂上标签，注明杂交组合名称及杂交日期。1周后，去掉隔离袋，检查杂交结果并填写下表（表15-1）。

表 15-1 杂交结果登记表

杂交方式	杂交组合	杂交小花数	结荚数	杂交成功百分率
去雄				
不去雄				

四、实训报告

每人杂交 3~5 个花序，收获时统计杂交结实率。

实训九　牧草的田间选择

一、目的和要求

本次实习以紫花苜蓿的若干繁殖性状为田间选择的目标，因此，在田间选择时，重点选择早熟、穗大、粒多、粒重、生长健壮、无病虫害的优良植株，目的在于培育早熟和种子产量高的品种。

二、材料和器具

禾本科牧草或豆科牧草生产田和单株播种区、天平、米尺、剪刀、卡尺、放大镜、盘子、纸袋、纸牌、铅笔等。

三、方法和步骤

（一）混合选择

在紫花苜蓿成熟前10d左右，根据选择的目标性状每人选择20个单株，选好后捆扎在一起，拴好纸牌，标明采集地点、日期、品种名称及选择人，带回实验室进行室内考种，将不良的单株淘汰，入选的单株混合脱粒保存。

第二年，被选的混合种子的一部分用于进行品种比较试验，与对照品种和原始群体进行比较。另一部分种在大田，供第二次选择优良单株。将选得的单株进行室内考种后，入选的全部混合脱粒。

第三年，将上年混合脱粒的种子一部分用于比较试验，与对照品种、原始群体和第一次选择的种子进行比较。另一部分种在大田，供第三次选择优良单株，入选的再全部混合脱粒，供下年再鉴定比较和选择。直到选出性状稳定的新品系。

（二）单株选择

在紫花苜蓿生产田，根据选择的目标性状，每个人选择20个单株，选好后捆扎在一起，系上纸牌，标明选择地点、日期、品种名称及选择人，带回实验室进行室内考种。入选的优良单株按株编号，分别脱粒保存。

第二年，被选的每个单株的种子种一小区，每隔10个小区种一原始群体作为比较。

根据目标性状选留表现好的小区，淘汰不好的小区。

第三年，将选留的各个小区进行比较试验，根据小区表现再选优汰劣。再进一步进行比较试验和繁殖种子。

注意事项：进行田间选择时必须经常去田间观察记载，了解植株各个阶段的表现。最好在孕蕾期和开花期就进行选择工作，寻找合乎条件的单株，做好标记，为成熟期进行单株选择提供依据，即可取得好的效果。

四、实训报告

在田间选择 10 个豆科牧草单株进行室内考种，将考种结果填入牧草田间选择表。

实训十　燕麦的室内考种

一、实习目的

在室内考查测定燕麦的单株生产力，分析燕麦的经济性状，为选育良种提供基本依据。

二、材料和器具

燕麦的不同品种、钢卷尺、卡尺、剪刀、天平、纸袋、瓷盘、铅笔、记载表等（表 15-2）。

三、方法和步骤

在燕麦成熟前几天，田间选择植株生长健壮、分蘖多、叶量大、无病虫害、穗大粒多的优良植株 20 株，抖去泥土，捆扎成束，系上标签，标明品种名称、小区号、采集地点、日期及选择人，带回实验室进行系统考查。

样本在室内挂干，逐一进行考种，其顺序是：测株高、称全株重，然后根据考种项目分段剪下植株各部分，按顺序排在考种台上，进行测定，并记载在考种记载表上。最后决选的植株按混合选择和单株选择的要求，分别定株脱粒保存，于第二年进行试验比较。

燕麦经济性状的考查项目和方法如下：

株高由植株基部（分蘖节）至穗顶部（芒除外）。

茎粗和节间长以茎之基部第 2~3 节的节间长和直径为准。

分蘖包括主茎在内的全部茎秆数目。

有效分蘖能抽穗结实的分蘖称为有效分蘖。

无效分蘖未抽穗或抽穗不结实的分蘖称为无效分蘖。

穗型燕麦为圆锥花序，花序类型有以下 5 种：

收缩型（侧散型）花序的侧枝靠近穗轴，小穗向一边展开。

半收缩型花序的侧枝向上展开，与穗轴呈 30°~40°夹角。

周散型花序的侧枝绕穗轴向上散开，与穗轴呈 60°~70°夹角。

疏型花序的侧枝长而水平散开，与穗轴呈 90°直角。

下垂型花序的侧枝稍弯并向下垂。

穗长从主穗穗节至穗顶部。

每穗轮数花序上每节轮生（或侧生）的枝梗轮数。

全穗侧枝数全穗上着生的小穗的侧枝数。

小穗数主穗的全部小穗数。

每穗粒数主穗的全部籽粒数。

芒长、芒尖形状和芒的颜色。

千粒重脱粒的种子混匀后随机取 100 粒称重，重复 3 次。

单株干质量整个单株风干后的总重量。

籽粒干质量主茎及有效分蘖所有穗子的全部籽粒风干后的重量。

茎叶生产率单株茎叶重占全株地上部分干物质的百分率。

注意事项：燕麦室内考种项目可以根据试验的目的和要求酌情增减。

四、实训报告

在田间选择燕麦优良单株 10 株，进行室内考种，撰写实习报告。

表 15-2 燕麦经济性状考查数据

品种名称：　　重复：　　小区：　　样点号：　　年　月　日

株号	株高	株重 (g)		株型		植株分蘖		叶部			叶片重量 (g)		茎部		芒		穗部						小穗				每穗种子数	种子				备注
		鲜重	干重	直立	匍匐	有效分蘖数	无效分蘖数	叶片数	叶片长度 (cm)	叶片宽度 (cm)	鲜重	干重	茎重 (g)	茎叶比	有无	长度 (cm)	穗长 (cm)	穗宽 (cm)	穗重 (g)	每穗节数	每节小穗数	每穗小穗数	每小穗花数 可育	每小穗花数 不育	每穗花数 可育	每穗花数 不育		结实率 (%)	长度 (cm)	宽度 (cm)	千粒重 (g)	

附录　主要牧草种子的形态结构

1. 冰草（*Agropyron cristatum*）

小穗轴节间圆柱形，具微毛，先端膨大，顶端凹陷较深，与内稃紧贴。外稃呈舟形，具不明显的 3 脉，长 6~7mm，极狭，被短刺毛，先端渐尖成芒，芒长 2~4mm；内稃短于外稃，先端 2 裂，具 2 脊，中上部具短刺毛；内外稃与颖果相贴，不易分离。颖果矩圆形，长 3.5~4.5mm，宽约 1mm，灰褐色；顶部密生白色毛茸；脐具绒毛；脐沟较深呈小舟形；胚卵形，长占颖果的 1/5~1/4，色稍浅。

2. 无芒雀麦（*Bromus inermis*）

小穗轴节间矩圆形，具短刺毛。外稃宽披针形，长 8~10mm，宽 2.5~3.0mm，褐黄色，具 5~7 脉，无毛或中下部微粗糙，无芒或具 1~2mm 短芒；内稃短于外稃，脊上具纤毛；内外稃与颖果相贴，不易分离。颖果宽披针形，长 7~9mm，宽 2mm，棕色；顶端具淡黄色的毛茸；胚椭圆形，长占颖果的 1/8~1/7，具沟，色与颖果同。

3. 狗牙根（*Cynodon dactylon*）

小穗含 1 花，稀为 2 花，两侧扁；小穗长 2.0~2.5mm，灰绿色或带紫色。颖具一中脉形成背脊，两侧膜质，长 1.2~2.0mm，等长或第二颖稍长。外稃草质，与小穗等长，具 3 脉，中脉成脊，脊上具短毛，背脊拱起为二面体，侧面为近圆形；内稃约与外稃等长，具 2 脊。颖果矩圆形，紫黑色；胚矩圆形，凸起，长占颖果的 1/3~1/2。

4. 紫羊茅（*Festuca rubra*）

小穗轴节间圆柱形，顶端稍膨大，平截或微凹，稍具短柔毛。外稃披针形，长 4.5~5.5mm，宽 1~2mm，淡黄色或先端带紫色，具不明显的 5 脉，先端具 1~2mm 的细弱芒，边缘及上半部具微毛或短刺毛；内稃与外稃等长，脊上部粗糙，脊间被微毛。颖果与内外稃相贴，不易分离；矩圆形，长 2.5~3.2mm，宽约 1mm，深棕色；顶部钝圆，具毛茸；脐不明显；腹面具宽沟；胚近圆形，长占颖果 1/6~1/5，色浅于颖果。

5. 高羊茅（*Festuca arundinacea*）

小穗轴节间圆柱形，先端膨大，平截或微凹，具短刺毛。外稃矩圆状披针形，长 6.5~8.0mm，顶部膜质，具 5 脉，脉上及脉的两边向基部均粗糙。颖果与内外稃贴生，不易分离，颖果矩圆形，长 3.4~4.2mm，宽 1.2~1.5mm，深灰色或棕褐色；顶端平截，具白色或淡黄色毛茸；脐不明显；腹面具沟；胚卵圆形或广卵形，长约占颖果的 1/4，色稍浅于颖果。

6. 羊茅（*Festuca ovina*）

小穗轴节间圆柱形，先端膨大，平截微凹，稍具短柔毛，向外倾斜。颖披针形，先端尖；外稃宽披针形，长 2.6~3mm，黄褐色或稍带紫色，具 5 脉，先端无芒或仅具短芒尖，上部 1/3 稍粗糙；内稃与外稃等长，脊上部粗糙。颖果与内外稃相贴，但易分离；矩圆形，长 1~1.5mm，宽约 0.5mm，深紫色；顶部平截，具毛茸；脐不明显；腹面具宽沟；胚近圆形，长占颖果 1/4，色浅于颖果。

7. 多年生黑麦草（*Lolium perenne*）

小穗轴节间近多面体或矩圆形，两侧扁，无毛，不与内稃紧贴。外稃宽披针形，长 5~7mm，宽 1.2~1.4mm，淡黄色或黄色，无芒或上部小穗具短芒；内稃与外稃等长，脊上具短纤毛；内外稃与颖果相贴，不易分离。颖果矩圆形，长 2.8~3.4mm，宽 1.1~1.3mm，棕褐色至深褐色；顶端具毛茸；腹面凹；胚卵形，长占颖果的 1/5~1/4，色同于颖果。

8. 多花黑麦草（*Lolium multiflorum*）

小穗轴节间矩形，两侧扁，具微毛；外稃宽披针形，长 4~6mm，宽 1.3~1.8mm，淡黄色或黄色，顶部膜质透明，具 5 脉，中脉延伸成细弱芒，芒长 5mm，直或稍向后弯曲；内稃与外稃等长，边缘内折，脊上具细纤毛；内稃与颖果紧贴，但易分离。颖果倒卵形或矩圆形，长 2.5~3.4mm，宽 1~1.2mm，褐色至棕色；顶端钝圆，具毛茸；腹面凹陷，中央具沟；胚卵形至圆形，长约占颖果的 1/5~1/4，色同于颖果。

9. 结缕草（*Zoysia japonica*）

小穗含 1 花，两性，单生，脱节于颖下；小穗卵形，长 3~3.5mm，紫褐色；小穗柄弯曲，长达 4mm。第一颖退化，第二颖为革质、无芒或仅具 1mm 的尖头，两侧边缘在基部联合，全部包被膜质的外稃，具 1 脉成脊；内稃通常退化。颖果近矩圆形，两边扁，长 1.0~1.2mm，深黄褐色，稍透明；顶端具宿存花柱；脐明显，色深于颖果，腹面不具沟；胚在一侧的角上，中间突起，长占颖果的 1/2~3/5，色较颖果深。

10. 草地早熟禾（*Poa pratensis*）

小穗轴节间较短，但也长短不一，先端稍膨大，具柔毛。外稃卵圆状披针形，长 2.3~3.0mm，宽 0.6~0.8mm，草黄色或带紫色，纸质，先端膜质，脊及边缘中下部具长柔毛；基盘具稠密而长的白色绵毛；内稃稍短于外稃或等长，脊上粗糙或具短纤毛。颖果纺锤形，具三棱，长 1.1~1.5mm，宽约 0.6mm，红棕色，无光泽；顶端具毛茸；脐不明显；腹面具沟，呈小舟形；胚椭圆形或近圆形，突起，长约占颖果的 1/5，色浅于颖果。

11. 紫花苜蓿（*Medicago sativa*）

种子肾形或宽圆形，两侧扁，不平，有棱角，正视腹面时两侧呈波浪状，种子稍弯曲或扭曲。长 2~3mm，宽 1.2~1.8mm，厚 0.7~1.1mm。胚根长为子叶的 1/2 或略短，两者分开或否，之间有 1 条白线。表面黄色到浅褐色；近光滑，具微颗粒；有光泽。种脐靠近种子长的中央或稍偏下，圆形，直径 0.2mm，黄白色，或有一白色环；晕轮浅褐色。种瘤在种脐下边，突出，浅褐色，距种脐 1mm 以内。有胚乳。

12. 红豆草（*Onobrychis viciaefolia*）

种子肾形，两侧稍扁。长 4.1~4.8mm，宽 2.7~3.2mm，厚 2~2.2mm。胚根粗且突出，但尖不与子叶分开，长约为子叶长的 1/3，两者间有一条向内弯曲的白线。表面浅绿褐色，红褐色或黑褐色，前两者具黑色斑点，后者具麻点；近光滑。种脐靠近种子长的中央或稍偏上，圆形，直径 0.99mm，褐色；脐边色深，脐沟白色；晕轮褐黄色至深褐色。种瘤在种脐下边。凸出，深褐色，距种脐 0.65mm；脐条间多有 1 条浅色线。无胚乳，子叶外围平滑。一荚一籽，荚的腹缝线直，背缝线拱凸，呈半圆形；背缝线的上半部具 5~7 个锯齿；长 6~8mm，宽 5.0~5.5mm，表面黄绿色或黄褐色，具网状凹陷，网壁上有刺；有密的白柔毛。

13. 白三叶（*Trifolium repens*）

种子多为心脏形，少为近三角形，两侧扁。长 1.0~1.5mm，宽 0.8~1.3mm，厚 0.44~0.90mm。胚根粗，突出，与子叶等长或近等长，两者明显分开，其之间成一明显小沟；也有胚根短于子叶的，约为子叶长的 2/3。表面黄色，黄褐色；近光滑，具微颗粒；有光泽。种脐在种子基部，圆形，直径 0.12mm，呈小白圈，圈心呈褐色小点；具褐色晕环。种瘤在种子基部，浅褐色，距种脐 0.12mm；脐条明显。胚乳很薄。

14. 沙打旺（*Astragalus adsurgens*）

种子近方形，近菱形或肾状倒卵形，两侧扁，有时微凹。长 1.56~2.00mm，宽 1.2~1.6mm，厚 0.6~0.9mm。胚根粗，尖突出呈鼻状，尖与子叶分开，胚根长约子叶长的 1/3~1/2，两者之间界限不明显，或有一浅沟。表面褐色或褐绿色，具稀疏的黑色斑点或无；具微颗粒，近光滑。种脐靠近种子长的中央，圆形，直径 0.1mm，呈一白圈，中间有一黑点；晕轮隆起，黄褐色。种瘤在种脐的下边，与脐条连生。有胚乳，很薄。

第十六章 草坪学实训

实训一 草坪建植场地的整备

一、目的和要求

通过本次教学实习，使学生了解、掌握草坪建植坪床整备的基本程序和方法。

二、材料和器具

土地平整机具，如土壤翻耕机械、铁锹、耙子、土壤过筛网等。

三、方法和步骤

（一）地面清理

地面清理是指建坪场地内有计划地清除和减少障碍物、成功建植草坪的作业。如在长满树木的场所，应完全或选择性地伐去树木或灌木；清除不利于操作和草坪草生长的石头、瓦砾；消除和杀灭杂草；进行必要的挖方和填方等。

（二）翻耕（耕地）

翻耕包括为建坪种植而准备土壤的一系列操作。在大面积的坪床上它包括犁地、圆盘耙耕作和耙地等连续操作。耕地的目的在于改善土壤的通透性，提高持水能力，减少根系在土壤中生长的阻力，增强抗侵蚀和践踏的表面稳定性。沙土除外，土壤耕作应在适宜的土壤湿度下进行，即用手可把土捏成团，手持 1m 左右高度自然掉落到地面则可散开时进行。

（三）平整

在建坪之初，应按草坪对地形要求进行整理，如为自然式草坪则应有适当的自然起伏，为规则式草坪则要求平整。平整是平滑地表、提供理想苗床的作业。平整有的地方要挖方，有的地方要填方，因此在作业前应对平整的地块进行必要的测量和筹划，确保熟土布于床面。坪床的平整通常分粗平整和细平整两类。

粗平整是床面的等高处理，通常是挖掉突起和填平低洼部分。作业时应把标桩钉在固定的坡度水平之间，整个坪床应设一个理想的水平面。填方应考虑填土的沉陷问题，细质土通常下沉 15%（每米下沉 12~15cm），填方较深的地方除加大填量外，还需镇压，以加速沉降。

细平整是用于平滑地表为种植准备的操作。在小面积上人工平整是理想的方法。用一条绳拉一个钢垫也是细平整的方法之一，大面积平整则需借助专用设备，包括土壤犁刀、耙、重钢垫（耱）、板条大耙和钉齿耙等。

细平整应推迟到播种前进行，以防止表土的板结，同时应注意土壤的湿度。

（四）土壤改良

土壤改良的目的在于调节坪床土壤的通透性和提高土壤的保水、保肥能力，保证草坪草的正常生长所需的土壤环境。理想的草坪土壤应是土层深厚、排水性良好；pH 值为 5.5~6.5、结构适中的土壤。然而，建坪的土壤并非完全具有这些特性，因此，对土壤必须进行改良。

（五）排灌系统

如果在降水量少的干旱地区，灌水系统就很重要；若在降水量多并且集中的地区，排水设施就应该放在首位。是否安装地下排灌系统要根据当地的降雨情况、场地的用途、资金等条件决定。

当场地基础平整后，就要按照设计配置排灌系统。由于草坪植物的根系很浅，一般在地下 15cm 以内，尤其是幼苗期，其抗逆性较弱，场地一旦积水或干旱，就会造成草坪植物生长不良，甚至会出现斑秃和成片的死亡。所以建立科学的排灌系统是保证草坪植物苗壮生长的关键措施之一。

（六）施肥

天然存在土壤中的营养满足不了草坪草生长的需要，施肥则是给草坪植物生长提供营养的措施。在有条件的地方，可以施入经过腐熟的厩肥、畜禽粪等作为基肥，施用量为 $37.5t/hm^2$ 左右。在施用有机肥作基肥时，最好还施入一定比例的无机肥，如磷酸二铵、复合肥等，施入量为 $20~30g/m^2$。

（七）固定边界

边界的固定是根据需要而定，一般要求不高的草坪不需要固定边界，而对于要求水平高的草坪如高尔夫球场草坪或设计一定图案的草坪要严格固定边界，边界的固定可用标桩作指示，划好边界，以保证所设计图案的完整与正确实施。

（八）滚压

坪床准备的最后步骤为滚压。滚压时土壤应潮湿（土在手中可捏成团，落地后散开即可），通常选用重 100~200kg 碌碡镇压，镇压应以垂直方向交叉进行。直到坪床几乎看不到脚印或脚印深度<5cm 为止。

（九）草坪面积的测量

为了建植草坪，估计所需草坪草种子、土壤改良剂、肥料等的数量，避免盲目购置材料，引起材料的缺乏和过多浪费。草坪面积测量可用长卷尺，规则的场地可用相关公式来计算，如长方形面积＝长×宽。不规则的场地应先划分出规则的部分，边缘不规则的地方可按最接近的规则形状来计算。

四、实训报告

按草坪建植坪床整备的程序和技术要点，撰写提交 1 份实习报告。

实训二　草坪建植草种的选择及检验

一、目的和要求

通过本次教学实习，学生能了解、掌握草坪建植草种的选择方法。

二、材料和器具

建植草坪地域的气候、水文、人文、生态环境条件资料以及草坪建植常用草种。

三、方法和步骤

（一）草坪草种的选择

调查市场了解草坪建植常用的草坪草种，依据建植草坪地域的气候、水文、人文、生态环境条件，了解草坪草种生态习性的基础上，选择适合于该地区种植的草坪草种。

（二）草坪草种子检验取样

1. 抽取原始样品

根据种子存放方式和数量决定取样的方法和数量。

（1）袋装种子　凡同一检验单位的材料在 3 袋以下者每袋皆取；4~30 袋者扦取其中 3 袋；31~50 袋者，扦取其中 5 袋；50~100 袋者扦取其中 10%。取样重量：每袋取 200~500g，100 袋以下者共约取 3kg；101~400 袋者约 4kg；最低不得少于 1kg。

（2）堆放种子　按种子堆放面积分区设点，每区按 5 点取样（四角及中心），每点再分层取样。堆层高度在 2m 以下者，取上、下两层，2m 以上者分上、中、下三层取样。堆放面积 500m^2 以上者，每区应小于 100m^2；在 100~500m^2 者，不超过 50m^2，用扦样器逐点逐层选取一定数量样品。

2. 分取平均样品

平均样品是从上述样品中抽取其中一部分供实验室分析之用。

（1）分样器分样法　用专用的分样器分样。将全部样品混合后，通过分样器分成二等份，去其一份，将另一份连续分样到所取数量为止。分样器只适用于大量的原始样品中分取平均样品，样品少于 50g 时一般不使用此法分样。

（2）十字分样法（四分法）　将样品置于平滑的桌面或玻璃板上，然后用分样板将样品均匀搅拌，堆成 1~2cm 厚的正方形或圆形（大粒种子堆的高度为 5cm），再用分样板按对角线分为四等份，将相对的 2 份种子除去，然后将剩下的 2 份种子混在一起，再用原法搅拌分样，直到最后所需的数量时为止。如原始样品少或与平均样品数量差不多时，原始样品也就成了平均样品，就不再组成平均样品了。平均样品的重量：禾本科草坪草大籽种子 50~150g，小粒种子 25~20g；豆科草坪草大粒种子 200~500g，小粒种子 20~50g。

3. 取供试样品

供试样品是从平均样品中分出一定数量的种子供直接分析检验各个项目的样品。一般为 10~50g，用四分法取样或从平均样品中称取。取样必须具有代表性，组成样品时必须是同一品种、同一年收获、同一繁殖单位和同一来源。此外，样点分布均匀，在各样点上所取样品数量应力求一致。

（三）净度的测定

净度是指种子的洁净程度。种子净度是衡量种子品质的一项重要指标，净度测定的目的就是检验种子有无杂质，能否作播种材料用。为材料的利用价值提供依据，其测定方法如下。

1. 分取试样

将平均样品用对角线分样法分取。净度样品的最低重量：大粒种子豆科 10~30g，禾本科 10~20g，小粒种子禾本科 5~7g，豆科 2~5g。

2. 剔除杂质、废种

凡是夹杂在种子中的杂质以及不能当作播种材料用的废烂种子都要把它们除去。杂质是指土块、砂石、昆虫粪便、秸秆及杂草种子。废烂种子是指无种胚种子，压碎、压扁种子，腐烂种子，发了芽的种子以及小于正常种子 1/2 的瘦小种子等。

3. 称重与计算

将上述试样重量记录下来，再称其杂质废烂种子重量，按下式计算：

$$种子净度（\%）= \frac{试样重量-杂质重量}{试样重量} \times 100$$

为了求得正确的种子净度，应重复 3 次，3 次平均数即为该批种子的净度。

（四）种子千粒重的测定

种子千粒重是指干种子的千粒重量（以 g 为单位）。种子千粒重是播种材料品质的一项重要指标。测定方法如下：先将测过纯净度的种子充分混合，随意地连续地取出二分试样，然后数种子，每份 100 粒。为了避免差错，5 粒一堆，数满 100 粒并成一大堆，直到数够为止。最后称重，精确度为 0.01g。2 份试样平均，或用数粒仪数种子。知道千粒重后，可将千粒重换算成每千克种子粒数。

（五）种子发芽势、发芽率的测定

种子发芽力是指种子在适宜条件下能发芽并能长出正常种苗的能力，通常用发芽势和发芽率表示。发芽率高表示有生命的种子多，而发芽势高则表示种子生命力强，种子发芽出苗整齐一致。种子发芽能力的高低是种子播种质量好坏的重要指标，其测定方法如下。

1. 实验室发芽法

应用这一方法应有一定的实验室条件，要准备一套发芽皿（沙子、滤纸）和恒温箱，发芽前准备好发芽床。发芽床的选择应根据种粒大小和吸水情况而定，一般小粒种子适用滤纸发芽床，大粒可采用沙石上面铺一层滤纸混合发芽床（沙粒大小要一致，并且要洗净）。发芽床准备好后，给发芽床加入适量清水，将选好的供试种子均匀地放在发芽床上，排列时粒与粒之间至少保持与种子同样大小的距离，不使互相接触，以免病霉菌的传染。排好后在发芽皿上贴上标签，注明品种、样品号码、重复次数和发芽日期，最后放入发芽箱内进行培养。发芽时的温度因草坪草植物而异，按发芽试验技术规定要求而定。在发芽期间每天检查温度和湿度 3 次（早、中、晚），注意千万不能使发芽床干涸，每天也要通风 1~2min。

种子开始发芽后，每日定时检查，记载发芽种子数，把已发芽的种子取出。发芽标准应力求一致，一般豆科植物要有正常的、比种子本身长的幼根，且最少要有一个子叶与幼根连接。禾本科草坪草种子发芽标准必须达到幼根长于种子长，幼芽长到种子长的一半，才能列为发芽种子。凡是幼芽或幼根残缺、畸形或腐烂的、幼根萎缩的均不算发芽。

2. 发芽势、发芽率的计算

每种草坪草种子的发芽势、发芽率的计算天数不一致，按草坪草种子发芽试验技术规定的天数计算。发芽势、发芽率以 4 次重复的平均数表示。

$$发芽势（\%）= \frac{发芽初期（规定日期内）正常发芽种子数}{供检种子数} \times 100$$

$$发芽率（\%）= \frac{发芽终期（规定日期内）全部正常发芽种子数}{供检种子数} \times 100$$

（六）种子用价及实际播种量的计算

种子用价是指种子样品中真正有利用价值的种子数量占供检样品的百分率。

$$种子用价（\%）= \frac{种子净度（\%）\times 种子发芽率（\%）}{100}$$

种子用价可用来计算实际播种量。一般来说，播种量是根据播种密度和种子千粒重来计算的，未考虑所用种子是否每粒都能发芽，是否洁净，即未考虑种子的实际用价，而按假定种子用价为 100% 求得的。显然种子用价不同，其实际播种量也应该不同，因此应根据所测种子用价来计算实际播种量。

$$实际播种量（kg/667m^2）= \frac{假定种子用价（\%）\times 规定播种量}{实际种子用价}$$

四、实训报告

按草坪建植草种选择及检验程序和技术要点，撰写并提交 1 份实习报告。

实训三　营养期草坪草的识别

一、目的和要求

通过实验，学生能认识与了解当地种植的草坪草种类；掌握冷地型草坪草和暖地型草坪草的基本特征；正确识别当地种植的不同草坪草，从而为草坪建植和管理奠定基础。

二、材料和器具

采集具有根、茎、叶、花及果实的整株新鲜各种草坪草标本或蜡叶草坪草标本。器具有放大镜、直尺、镊子、解剖针、植物检索表等。

三、方法和步骤

取整株不同种类的草坪草，仔细地观察其根、茎、叶、花、果实和种子的形态特征，并做出记录。

根据所附禾本科草坪草检索表，鉴定所给草坪草，查出其所属名。

四、实训报告

按草坪草的形态观测进行鉴定植物种类，完成实习报告1份。

每个同学选择2~3种当地的草坪草，按照根、茎、叶、花、果实、种子的顺序，描述所观察到的草坪草的形态特征，并将其特征填入表16-1。

表16-1　草坪草的形态特征

种类	叶				花序			小穗		颖果		种子		其他
	叶形	叶色	长度(cm)	宽度(cm)	类型	大小	结构	形状	颜色	形状	颜色	形状	大小	

每个同学选择2~3种当地的草坪草，观察其根、茎、叶的形态特征，并绘图。从植物分类学的角度，禾本科的草坪草主要是由早熟禾亚科、画眉草亚科和黍亚科这3个亚科的植物构成。这些植物在外部形态和解剖学上具有差异（表16-2）。

表16-2　禾本科的早熟禾亚科、画眉草亚科、黍亚科形态学和解剖学特征的区别

器官	早熟禾亚科	画眉草亚科	黍亚科
根	长和短的表皮细胞交替存在，只有短细胞长出根毛	所有的表皮细胞相似，每一个都能长出根毛	所有的表皮细胞相似，每一个都能长出根毛
茎	节间中空，被维管束包围，节间基部没有分生组织隆起，叶鞘基部有隆起	节间实心，髓内分散着维管束，节间基部具分生组织隆起，叶鞘基部有小隆起或无	节间实心，髓内分散着维管束，节间基部具分生组织隆起，叶鞘基部有小隆起或无
叶	具双层维管束鞘，鞘的细胞小而壁厚，外鞘的细胞大，叶肉组织排列松散，细胞间隙大，没有小纤毛，叶舌膜质	维管束鞘外层具大细胞，个别植物中内鞘的细胞小而壁厚，叶肉细胞放射状排列于维管束周围，具细小纤毛，叶舌通常具纤毛边缘	维管束鞘是典型的大细胞单层鞘，叶肉细胞间隙小，具细小纤毛，叶舌膜质
花序	小穗具1至多朵可孕小花，浆片伸长到达顶部	小穗具1至多朵可孕小花，浆片小	小穗具1朵可孕小花，下面具1朵退化小花，浆片短而平截
胚	中胚轴无节间，有外胚层；胚小，约为颖果的1/5	中胚轴具节间，有外胚层；胚大，约为颖果的1/7或更大	中胚轴具节间，无外胚层；胚大，约为颖果的1/2或更大
细胞学特征	染色体基数 $x=7$，染色体大	染色体基数 $x=9$ 或10，染色体小	染色体基数 $n=9$ 或10，染色体小至中等

（续表）

器官	早熟禾亚科	画眉草亚科	黍亚科
植物属	早熟禾属（*Poa* L.）、剪股颖属（*Agrostis* L.）、羊茅属（*Festuca* L.）、黑麦草属（*Lolium* L.）、冰草属（*Agropyron* Gaertn）、碱茅属（*Puccinellia* Parl.）、梯牧草属（*Phleum* L.）、雀麦属（*Bromus* L.）、洋狗尾草属（*Cynosurus* L.）	结缕草属（*Zoysia* Willd.）、狗牙根属（*Cynodon* L. C. Rich）、野牛草属（*Buchloe* Engelm.）、格兰马草属（*Bouteloua* Lag.）	假俭草属（*Eremochloa* Buese.）地毯草属（*Axonopus* Beauv.）、雀稗属（*Pasplalum* L.）、钝叶草属（*Stenotaphrum* Trin.）、狼尾草属（*Pennisetum* L. Rich.）、金须茅属（*Chrysopogon* Trin.）

　　草坪草的鉴定一般借鉴植物分类学上鉴定植物的方法，利用定距检索表或二歧检索表，将草坪草的外部形态相似特征和区别特征列出，进行对比。当我们拿到一株草坪草标本时，首先仔细观察植物的外部形态特征，再依次将所观察到的特征与检索表对比，逐项往下查，在看相对的两项特征时，要看到底哪一项符合你所鉴定的草坪草的特征，顺着符合的一项查下去，直到查出为止。

附：中国主要草坪草属的检索表

草坪草常见属的检索表

1. 穗含多数花至 1 花，大都两侧压扁，通常脱节于颖之上；小穗轴大都延伸至最上小花的内稃之后而呈细柄状或刚毛状。

　　2. 成熟花的外稃具多数脉至 5 脉（稀为 3 脉），或其脉不明显；叶舌通常无纤毛（早熟禾亚科 Pooideae）。

　　　3. 小穗无柄或几无柄，排列成穗状花序。

　　　　4. 小穗以背腹面对向穗轴；侧生小穗无第一颖……………………黑麦草属 *Lolium* L.

　　　　4. 小穗以侧面对向穗轴；第一颖存在。

　　　　　5. 小穗单生于穗轴的各节。

　　　　　　6. 植物体不具根状茎；穗状花序的顶生不孕或退化，其余小穗呈篦齿状排列于穗轴的两侧……………………………………冰草属 *Agropyron* Gaertner.

　　　　　　6. 植物体具根状茎；穗状花序的顶生不孕或退化，其余小穗呈覆瓦状排列于穗轴的两侧………………………………偃麦草属 *Elytrigia* Desv.

　　　　　5. 小穗常以 3 枚生于穗轴的各节，小穗含 1 至 2 花；穗轴具关节而可逐节断落…………………………………………新麦草属 *Psathyrostachys* Nevski

　　　3. 小穗具柄，稀可无柄，排列成开展或紧缩的圆锥花序，或近于无柄，形成穗形总状花序，若小穗无柄时，则成覆瓦状排列于穗轴一侧再形成圆锥花序。

7. 小穗含 2 至多数花。

    8. 外稃通常具 7 脉或更多；叶鞘闭合；小穗柄长，排列成圆锥花序……………………………………………………………………………………雀麦属 Bromus L.

    8. 外稃具 (3) 5 脉；叶鞘通常不闭合或仅在基部闭合而边缘互相覆盖。

        9. 外稃背部圆形。

            10. 外稃顶端钝，具细齿，诸脉平行，不于顶端汇合……………………………………………………碱茅属 *Puccinellia* Parl.

            10. 外稃顶端尖或有芒，诸脉在顶端汇合……………………………………………………………………羊茅属 *Festuca* L.

        9. 外稃背部具脊，外稃脊和边缘有柔毛，基盘常有绵毛……………………………………………………………………早熟禾属 *Poa* L.

7. 小穗通常仅含 1 花；外稃具 5 脉或稀可更少。

    11. 圆锥花序极紧密，呈穗状圆柱形或矩圆形；小穗两侧极压扁，外稃基盘无毛……………………………………………………梯牧草属 *Phleum* L.

    11. 圆锥花序开展或紧缩，但不呈穗状；小穗近背腹压扁，外稃基盘无毛或仅有微毛……………………………………………剪股颖属 *Agrostis* L.

2. 成熟花的外稃具 3 或 1 脉，亦有具 5 至 9 脉者，或因外稃质地变硬而脉不明显；叶舌通常有纤毛或为一圈毛所代替（画眉草亚科 Eragrostioideae）。

    12. 小穗含 (2) 3 至多数花结实；小穗单生，有柄，排列成开展或紧缩的圆锥花序；小穗轴常作"之"字形曲折；小穗脱节于颖之上…………画眉草属 *Eragrostis* Wolf

    12. 小穗仅含 1 (2) 结实花。

        13. 小穗无柄或近于无柄，排列于穗轴的一侧形成穗状花序，穗状花序再呈指状或总状排列于主轴先端，组成复合花序。

            14. 花单性，雌雄同株或异株………………………………………………………………………………野牛草属 *Buchloe* Engelm.

            14. 花两性。

                15. 穗状花序呈总状排列于延长的主轴上，稀可混有单生；小穗上部有退化的不孕花 ……………………………………… 格兰马草属 *Bouteloua* Lag.

                15. 穗状花序 2 至数枚呈指状或近于指状排列于主轴先端，小穗两侧压扁，外稃无芒……………………………………………狗牙根属 *Cynodon* Rich.

13. 小穗具柄，单生于穗轴各节，两侧压扁；总状花序穗形；第一颖缺 ……………………………………………………………结缕草属 *Zoysia* Willd.

1. 小穗含 2 花，下部花常不发育而为雄性，甚至退化仅余外稃，则此时小穗仅含 1 花，背腹压扁或为圆桶形，脱节于颖之下；小穗轴从不延伸于顶端成熟花内稃之后（黍亚科 Panicoideae）。

16. 第二花的外稃及内稃通常质地坚韧，比颖厚而无芒。

17. 花序中无不育的小枝，其穗轴亦不延伸至最上端小穗之后方。

18. 第二外稃的背部为离轴性，即在远轴的一方 ……………………………………………………………………地毯草属 *Axonopus* Beauv.

18. 第二外稃的背部为向轴性，即在近轴的一方 ……………………………………………………………………雀稗属 *Paspalum* L.

17. 花序中有不育小枝所形成的刚毛，或其穗轴延伸至最上端的小穗之后而形成 1 尖头或刚毛。

19. 穗轴细长或较短缩，以至仅有花序的主轴；小穗多少排列于穗轴的一侧，穗轴上端以及下方的某些小穗均托以 1 刚毛；小穗脱落时连同刚毛一起脱落 …………………………………………………………狼尾草属 *Pennisetum* Rich.

19. 穗轴宽扁或其中肋仅于着生小穗的一面隆起；小穗显著排列于穗轴的一侧，其下无托附的刚毛；小穗无柄，嵌生于扁平而呈木栓质的穗轴凹穴中，成熟时连同穗轴一起脱落 …………………………………… 钝叶草属 *Stenotaphrum* Trin.

16. 第二花的外稃及内稃膜质或透明膜质，比颖薄，于其顶端或顶端裂齿间伸出一芒，也可以无芒。

20. 穗轴节间与小穗柄粗短，呈三棱形，圆桶形或较宽扁而顶端膨大，两者互相紧贴；无柄小穗扁平，第一颖表面无蜂窝状的花纹，但其两侧有小刺毛呈栉齿状的脊；有柄小穗退化仅余一短柄…………………………假俭草属 *Eremochloa* Buese

20. 穗轴节间与小穗柄细长，有时其上端变粗；总状花序通常退化成 1 无柄两性小穗和 2 有柄不孕小穗；第一颖无小瘤…… …… …… 金须茅属 *Chrysopogon* Trin.

实训四　草坪修剪

一、目的和要求

通过用草坪修剪机具修剪待修剪的草坪，了解草坪修剪的原理，掌握草坪修剪的方法、技术要点及注意事项。

二、材料和器具

待修剪的草坪、肥料、剪草机、手摇播种机。

三、方法和步骤

1. 了解剪草机的基本构造、工作原理及使用方法。
2. 设计待修剪的草坪修剪高度。
3. 了解手摇播种机的基本构造、工作原理及使用方法。
4. 用手摇播种机给草坪施肥。

四、实训报告

按实习内容完成实习报告，并阐述草坪剪草的作用及意义，修剪草坪及施肥的注意事项。

第十七章　畜牧学实训

实训一　畜禽品种的识别

一、目的和要求

通过本次实习，了解我国畜禽品种资源及现状，熟悉国内外常见的畜禽品种的产地、类型和外貌特点，识别畜禽品种。

二、材料和器具

各种畜禽品种的幻灯片、模型、挂图或计算机、多媒体投影仪、畜禽品种课件。

三、内容和方法

实习前，同学自学教材中有关畜禽品种部分的内容，熟悉各品种的外貌特征、特性以及在育种和利用上的价值。

（一）猪的品种

1. 我国的地方良种

华北型：东北民猪（黑龙江）、八眉猪（西北）、深县猪（河北）、河套大耳猪（内蒙古）。

华南型：小耳黑背猪（广东）、滇南小耳猪（云南）、陆川猪（广西）、桃园猪（我国台湾）。

华中型：金华猪（浙江）、宁乡猪（湖南）、皖南花猪（安徽）、闽北黑猪（福建）。

江海型：太湖猪（江苏）、安康猪（陕西）、虹桥猪（浙江）。

西南型：内江猪（四川）、荣昌猪（四川）、富源大河猪（云南）。

高原型：藏猪（青藏）、合作猪（甘肃）。

2. 我国的改良品种

哈尔滨白猪（黑龙江）、新淮猪（江苏）。

3. 引进国外品种

大约克夏猪（英国）、长白猪（丹麦）、杜洛克猪（美国）、汉普夏猪（美国）、皮特兰猪（比利时）。

（二）牛的品种

1. 乳用牛品种

中国荷斯坦牛（中国）、荷兰牛（荷兰）、娟姗牛（英国）、爱尔夏牛（英国）。

2. 肉用品种

海福特牛（英国）、夏罗莱牛（法国）、安格斯牛（英国）、利木赞牛（法国）、瘤牛（印度）、婆罗门牛（美国）、皮埃蒙特牛（意大利）、蓝白花牛（比利时）、夏南牛（河南）、延黄牛（吉林）。

3. 兼用品种

短角牛（美国）、西门塔尔牛（瑞士）、中国草原红牛（河北、吉林、辽宁、内蒙古）、新疆褐牛（新疆）、三河牛（内蒙古）。

4. 中国黄牛品种

南阳牛（河南）、秦川牛（陕西）、鲁西黄牛（山东）、晋南牛（山西）、延边牛（吉林）。

（三）家禽的品种

1. 鸡的品种

（1）标准品种

白来航（意大利）、洛岛红鸡（美国）、新汉县（美国）、芦花洛克（美国）、白洛克鸡（美国）、浅花苏赛斯（英国）、澳洲黑鸡（澳洲）、白克尼什鸡（英国）、狼山鸡（中国江苏）、九斤王鸡（中国）、丝毛鸡（中国）、中国黄羽肉鸡（三黄鸡，如广东的惠阳鸡、杏花鸡等）。

（2）现代商品杂交鸡

白壳蛋鸡：星杂288（加拿大）、巴布可克B-300（美国）、京白823（中国）、京白934（中国）、滨白584（中国）、海兰W-36（美国）、海赛克斯白鸡（荷兰）。

褐壳蛋鸡：伊萨褐壳蛋鸡（法国）、海赛克斯褐壳蛋鸡（荷兰）、海兰褐壳蛋鸡（美国）、尼克褐壳蛋鸡（美国）、罗斯褐壳蛋鸡（英国）、星杂579（加拿大）、罗曼褐壳蛋鸡（德国）、迪卡褐壳蛋鸡（美国）。

驳（粉）壳蛋鸡：京白939（中国）、尼克粉、海兰粉、伊利莎粉。

白羽肉鸡：AA肉鸡（美国）、艾维因肉鸡（美国）、明星肉鸡（法国）、罗曼肉鸡（美国）、彼德逊肉鸡（美国）、罗斯208肉鸡（英国）。

有色羽肉鸡：红布罗肉鸡（加拿大）、飞狄高肉鸡（澳大利亚）、海佩科肉鸡（荷兰）、安康红肉鸡（法国）。

（3）我国的地方良种

仙居鸡（浙江）、萧山鸡（浙江）、庄河鸡（辽宁）、浦东鸡（上海）、肖山鸡（浙江）、固始鸡（河南）、桃园鸡（湖南）、寿光鸡（山东）、北京油鸡（北京）。

2. 鸭的品种

（1）蛋用型

绍兴鸭（浙江）、金定鸭（福建）、三惠鸭（贵州）、卡基·康贝尔鸭（英国）。

（2）肉用型

北京鸭（北京）、樱桃谷鸭（英国）、狄高鸭（澳大利亚）、瘤头鸭（南美洲）。

（3）兼用型

高邮鸭（江苏）、建昌鸭（四川）、麻鸭（四川）、大余鸭（江西）。

3. 鹅的品种

狮头鹅（广东）、皖西白鹅（安徽、河南）、四川白鹅（四川）、太湖鹅（江苏）。

4. 火鸡

青铜火鸡（美洲）、白色火鸡（荷兰）、尼克拉斯火鸡（美国）、贝蒂纳火鸡（法国）。

（四）羊的品种

1. 绵羊品种

细毛羊：中国美利奴羊（中国）、新疆细毛羊（新疆）、东北细毛羊（辽宁、吉林、黑龙江）。澳洲美利奴羊（澳大利亚）、德国肉用美利奴羊（德国）、苏联美利奴羊（原苏联，以下称苏联）、高加索细毛羊（苏联）。

半细毛羊：茨盖羊（苏联）、林肯羊（英国）、罗姆尼羊（英国）、考力代羊（新西兰）、波尔华斯羊（澳大利亚）、边区莱斯特羊（英国）。

肉用羊：夏洛莱羊（法国）、无角陶赛特羊（澳大利亚）、萨福克羊（英国）、特克赛尔羊（荷兰）、肉用型德国美利奴细毛羊（德国）。

粗毛羊：蒙古羊（中国）、哈萨克羊（中国）、西藏羊（中国）。

裘皮及羔皮羊：滩羊（宁夏）、湖羊（浙江、江苏）、卡拉库尔羊或称三北羊（苏联）、青海黑羔皮羊（青海）。

肉脂羊：寒羊（山东、河北、河南）、乌珠穆沁羊（内蒙古）、阿勒泰羊（新疆）。

2. 山羊品种

奶山羊：萨能奶山羊（瑞士）、崂山奶山羊（山东）、关中奶山羊（陕西）。

绒山羊：辽宁绒山羊（辽宁）、内蒙古白绒山羊（内蒙古）。

肉用山羊：波尔山羊（南非）、南江黄羊（四川）。

毛用山羊：安哥拉山羊（土耳其）。

裘皮、羔皮山羊：济宁青山羊（山东）、中卫山羊（宁夏）。

兼用山羊：槐山羊（河南）、马头山羊（湖南、湖北）、成都麻羊（四川）、武安山羊（河北）、承德元角山羊（河北）。

（五）马的品种

1. 地方品种

蒙古马（内蒙古）、河曲马（甘肃、四川、青海）、哈萨克马（新疆）、西南马（四川、云南、贵州）、藏马（西藏）。

2. 培育品种

伊犁马（新疆）、三河马（内蒙古）。

3. 育成品种

（1）乘用　阿拉伯马（阿拉伯半岛）、纯血马（英国）、苏纯血（附高血）马（俄罗斯）、顿河马（俄罗斯）。

（2）兼用（速步马）　澳尔洛夫马（俄罗斯）、卡巴金马（俄罗斯）、卡拉巴衣马（俄罗斯）、益格鲁·诺尔曼马（法国）、莫尔根马（美国）。

（3）挽用　阿尔登马（比利时）、苏维埃重挽马（俄罗斯）、富拉基米尔马（俄罗斯）、贝尔修伦马（法国）。

（六）兔的品种

1. 毛用品种

英系安哥拉兔（英国）、德系安哥拉兔（德国）、中系安哥拉兔（中国）、法系安哥拉兔（法国）、浙系粗毛型长毛兔（浙江）、苏Ⅰ系粗毛型长毛兔（江苏）。

2. 肉兔品种

新西兰兔（美国）、加利福尼亚兔（美国）、日本大耳兔（日本）、青紫蓝兔（法国）。比利时兔（比利时）、哈尔滨大白兔（中国）、齐卡（ZIKA）肉兔配套系（德国）、艾哥肉兔配套系（法国）、伊拉（HYLA）肉兔配套系（法国）。

3. 皮用兔

獭兔（法国）。

四、实训报告

根据实际看到的畜禽品种描述其外貌特征、特性以及在育种和利用上的价值，撰写并提交1份实习报告。

实训二　参观养殖场

一、目的和要求

了解实训养殖场经营方向、任务和饲养管理情况，以及办场应具备的条件。

二、材料和器具

养殖场畜禽舍、养殖动物等。

三、方法和步骤

到当地养殖场进行参观，采取场方介绍、实际参观、访问座谈等方式了解实训内容。

了解养殖场的建设史、基本情况、办场方针和任务。

了解养殖场的地址选择、总体布局以及畜禽舍设计。

了解养殖场的畜禽规模、所养畜禽品种。

观察各畜禽品种特征，体质外形，种公畜禽的体型、发育情况，品种优劣。

了解畜禽的生产性能（如牛的产奶量、乳脂率，猪产仔数、初生重、奶头数与窝重，鸡的产蛋量、开产蛋量、开产日龄、孵化情况等）。

了解繁殖情况（如猪的产仔方式、配种方式）。

了解场内各种畜禽的日粮配方，饲养管理经验。

了解养殖场饲料来源，农牧结合与青饲料轮供计划。

了解养殖的机械化、自动化、信息化设备条件。

了解养殖场的生产任务和完成情况。

了解养殖场畜禽的各项生产、育种记录。

了解养殖场各种畜禽的防疫卫生制度、常见传染病的防治。

了解场内财务收支情况。

四、实训报告

根据自己的观察和了解，撰写并提交实训总结。

第十八章　饲草料营养成分分析实训

实训一　饲料中干物质的测定

一、目的和要求

掌握烘箱干燥法测定饲料中干物质含量原理及基本操作技能，了解烘箱干燥法适用范围。

二、材料和器具

实验室样品粉碎机或研钵。

分析筛：孔径 0.42mm（40 目）。

分析天平：感量 0.0001g。

称量瓶：玻璃或铝制，直径 40mm 以上，高度 25mm 以下。

电热式恒温烘箱：可控制温度为（103±2）℃。

干燥器：用氯化钙（干燥级）或变色硅胶作干燥剂。

三、方法和步骤

（一）试样的选取和制备

选取有代表性的试样，其原始样品数量应在 1 000g 以上。

用四分法将原始样品缩至 500g，风干后粉碎至 40 目，再用四分法缩至 200g，装入密封容器，放阴凉干燥处保存。

如试样是多汁的鲜样或无法粉碎时，应预先干燥处理。称取试样 200~300g，置于已知质量的搪瓷盘中，先在 120℃ 烘箱中烘 10~15min，然后立即降到 65℃，烘干 8~12h。取出后，在室内空气中冷却 24h，称重，即得半干试样。重复上述操作，直到 2 次称重之差不超过 0.5g 为止。

（二）饲料中干物质的测定

1. 称量瓶恒重

将洁净的称量瓶，在（103±2）℃烘箱中烘 1h（称量瓶放在烘箱中需启盖，冷却和称重时需盖严），取出，在干燥器中冷却 30min，称重，准确至 0.0002g。重复以上操作，直至 2 次质量之差小于 0.0005g 为恒重。以最低值为计算值。

2. 称样

在已知质量的称量瓶中称取试样 2~5g（含水质量 0.1g 以上，样厚 4mm 以下），准确至 0.0002g。

3. 样品恒重

将盛有样品的称量瓶，在（103±2）℃烘箱中烘 3h（瓶盖揭开少许），取出，在干燥器中冷却 30min（盖紧瓶盖），称重。再同样烘干 1h，冷却，称重，直到 2 次质量差小于 0.002g。以最低值为计算值。

4. 测定结果计算

$$试样中干物质含量(\%) = \frac{m_2 - m_0}{m_1 - m_0} \times 100$$

式中：m_0 为已恒重的称量瓶质量（g）；m_1 为烘干前试样及称量瓶质量（g）；m_2 为烘干后试样及称量瓶质量（g）。

5. 重复性

每个试样应取 2 个平行样进行测定，以其算术平均值为测定结果，结果保留 1 位小数。2 个平行样测定值相差不得超过 0.2%，否则重做。

（三）注意事项

加热时试样中有挥发性物质可能与试样中水分一同损失，例如青贮料中的挥发性脂肪酸（VFA）。因此，对于挥发性物质含量高的样本，应采用冷冻干燥法测定干物质含量，以减少挥发性物质在加热过程中的损失。

某些含脂肪高的试样，烘干时间长反而会质量增加，这是由脂肪氧化所致，应以质量增加前那次称量结果为准。通常情况下当试样中脂肪含量高时用真空烘箱或装有二氧化碳的特殊烘箱中进行。

含糖分高的、易分解或易焦化试样，应使用减压干燥法（70℃，80kPa 以下，烘干 5h）测定。

四、实训报告

按实训内容，完成实训报告。

实训二　饲料中粗脂肪（醚浸出物）的测定

一、目的和要求

掌握测定饲料中粗脂肪含量原理及基本操作技能。

二、材料和器具

1. 实验室样品粉碎机或研钵。

2. 分析筛，孔径 0.42mm（40 目）。

3. 分析天平，感量 0.0001g。

4. 恒温烘箱，温度可控制在（103±2）℃。

5. 脂肪测定仪。

6. 干燥器，用氯化钙（干燥级）或变色硅胶为干燥剂。

7. 定量滤纸，中速，脱脂。

8. 脱脂棉、脱脂线。

9. 无水乙醚或石油醚。

三、方法和步骤

（一）试样的选取和制备

取有代表性试样用四分法缩减至200g，粉碎至40目，装入密封容器中，防止试样成分的变化或变质。

（二）饲料中粗脂肪的测定

将抽提杯洗净，编号，放入（103±2）℃烘箱中烘干1h，干燥器中冷却30min，称重。再烘干30min，同样冷却称重，两次称重之差小于0.0008g为恒重。

称取试样1~2g（准确至0.0002g），于滤纸筒（滤纸包）内（滤纸筒高度、宽度不能超过滤纸筒架），用铅笔注明标号，放入103℃烘箱中烘干2h至恒重（或称测水分后的干试样，折算成风干样重）。

将装有样品的滤纸筒（包）放入滤纸筒架内，然后在其上面覆盖一层脱脂棉，将滤纸筒架固定在磁铁上，然后上下滑动滑珠带动滤纸筒架上移。

在抽提杯中加入约60mL无水乙醚（石油醚），将抽提杯放在加热板上，压下扳手使密封圈压紧抽提杯，然后移动滑珠带动滤纸筒架下移，使其完全浸泡在抽提杯内打开加热装置开关，控制工作温度70~75℃浸提0.5~3h。浸提结束后，滑动滑珠使滤纸筒架上移处于悬空状态，冲洗30~40min。

粗脂肪含量≥10%，抽提时间≥2h；粗脂肪含量10%~30%，抽提时间≥3h；粗脂肪含量≥30%，抽提时间≥4h。

冲洗结束后，关闭旋阀，将无水乙醚（石油醚）全部蒸发至冷凝管内，停止加热，取下抽提杯，进行无水乙醚（石油醚）的回收。

抽提杯放入（103±2）℃烘箱中烘干2h，干燥器中冷却30min，称重。再烘干30min，同样冷却称重，两次称重之差小于0.001g为恒重。

（三）结果计算

$$试样中粗脂肪含量(\%) = \frac{m_2 - m_1}{m} \times 100$$

式中：m 为试样质量（g）；m_1 为抽提杯质量（g）；m_2 为盛有粗脂肪的抽提杯质量（g）。

（四）重复性

每个试样取两平行样进行测定，以其算术平均值为结果，保留小数点后1位。

粗脂肪含量在10%以上，允许相对偏差为3%；粗脂肪含量在10%以下时，允许相对偏差为5%。

（五）注意事项

全部称量操作过程中，戴乳胶手套、尼龙手套。样品包装时要用肥皂将手洗干净或戴乳胶手套、尼龙手套。

使用乙醚时，严禁明火加热，保持室内良好通风．抽提时防止乙醚过热而爆炸。

测定样品在浸提前必须粉碎烘干，以免在浸提过程中样品水分随乙醚溶解样品中糖类而引起误差。

四、实训报告

按实训内容完成实训报告。

实训三　饲料中粗纤维的测定

一、目的和要求

掌握测定饲料中粗纤维含量原理及基本操作技能。

二、材料和器具

（一）材料

纤维含量大于 10g/kg（1%）的饲料。

（二）器具

1. 仪器设备

（1）实验室样品粉碎机　筛孔 0.45mm（40 目）筛。

（2）分析天平　感量 0.0001g。

（3）粗纤维测定仪

（4）坩埚　30mL。滤板孔径 40~100μm。初次使用前，将新坩埚小心逐步加温，温度不超过 525℃，并在（500±25）℃下保持数分钟。

（5）干燥箱　可控制温度在（130±2）℃。

（6）干燥器　用氯化钙（干燥级）或变色硅胶为干燥剂。

（7）马福炉　温度可调控。

2. 试剂及配制

（1）硫酸溶液　$C（H_2SO_4）=（0.13±0.005）mol/L$。

（2）氢氧化钾溶液　$C（KOH）=（0.23±0.005）mol/L$。

（3）滤器辅料　海沙或硅藻土，或质量相当的其他材料。使用前，海沙用沸腾盐酸 $[C（HCl）=4mol/L]$ 处理，用水洗至中性，在（500±25）℃下至少加热 1h。

（4）防泡剂　如正辛醇。

（5）石油醚（乙醚）　沸点 40~60℃。

（6）丙酮。

三、方法和步骤

（一）试样的选取和制备

取有代表性试样用四分法缩减至 200g，粉碎至完全通过 0.45mm 孔径筛，装入密封容器中，防止试样成分的变化或变质。

（二）酸处理

称取 1g 试样（脂肪含量>10%，须预先脱脂；碳酸盐含量>5%，需要预先除去碳酸盐），准确至 0.0002g，在装有样品的坩埚中加 5~8 滴正辛醇，然后放到仪器的坩埚座中心，上部对准冷凝管下保护套，压下手柄锁紧，打开加液，每管内加入（0.13±0.005）mol/L 硫酸溶液（预热）150mL，立即加热，使其尽快沸腾，且连续微沸（30±1）min，消煮完毕后，打开全部阀门，抽尽滤液，残渣用沸蒸馏水洗至中性后抽干（用广泛试纸检查）。

（三）碱处理

加入（0.23±0.005）mol/L 氢氧化钾溶液（预热）150mL，立即加热，使其尽快沸腾，且连续微沸（30±1）min。消煮完毕后，打开全部阀门，抽尽滤液，残渣用沸蒸馏水洗至中性后抽干（用广泛试纸检查）。

（四）抽滤

用丙酮 15mL 洗涤，抽干。

（五）烘干、灰化

将坩埚放入烘箱，在（130±2）℃烘箱下烘干 2h，取出后在干燥器中冷却至室温，称重，然后再放入（130±2）℃烘箱下烘干 1h，取出后在干燥器中冷却至室温，称重，直至连续 2 次称重的差值不超过 0.002g。再于（500±25）℃高温炉中灼烧 2h，称重，取出后在干燥器中冷却至室温，然后再放入（500±25）℃高温炉中灼烧 30min，称重，取出后在干燥器中冷却至室温，直至连续 2 次称重的差值不超过 0.002g。

（六）结果计算

$$试样中粗纤维含量(\%) = \frac{m_1 - m_2}{m} \times 100$$

式中：m 为试样（未脱脂）质量（g）；m_1 为（130±2）℃烘干后坩埚及试样残渣质量（g）；m_2 为（500±25）℃灼烧后坩埚及试样残灰质量（g）。

每个试样应取 2 个平行样测定，以其算术平均值为结果。结果保留小数点后 1 位。

（七）重复性

粗纤维含量在10%以下，允许相差（两个平行测定结果之差的绝对值）0.4%；粗纤维含量在10%以上，允许相对偏差为4%。

四、实训报告

按实训内容完成实训报告。

实训四　饲料中中性（酸性）洗涤纤维和酸性洗涤木质素的测定

一、目的和要求

掌握测定饲料中中性洗涤纤维、酸性洗涤纤维、酸性洗涤木质素含量原理及基本操作技能。

二、材料和器具

（一）仪器设备
同粗纤维的测定。

（二）试剂及配制

1. 中性洗涤纤维测定试剂及配制

（1）中性洗涤剂（30g/L 十二烷基硫酸钠溶液）　称取 18.6g 乙二胺四乙酸二钠（Na_2EDTA）和 6.8g 四硼酸钠（$Na_2B_4O_7 \cdot 10H_2O$）于 1 000mL 烧杯中，加适量蒸馏水加热溶解后，再加入 30.0g 十二烷基硫酸钠（USP）和 10.0mL 乙二醇乙醚；称取 4.65g 无水磷酸氢二钠（Na_2HPO_4），置于另一烧杯中，并加适量蒸馏水，微加热溶解。冷却后将以上两种溶液转入 1 000mL 容量瓶中用蒸馏水定容。该溶液 pH 值在 6.9~7.1。

（2）α-高温淀粉酶　活性 100kU/g，105℃，工业级。

（3）无水亚硫酸钠。

（4）丙酮。

（5）正辛醇。

（6）助滤剂：石英砂、海砂式硅藻土，或性能担当的其他材料。使用前，海砂用沸腾的 4mol/L 盐酸溶液处理，然后在 525℃±15℃ 下至少加热 1h，其他助滤剂在 500℃±25℃ 下至少加热 1h。

2. 酸性洗涤纤维测定试剂及配制

（1）酸性洗涤剂（20g/L 十六烷基三甲基溴化铵溶液）　称取 20g 十六烷基三甲基溴化铵（CTAB），溶于 1L 的 1mol/L 的 H_2SO_4 溶液中，搅拌溶解。

（2）丙酮。

（3）正辛醇。

3. 酸性洗涤木质素测定试剂及配制

（1）十六烷基三甲基溴化铵（$C_{19}H_{42}NBr$，CTAB）。

（2）1mol/L 硫酸溶液　量取 27.87mL 浓硫酸，慢慢倒入盛有 500mL 蒸馏水的烧杯中，搅拌冷却后转移至 1 000mL 容量瓶中，并用蒸馏水定容。

（3）酸性洗涤溶液（20g/L 十六烷基三甲基溴化铵溶液）。

（4）72% 硫酸溶液　量取 666mL 浓硫酸慢慢倒入装有 300mL 蒸馏水的烧杯内，搅拌冷却后转移至 1 000mL 容量瓶中，并用蒸馏水定容。

（5）正辛醇。

三、方法和步骤

取有代表性试样用四分法缩减至 200g，粉碎至过 1mm 孔径筛，装入密封容器中，防止试样成分的变化或变质。

（一）饲料中中性洗涤纤维的测定

洁净的坩埚，加 1.000g 助滤剂在（105±2）℃ 烘箱中烘 1h，取出，在干燥器中冷却 30min，称重，准确至 0.0002g。重复以上操作，直至 2 次质量之差小于 0.0005g 为恒重。

以最低值为计算值。

称取0.5~1.0g试样，准确至0.0002g，于坩埚中，再加无水亚硫酸钠0.5g，加2~3滴正辛醇。如果是配合饲料、浓缩饲料级谷物等淀粉含量高的饲料样品，需要加0.2mLα-高温淀粉酶。然后将坩埚放到仪器的坩埚座中心，上部对准冷凝管下保护套，压下手柄锁紧，打开加液，每管内加入中性洗涤剂100mL，立即加热，使其尽快沸腾，且连续微沸1h，消煮完毕后，打开全部阀门，抽尽滤液，残渣用沸蒸馏水洗至滤出的液体清澈无泡沫为止。

注意事项：如果样品中脂肪和色素含量超过10%，应先用无水乙醚或丙酮脱脂后再消煮。

抽滤：用丙酮冲洗残渣3次，确保残渣与丙酮充分混合，至滤出液无色为止。

将装有残渣的坩埚放入烘箱，在（105±2）℃烘箱下烘干3~4h，取出后在干燥器中冷却30min，称重，再烘干30min，冷却，称重，直至恒重，即2次称重的差值不超过0.002g。

结果计算：试样中中性洗涤纤维含量(%) = $\dfrac{m_2 - m_1}{m} \times 100$

式中：m_1为坩埚质量（g）；m_2为坩埚和残渣质量（g）；m为试样质量（g）。坩埚质量中包括助滤剂质量。

每个试样应取2个平行样测定，以其算术平均值为结果。结果保留小数点后2位。

重复性：中性洗涤纤维含量在10%以下（含10%），允许相对偏差不超过5%；中性洗涤纤维含量在10%以上，允许相对偏差为3%。

（二）饲料中酸性洗涤纤维的测定

在上述中性洗涤纤维测定中含有中性洗涤纤维的已知质量的坩埚中加入2~3滴正辛醇，然后将坩埚放到仪器的坩埚座中心，上部对准冷凝管下保护套，压下手柄锁紧，打开加液，每管内加入酸性洗涤剂100mL，立即加热，使其尽快沸腾，且连续微沸1h，消煮完毕后，打开全部阀门，抽尽滤液，残渣用沸蒸馏水洗至滤出的液体清澈为止。

注意事项：如果样品中脂肪和色素含量超过10%，应先用无水乙醚或丙酮脱脂后再消煮。

抽滤。用丙酮冲洗残渣3次，确保残渣与丙酮充分混合，至滤出液无色为止。

将装有残渣的坩埚放入烘箱，在（105±2）℃烘箱下烘干3~4h，取出后在干燥器中冷却30min，称重，再烘干30min，冷却，称重，直至恒重，即2次称重的差值不超过0.002g。

结果计算：试样中酸性洗涤纤维含量(%) = $\dfrac{m_2 - m_1}{m} \times 100$

式中：m_1为坩埚质量（g）；m_2为坩埚和残渣质量（g）；m为试样质量，g。

每个试样应取2个平行样测定，以其算术平均值为结果。结果保留小数点后2位。

重复性：酸性洗涤纤维含量≤10%，允许相对偏差不超过5%；酸性洗涤纤维含量>10%，允许相对偏差为3%。

（三）饲料中酸性洗涤木质素的测定

将上述酸性洗涤纤维测定中含有酸性洗涤纤维的已知质量坩埚放在50mL烧杯或其他

容器上，加 72% 硫酸溶液（15℃）至半满（坩埚），保持 20~25℃，消解 3h，可用真空泵抽滤，并用热蒸馏水冲洗至中性（pH 试纸检验）。

将装有残渣的坩埚放入烘箱，在（105±2）℃烘箱下烘干 4h，取出后在干燥器中冷却 30min，称重，再烘干 30min，冷却，称重，直至恒重，即 2 次称重的差值不超过 0.002g。再将装有残渣的坩埚移入 500℃高温炉内灼烧 3~4h，冷却至 100℃后放入干燥器内冷却 30min，称重，再灼烧 30min，冷却，称重，直至恒重。

同时取 1.000g 助滤剂测定空白值。

结果计算：试样中酸性洗涤木质素含量(%) $= \dfrac{m_2 - m_1}{m} \times 100$

式中：m_1 为坩埚和灰分质量（g）；m_2 为坩埚和残渣质量（g）；m 为试样质量（g）。每个试样应取 2 个平行样测定，以其算术平均值为结果。结果保留小数点后 2 位。重复性：允许相对偏差不超过 10%。

（四）注意事项

十六烷基三甲基溴化铵对黏膜有刺激，需戴口罩。

丙酮易燃，避免静电，使用时用防护罩。

硫酸是强酸可导致剧烈烧伤，操作时穿防护服。

四、实训报告

按实训内容完成实训报告。

实训五　饲料中粗蛋白质的测定

一、目的和要求

掌握测定饲料中粗蛋白质含量原理及基本操作技能。

二、材料和器具

（一）仪器设备

实验室用样品粉碎机或研钵。

分析筛：孔径 0.42mm（40 目）。

分析天平：感量 0.0001g。

消煮炉。

酸式滴定管：10mL。

消化管：250mL。

锥形瓶：250mL。

定氮仪：以凯氏原理制造的各类型半自动和全自动定氮分析仪。

（二）试剂及配制

浓硫酸：化学纯。

催化剂：硫酸铜（$CuSO_4 \cdot 5H_2O$）、无水硫酸钾或无水硫酸钠，均为化学纯。

400g/L 氢氧化钠溶液：400g 氢氧化钠（化学纯）溶于 1 000mL 水中。

20g/L 硼酸溶液：20g 硼酸（化学纯）溶于 1 000mL 水中。

盐酸标准滴定溶液：

C（HCL）= 0.1mol/L：8.3mL 浓盐酸，注入 1 000mL 水中。

混合指示剂：1g/L 甲基红乙醇溶液（95% 乙醇），5g/L 溴甲酚绿乙醇溶液（95% 乙醇），两溶液等体积混合，阴凉处保存 3 个月以内。

硼酸吸收液（全自动定氮分析仪用）：10g/L 硼酸溶液 1 000mL，加入 1g/L 甲基红乙醇溶液 7mL，与 1g/L 溴甲酚绿乙醇溶液 10mL，40g/L 氢氧化钠溶液水溶液 0.5mL，混合，置阴凉处保存期为 1 个月。

三、方法和步骤

（一）试样的选取和制备

取有代表性试样用四分法缩减至 200g，粉碎至 40 目，装入密封容器中，防止试样成分的变化或变质。液体或膏状黏液试样应注意取样的代表性。用干净、可放入凯式烧瓶或消化管的玻璃容器量取。

（二）试样的消化

称取 0.5~1.0g 试样（含氮量 5~80mg），准确至 0.0002g，无损地放入消化管中，加入硫酸铜（$CuSO_4 \cdot 5H_2O$）0.4g、无水硫酸钾（或无水硫酸钠）6g，与试样混合均匀，再加浓硫酸 10mL。把消化管放在通风柜里的消煮炉上小心低温（200℃）加热，待样品焦化，泡沫消失，再加大火力（360~420℃），直至溶液呈透明的蓝绿色后，再加热消化 15min。

试剂空白测定：另取消化管 1 个，加入硫酸铜（$CuSO_4 \cdot 5H_2O$）0.4g，无水硫酸钾（或无水硫酸钠）6g，浓硫酸 10mL，加热消化至溶液呈透明的蓝绿色。

（三）氨的蒸馏

1. 加酸加碱量的确定

按消煮样品时加入硫酸量计算出所需加入氢氧化钠的量，根据消煮液中氮的大约含量计算所需加入的硼酸量，根据含氮量及硫酸量确定加碱量和蒸馏时间。

2. 采用半自动定氮仪时（常量直接蒸馏法）

将装有 35mL 硼酸液（20g/L）和 2 滴混合指示剂的三角瓶放在托盘上，调整托盘高度使冷凝管下端插入硼酸液面内。将装有消煮液样品的消煮管放在托盘上，并与上端的橡胶塞装紧。然后小心地向消化管中加入 400g/L 氢氧化钠溶液至溶液颜色变黑，使溶液混匀后，加热蒸馏，直至馏出液体积约 150mL。降下锥形瓶，使冷凝管末端离开液面，继续蒸馏 1~2min，并用水冲洗末端，洗液均需流入锥形瓶内，然后停止蒸馏。

（四）滴定

用 0.1mol/L 的盐酸标准滴定溶液滴定，溶液由蓝绿色变为灰红色为终点。

（五）结果计算

$$试样中粗蛋白含量(\%) = \frac{(V_2 - V_1) \times C \times 0.014 \times 6.25}{m} \times 100$$

式中：C 为盐酸标准滴定溶液浓度（mol/L）；m 为试样质量（g）；V_1 为空白滴定所

需盐酸标准滴定溶液体积（mL）；V_2 为滴定试样时所需盐酸标准滴定溶液体积（mL）；0.014 为与 1.00mL 盐酸标准滴定溶液 $[C(HCl)=1.0000mol/L]$ 相当的，以 g 表示的氮的质量；6.25 为氮换算成蛋白质的平均系数。

每个试样取两平行样进行测定，以其算术平均值为结果。结果保留小数点后 2 位。

（六）重复性

当粗蛋白质含量在 25% 以上，允许相对偏差为 1%；

当粗蛋白质含量在 10%~25%，允许相对偏差为 2%；

当粗蛋白质含量在 10% 以下时，允许相对偏差为 3%。

（七）注意事项

如果定氮仪连续数天停止使用，必须先吸空胶管和碱泵内的碱液，然后用 10% 的硼酸溶液过滤胶管和碱泵；再用蒸馏水过滤 1 次即可。

各种饲料的粗蛋白质中实际含氮量差异很大，变异范围在 14.7%~19.5%，平均为 16%。凡饲料的粗蛋白质中氮含量尚未确定的，可用平均系数 6.25 乘以氮量换算成粗蛋白质量。凡饲料的粗蛋白质的含氮量已经确定的，可用它们的实际系数来换算。例如荞麦、玉米用系数 6.00，箭筈豌豆、大豆、蚕豆、燕麦、小麦、黑麦用系数 5.70，牛奶用系数 6.38。

一次蒸馏后必须彻底洗净碱液，以免再次使用时引起误差。

向消化管中加入浓碱时，往往出现褐色沉淀物，这是碱与硫酸铜反应生成氧化铜沉淀。

四、实训报告

按实训内容完成实训报告。

实训六　饲料中粗灰分的测定

一、目的和要求

掌握测定饲料中灰分含量原理及基本操作技能。

二、材料和器具

实验室用样品粉碎机或研钵。

分析筛：孔径 0.42mm（40 目）。

分析天平：感量 0.0001g。

高温电炉：电加热，有温度计且可控制炉温在 550~600℃。

坩埚：30mL，瓷质。

干燥器：用氯化钙（干燥级）或变色硅胶为干燥剂。

三、方法和步骤

试样的选取和制备。取有代表性试样用四分法缩减至 200g，粉碎至 0.42mm（40

目），装入密封容器中，防止试样成分的变化或变质。

将坩埚和盖一起放入高温炉中，于（550±20）℃下灼烧30min，待炉温降至200℃以下取出，在空气中冷却约1min，放入干燥器中冷却30min，称重。再重复灼烧，冷却、称重。直至2次质量之差小于0.0005g为恒重。

在已知质量的坩埚中称取2~5g试样（灰分质量应在0.05g以上），在电热板上低温炭化至无烟为止。

炭化后将坩埚移入高温炉中，于（550±20）℃下灼烧3h，待炉温降至200℃以下取出，在空气中冷却约1min，放入干燥器中冷却30min，称重。再同样灼烧1h，冷却、称重，直至2次质量之差小于0.001g为恒重。

结果计算：试样中粗灰分含量(%) $= \dfrac{m_2 - m_0}{m_1 - m_0} \times 100$

式中：m_0为已恒重空坩埚的质量（g）；m_1为坩埚加试样的质量（g）；m_2为灰化后坩埚加灰分质量（g）。

每个试样应取2个平行样进行测定，以其算术平均值为结果。保留小数点后两位。

1. 重复性：

粗灰分含量在5%以上时，允许相对偏差为1%；

粗灰分含量在5%以下时，允许相对偏差为5%。

2. 注意事项：

新坩埚编号。将带盖的坩埚洗净烘干后，用钢笔蘸0.5%氯化铁墨水溶液（称0.5g $FeCl_3 \cdot 6H_2O$ 溶于100mL蓝墨水中）编号，然后于高温炉中550℃灼烧30min即可。

样品开始炭化时，应打开部分坩埚盖，便于气流流通；温度应逐渐上升，防止火力过大而使部分样品颗粒被逸出的气体带走。

为了避免样品氧化不足，不应把样品压得过紧，样品应松松地放在坩埚内。

灼烧温度不宜超过600℃，否则会引起磷、硫等盐的挥发。

灼烧残渣颜色与试样中各元素含量有关，含铁高时为红棕色，含锰高为淡蓝色。但有明显黑色炭粒时，为炭化不完全，应延长灼烧时间。

四、实训报告

按实训内容完成实训报告。

实训七 饲料中钙的测定

一、目的和要求

掌握高锰酸钾滴定法测定饲料中钙含量原理及基本操作技能。

二、材料和器具

（一）仪器设备

实验室用样品粉碎机或研钵。

分析筛：孔径0.42mm（40目）。

分析天平：感量 0.0001g。

高温炉：可控制温度在（550±20）℃。

坩埚：瓷质。

容量瓶：100mL。

滴定管：酸式，25 或 50mL。

玻璃漏斗：直径 6cm。

定量滤纸：中速，12.5cm。

移液管：10mL、20mL。

三角瓶：250mL。

（二）试剂及配制

盐酸溶液：（1+3，$v+v$），取 1 体积浓盐酸加入 3 体积水中，混合。

硫酸溶液：（1+3，$v+v$），取 1 体积浓硫酸加入 3 体积水中，混合。

氨水溶液：（1+1，$v+v$），取 1 体积氨水加入 1 体积水中，混合。

草酸氨溶液：42g/L。

1g/L 甲基红指示剂：称取 0.1g 甲基红，溶于 100mL 95% 乙醇中。

浓硝酸，高氯酸。

氨水溶液：（1+50，$v+v$），取 1 体积氨水加入 50 体积水中，混合。

高锰酸钾标准滴定溶液 $\left[C\left(\frac{1}{5}KMnO_4\right) = 0.05mol/L \right]$

配制：在粗天平上称取 1.6g 固体高锰酸钾，溶于 1 000mL 蒸馏水中煮沸 10min，冷却放置过夜，玻璃滤锅 G_4 过滤（最初数滴废弃），保存于洁净的棕色瓶中。

标定：称取 0.25g 于 105℃ 干燥至恒重的工作基准试剂草酸钠，准确至 0.0002g，溶于 100mL 硫酸溶液（8+92，$v+v$）中，加热至约 80℃，用配置好的高锰酸钾滴定，溶液呈粉红色且 30min 不褪色为终点。滴定结束时，溶液温度在 60℃ 以上，同时做空白试验。

高锰酸钾标准溶液浓度计算公式：

$$C\left(\frac{1}{5}KMnO_4\right) = \frac{m \times 1\,000}{(V_1 - V_2)M}$$

式中：$C\left(\frac{1}{5}KMnO_4\right)$ 高锰酸钾标准溶液的浓度（mol/L）；m 为草酸钠的质量（g）；V_1 为高锰酸钾标准液的体积（mL）；V_2 为空白试验高锰酸钾溶液的体积（mL）；M 为草酸钠的摩尔质量 $\left[M\left(\frac{1}{2}Na_2C_2O_4\right) = 66.999g/mol \right]$。

三、方法和步骤

（一）试样的选取和制备

取具有代表性试样至少 2kg，用四分法缩减至 200g，粉碎过 0.42mm（40 目）孔筛，混合均匀，装入样品瓶中，密闭，保存备用。

（二）试样分解

1. 干法

称取试样 2~5g 于坩埚中，准确至 0.0002g，在电热板上低温小心炭化至无烟为止。

再将其放入高温炉于（550±20）℃下灼烧 3h。在盛有灰分的坩埚中加入盐酸溶液（1+3，$v+v$）10mL 和浓硝酸数滴，小心煮沸。将此溶液转入 100mL 容量瓶中，并以热水洗涤坩埚及漏斗中滤纸，冷却至室温后，定容，摇匀，为试样分解液。

2. 湿法

称取试样 2~5g 于 50 或 100mL 三角瓶中，准确至 0.0002g。加入浓硝酸 10mL，加热煮沸，至二氧化氮黄烟逸尽，冷却后加入高氯酸 10mL，小心煮沸至无色，不得蒸干（蒸干后会发生爆炸，危险！）。冷却后加水 50mL，并煮沸驱逐二氧化氮，冷却后转入 100mL 容量瓶中，用水定容至刻度，摇匀，为试样分解液。

（三）试样的测定

草酸钙沉淀：用移液管准确吸取试样分解液 10~20mL（含钙量为 20mg 左右）于 250mL 的烧杯中，加水 100mL、甲基红指示剂 2 滴，滴加氨水溶液（1+1，$v+v$）至溶液由红变橙黄色，再滴加盐酸溶液（1+3，$v+v$）至溶液又呈红色（pH 值 2.5~3.0）为止。小心煮沸，慢慢滴加草酸铵溶液 10mL，且不断搅拌。若溶液由红变橙色，应补加盐酸溶液（1+3，$v+v$）至红色，煮沸数分钟后，放置过夜使沉淀陈化（或在水浴上加热 2h）。

沉淀洗涤：用定量滤纸过滤上述沉淀溶液，用氨水溶液（1+50，$v+v$）洗沉淀 6~8 次，至无草酸根离子为止。用试管接取滤液 2~3mL，加硫酸溶液（1+3，$v+v$）数滴，加热至 75~85℃，加 0.05mol/L 高锰酸钾溶液 1 滴，溶液呈微红色，且 30 s 不褪色为止。

沉淀的溶解与滴定：将带沉淀的滤纸转移入原烧杯中，加硫酸溶液（1+3，$v+v$）10mL，水 50mL，加热至 75~85℃，立即用 0.05mol/L 高锰酸钾标准滴定溶液滴定至呈微红且 30s 不褪色为止。

空白试验：在干净烧杯中加滤纸 1 张，硫酸溶液（1+3，$v+v$）10mL，水 50mL，加热至 75~85℃，立即用 0.05mol/L 高锰酸钾标准滴定溶液滴定至呈微红且 30s 不褪色为止。

（四）结果计算

$$试样中钙含量(\%) = \frac{(V_2 - V_0) \times C \times 0.0200}{m} \times \frac{V}{V_1} \times 100$$

式中：m 为试样质量（g）；V 为试样分解液总体积（mL）；V_1 为测定时试样溶液移取体积（mL）；V_2 为试样滴定时消耗高锰酸钾标准滴定溶液体积（mL）；V_0 为空白滴定消耗的高锰酸钾标准滴定溶液体积（mL）；C 为高锰酸钾标准滴定溶液浓度（mol/L）；0.0200 为与 1.00mL 高锰酸钾标准滴定溶液 $\left[C \frac{1}{5} KMnO_4 \right) = 1.000mol/L$ 相当的、以克（g）表示钙的质量。

每个试样应取 2 个平行样进行测定，以其算术平均值为分析结果。结果保留至两位小数。

（五）重复性

钙含量在 5% 以上，允许相对偏差 3%；

钙含量在 1%~5% 时，允许相对偏差 5%；

钙含量在 1% 以下，允许相对偏差 10%。

（六）注意事项

高锰酸钾标准滴定溶液的浓度不稳定，至少每月需要标定 1 次。

每种滤纸空白滴定消耗高锰酸钾标准滴定溶液的用量有差异，因此至少每盒滤纸做 1 次空白测定。

洗涤草酸钙沉淀时，必须沿滤纸边缘向下洗，使沉淀集中于滤纸中心，以免损失。每次洗涤过滤时，都必须待上次洗涤液完全滤净后再加，每次洗涤不得超过漏斗体积的 2/3。

四、实训报告

按实训内容完成实训报告。

实训八　饲料中磷的测定

一、目的和要求

掌握钼黄比色法测定饲料中磷含量原理及基本操作技能。

二、材料和器具

（一）仪器设备

实验室用样品粉碎机或研钵。

分析筛：孔径 0.42mm（40 目）。

分析天平：感量 0.0001g。

分光光度计：有 10mm 比色池，可在波长 400nm 下进行比色测定

高温炉：可控温度在（550±20）℃。

坩埚：瓷质。

容量瓶：50mL、100mL、1 000mL。

刻度移液管：1.0mL、2.0mL、3.0mL、5.0mL、10mL。

三角瓶：50mL 或 100mL。

可调温电热板：1 000W。

（二）试剂及配制

盐酸溶液：1+3，$v+v$。

浓硝酸。

钒钼酸铵显色试剂：称取偏钒酸铵 1.25g，加水约 200mL，加热溶解，冷却后再加入浓硝酸 250mL。另取钼酸铵 25g，加水 400mL 加热溶解，冷却后，将此溶液倒入上述溶液混匀，加水定容至 1 000mL，避光保存。注意：溶液生成沉淀，则不能继续使用。

磷标准溶液：将基准级磷酸二氢钾在 105℃ 干燥 1h，在干燥器中冷却后称 0.2195g，溶解于水中，转入 1 000mL 容量瓶中，加浓硝酸 3mL，用水稀释到刻度，摇匀，即成 50μg/mL 的磷标准溶液。

三、方法和步骤

（一）试样的选取和制备

取有代表性试样用四分法缩减至 200g，粉碎至 40 目，装入密封容器中，防止试样成

分的变化或变质。

（二）试样分解

1. 干法（不适用于含磷酸氢钙的饲料）

称取试样 2~5g 于坩埚中（准确至 0.0002g），在电热板上低温炭化至无烟为止，再放入高温炉子（550±20）℃下灼烧 3h，取出冷却，在坩埚中加入 10mL 盐酸溶液（1+3, $v+v$）和浓硝酸数滴，小心煮沸。将此溶液转入 100mL 容量瓶中，并用热水洗涤坩埚及漏斗中滤纸，冷却至室温后，定容，摇匀，为试样分解液。

2. 湿法

称取试样 0.5~5g 于凯氏烧瓶中（准确至 0.0002g）。加入浓硝酸 30mL，小心加热煮沸，至二氧化氮黄烟逸尽，冷却后加入高氯酸 10mL，继续加热煮沸至溶液无色，不得蒸干（危险）。冷却后加水 30mL，并煮沸驱逐二氧化氮，冷却后转入 100mL 容量瓶中，用水定容至刻度，摇匀，为试样分解液。

盐酸溶解法（适用于微量元素预混料和磷酸盐）：称取试样 0.2~5g（精确至 0.0002g）于 100mL 烧杯中，缓缓加入盐酸溶液（1+3, $v+v$）10mL 使其全部溶解，冷却后转入 100mL 容量瓶中，用水稀释至刻度，摇匀，为试样分解液。

（三）标准曲线的绘制

准确移取磷标准溶液 0mL、1.0mL、2.0mL、4.0mL、6.0mL、8.0mL、10.0mL 于 50mL 容量瓶中，各加入钒钼酸铵显色试剂 10mL，用水稀释至刻度，摇匀，放置 10min。以 0mL 溶液为参比，用 10mm 比色池，在 400 nm 波长下，用分光光度计测定各溶液的吸光度。以 50mL 溶液中磷含量（μg）为纵坐标，吸光度为横坐标绘制标准曲线。

（四）试样的测定

准确移取试样分解液 1~10mL（含磷量 50~750μg）于 50mL 容量瓶中，加入钒钼酸铵显色试剂 10mL，用水稀释至刻度，摇匀，放置 10min。以 0mL 溶液为参比，用 10mm 比色池，在 400 nm 波长下，用分光光度计测得试样分解液的吸光度。用标准曲线查得试样分解液的含磷量（或用回归方程求出试样分解液的含磷量）。

（五）结果计算

$$试样中磷含量(\%) = \frac{a \times 10^{-6}}{m} \times \frac{V}{V_1} \times 100$$

式中：m 为试样质量（g）；V 为试样分解液总体积（mL）；V_1 为比色测定时所移取试样分解液体积（mL）；a 为标准曲线查得比色用试样分解液含磷量（g/50mL）；10^{-6} 为从 μg 转化为 g 的系数。

每个试样应取 2 个平行样进行测定，以其算术平均值为分析结果，保留至两位小数。

（六）重复性

含磷量在 0.5% 以上（含 0.5%），允许相对偏差 3%；

含磷量在 0.5% 以下，允许相对偏差 10%。

（七）注意事项

比色时，待测试样溶液中磷含量不宜过高，最好控制在每毫升含磷 0.5mg 以下。

待测液在加入显色剂后需要静置至少 10min 后，再进行比色，但也不能静置过久，因为显色形成的络合物不稳定，时间过久会分解，导致吸光度值下降，从而影响测定结果。

四、实训报告

按实训内容完成实训报告。

实训九　饲料中无氮浸出物含量的计算

一、目的和要求

掌握饲料中无氮浸出物的含量的计算方法和原理。

二、材料和器具

已测定完成的干物质含量、粗蛋白含量等数据。

三、方法和步骤

采用相差计算法求得无氮浸出物的含量（%）。

w（无氮浸出物含量）= 1−w（水分含量%）−w（粗蛋白含量%）−w（粗脂肪含量%）−w（次纤维含量%）−w（粗灰分含量%）；

w（无氮浸出物含量）= w（干物质含量%）−w（粗蛋白含量%）−w（粗脂肪含量%）−w（次纤维含量%）−w（粗灰分含量%）。

四、实训报告

按实训内容完成实训报告。

实训十　饲料中能量的测定

一、目的和要求

了解电脑氧弹式热量计的结构，掌握测定饲料中能量原理及基本操作技能。

二、材料和器具

（一）仪器设备

1. 热量主题部分

外筒：用不锈钢制成双层筒，筒隔层水装满为止。

内筒：不锈钢制成腰形，每次测量的水（蒸馏水），称（2 000±1）g。

搅拌器：由电动机带动，搅拌内筒水的热循环使试样燃放出的热量均匀散布。

氧弹：由不锈钢制成，是样品的燃烧室，内装样品，充气，电极点火，样品全部燃烧，放出全部热量供测试。

2. 微机测量部分

电源板。

放大板：对测量信息进行预处理。

单片机板：实现测量过程控制和测量数据的处理显示和打印。

温度传感器：按技术的特殊要求，由专业厂家定制相应的仪器。

3. 其他

氧气钢瓶（附氧气表）及支架。

点火丝（镍铬）。

烧杯 500mL。

量筒 10mL。

（二）试剂

蒸馏水。

苯甲酸（保证级试剂或分析纯）。

三、方法和步骤

（一）试样的选取和制备

在测定样品热价时，饲料、粪、尿等样品处理的一般方法如下。

1. 各种饲料

与测定一般化学成分的处理方法相同，取有代表性试样用四分法缩减至 200g，粉碎至 40 目，装入密封容器中，防止试样成分的变化或变质。在称量样品的同时，应测定饲料的含水量，以便换算成干物质基础的热价。

2. 粪

与测定一般化学成分的处理方法相同，取有代表性试样用四分法缩减至 200g，粉碎至 40 目，装入密封容器中，防止试样成分的变化或变质。在称量样品的同时，应测定饲料的含水量，以便换算成干物质基础的热价。

3. 尿

在代谢试验中试验动物每日排尿经过滤、计量后在盛尿瓶中事先已加入 10% 稀硫酸 50mL，取其一部分（2%~3%）保存于密闭的容器中，逐日将尿样混合。取平均样品进行测定。由于尿液易腐败分解，通常应加入少量防腐剂：三氯甲烷、甲苯、氟化钠与百里酚等，其中以氟化钠或百里酚的 100g/L 乙醇溶液最好，不仅防腐作用强，且不影响尿的热价。

尿样含水量高，不易燃烧，因此一般不直接测定。通常的简单做法为：将 2 张已知质量的折叠滤纸置于坩埚中，逐滴加尿，直至吸透为止，然后将滤纸连同坩埚一起置于 60℃下真空烘干。如此重复多次，直至滤纸吸尿 10~15mL 为止。最后应将滤纸的燃烧热扣除。滤纸的燃烧热每批应测 5 次，求其平均值为其热价。如果前 4 次测定的热价差异小于 0.13kJ/g，则可不进行第 5 次测定。

此外，亦可在烧杯中吸取尿液样品 100mL，于 60℃ 水浴上蒸干，然后用已知热价的干滤纸（约 0.5g）将全部残渣无损失地移入坩埚中。留有少量干滤纸作引燃之用。如残渣中水分尚存，不易燃着，可再用红外灯烘干。最后测热结果亦应扣除滤纸热价。

（二）饲料中能量的测定

1. 仪器使用方法

（1）称量样品及引火丝的准备　在燃烧皿中称取一定质量的分析试样。（一般在 1g

左右，精确到 0.0001g）

取本仪器配给的镍铬丝，把两端分别扣在氧弹内的 2 个电极上，与试样近似接触（中间有条光缝）。丝不要碰到燃烧皿，以免短路导致点火失败。

（2）加水及充氧　在氧弹内加入 10mL 蒸馏水，拧紧氧弹盖，接上氧气导管，充入氧气，压力达到 3MPa，即可放入仪器内使用，用后清洗擦干。

（3）内、外水筒的准备及热量计安装　向内、外筒注入水，以满为止（蒸馏水）。

氧弹放内筒固定支架上，注意拎环不要碰到电极棒上，如要避免碰到可转一下方向（拎环靠自身方向）。把仪器接上电脑及电源。

2. 热容量测定（标定热容量）

把装好苯甲酸并充入氧气的氧弹放在内筒支架上，盖好筒盖。

在电脑显示屏上双击"HWR"程序快捷方式图标，电脑显示屏上出现工作界面后，点击"方式选择"框中的"标定"。然后再单击"开始"，出现"请输入样品质量"的对话框，输入苯甲酸质量。

输入苯甲酸的热值（重复测试可以不再输），如果提示给出的苯甲酸热值不符，需要修改，可先点击"Cancel"（取消），退出"请输入样品质量"框，修改显示在左下角已有一行数据的数据库表（如果数据库表未出现，只需在"方式选择"4 个字处单击一下，数据库表即会出现）。修改完后将鼠标移动到数据库表格外空屏处，单击一下，原表格最左边的"笔形态"会变为"三角形"，表示数据库表中已接受了修改的数据，如果有附加热就输入，无就不输入。以后再点击"开始"按钮，弹出"请输入样品质量对话框"，输入苯甲酸质量。

输入苯甲酸质量后，按"回车"键或点击对话框中的"OK"按钮，则进入测量状态，开始自动测量，结束后，显示测试结果。

取出氧弹，放气，清洗，擦干。

上述反复测 5 次，热容量的最大值或最小值不可大于 40J/K。否则，可再做一次，取符合要求的 5 次结果的平均值，为仪器的热容量。

注意事项：标定热容量和测定发热量时内筒温度超过 5℃以上时，应重新标定（国际规定）。

3. 热值测定

把装好样品并充入氧气的氧弹放到内筒支架上，盖好筒盖。

在电脑上双击"HWR"程序快捷方式图标，电脑显示屏上出现工作界面后，点击"方式选择"框中的"测量"，单击"开始"按钮。

出现"请输入样品质量"对话框，输入被测样品质量。

输入仪器热容量（重复测试可以不再输），如果提示给出的苯甲酸热容量不符，需要修改，请先点击"Cancel"（取消），退出"请输入样品质量"对话框，修改显示在左下角已有一行数据的数据库表。（如果数据库表未出现，只需在"方式选择"4 个字处单击一下，数据库表即会出现）。修改完后将鼠标移动到数据库表格外空屏处，单击一下，原表格最左边的"笔形态"会变为"三角形"，表示数据库表中已接受了修改的数据。如有附加热就输入，无就不输入。以后再点击"开始"。弹出"请输入样品质量"对话框，输入被测样品质量。

输入被测样品质量后，按"回车"键或点击对话框中的"OK"按钮，便进入测量状态，开始自动测量，结束后，显示测试结果。

取出氧弹，放气，清洗，擦干。

4. 异常情况处理

在测试中如果发现异常情况，可单击"中断"，弹出对话框，内容为"1号机正在测量，请三思而行!"和"你并不想中断测量，可能是无意按错键"，单击"否"则停止测量，即自动停止工作，把氧弹取出重新装样品，再进行测试。

5. 注意事项

（1）试样在氧弹中燃烧产生的压强瞬间可达17MPa，长期使用可能引起弹壁腐蚀，每次使用后要用清水清洗，擦干。每年氧弹进行水压20MPa检查，仪器每2年检定1次。

（2）外筒的水应用蒸馏水，如发现水不干净，则将水放掉重新装水；若长期不用，把水放掉。

（3）氧气减压阀在使用时，必须用乙醚或其他有机溶液将零件上的油垢清洁干净。以免在充氧时发生意外爆炸。减压阀应定期进行检定，以保证指示正确和操作安全。

（4）故障判断与排除

①开电源无任何显示，查电源板+5V输出是否正常，查接插头座是否松脱。

②点火不着，查氧弹内点火丝是否松掉，没扣牢。

③电源三芯插座中的接地端应接地，以确保仪器有良好的接地，保障用电安全。

四、实训报告

按实训内容完成实训报告。

第十九章　饲料企业生产实训

实训一　原料接收

一、目的和要求

原料接收工段需要学生通过实训，掌握原料清理、原料入仓、原料称重等知识。在饲料厂中，需清理的饲料原料主要是谷物饲料及其加工副产品等。主要清除物为其中的石块、泥块、麻袋片、绳头、金属等杂物。依据以下 3 种情况观察原料清理设备。

利用饲料物料与杂质尺寸或粒度大小的不同，用筛选法分离。小于筛面筛孔的物料通过筛孔流走，大于筛孔的杂质被清理出来。常用的筛选设备有：圆筒初清筛、鼠笼式初清筛、网带式初清筛和圆锥初清筛。

利用导磁性的不同，利用磁选法磁选。因磁性金属具有极易被磁化的性质，在原料中的磁性金属杂质被磁化后与磁场的异性磁极相互吸引而与物料分离。常用的磁选设备有永磁筒磁选器、永磁滚筒磁选机、溜管磁选器等。

根据物体质量不同利用悬浮速度差异，用吸风除尘法除尘。

各饲料厂根据各自不同情况，可采取单项措施，也可采取综合措施。

二、材料和器具

具有完整配合饲料生产设备厂家的生产车间。

三、方法和步骤

（一）磁选

了解设备上磁选部件的类型和位置，掌握磁选设备的清理和维护。同时判断原料中金属类杂质的清理原理。

重点掌握的技能：磁选设备的调整、清理、维护。

（二）初清筛

了解设备中的初清筛类型，掌握初清筛的筛孔参数和生产参数，验证初清筛的工作原理，分别从不同的筛面取样进行颗粒大小测量，如果企业有条件的可以进行通过率计算。

根据实训饲料厂各自不同情况，进行原料除杂率计算。

重点需要掌握的实践技能：开机前检查、开机顺序（先开风机）、进料量控制技术、关机顺序（后关风机）、吸风管道风速调节、筛面清理、润滑保养。

（三）其他类型的初清设备

可根据实习企业具体情况，并参照理论课内容进行学习。

四、实训报告

阐述实习企业实际采用的原料清理工艺和特点。

实训二　原料的粉碎

一、目的和要求

使学生了解饲料粉碎工段使用的各类粉碎机特点以及设备的操作、维护和维修技术等内容。认知一、二次粉碎工艺，了解各自的特点。

认识锤片式粉碎机、辊式粉碎机、爪式粉碎机、特种粉碎机等设备的组成和工作原理。掌握设备的管理和维护技术。

通过对粉碎机粉碎效率的调节，学习粉碎机岗位的主要工作内容。

实习企业最佳粉碎效率的调节参数确定。

在实训过程中，重点关注影响锤片式粉碎机粉碎效果的主要因素，其中锤片厚度、锤片数目、锤筛间隙、筛子直径、筛子面积及开孔率、通风量、物料种类及含水量等。

了解一次粉碎工艺和二次粉碎工艺，先粉碎后混合和先混合后粉碎工艺，并根据实际情况做出优、劣描述。

二、材料和器具

具有完整配合饲料生产设备厂家的生产车间。

三、方法和步骤

粉碎工段需要学生通过实训，掌握实训企业用到的各种粉碎机类型（重点是锤片粉碎机、辊式粉碎机、爪式粉碎机）各自的特点。

认识实训企业生产工艺中粉碎工艺类型。

（一）粉碎机设备

了解粉碎机的工作原理、锤片类型、进料类型、锤片厚度、锤片数目、锤筛间隙、筛子直径、筛子面积及开孔率、通风量、物料种类及含水量等。了解粉碎机开机顺序、关机顺序、工作过程中的注意事项、进料调节技术等。掌握粉碎机的维护和保养技术。

重点掌握锤片式粉碎机的常见故障及排除方法，熟练进行粉碎粒度的测定。

（二）粉碎工艺

掌握一次、二次粉碎工艺，先粉后配和先配后粉工艺的特点及其对比。

四、实训报告

绘制粉碎工艺图，写出该段工艺特点及工艺说明。

实训三 配料与混合

一、目的和要求

熟知实训企业自动配料系统的工艺和特点。掌握通过中控控制加工设备运转的技术，熟知工控机及中控屏显示各种反馈信息所表达的内容，重点学习内容包括以下 3 个方面。

（一）自动配料系统

以工控机（微机）为中心，结合机电设备组成闭环系统，发出、运算、反馈对象是电子秤的重量信号、各种开关量的输入信号，控制给料机、秤斗闸门、混合机闸门和油脂添加开关阀等机电装置。有些大型饲料厂的中控可控制整条生产线。从而实现自动化生产、数据存储计算、预警等功能。

通过料仓上显示料仓内物料高度的监控装置料位指示器（简称料位器）控制料仓进料，保证料仓原料量控制以满足后续生产。自动配料系统的中心环节就是配料秤，在配料时按照生产配方要求，由生产控制应用程序自动控制配料，由所需各种原料相应料仓绞龙分别下料，秤斗重量产生的变化经计算机采集得到，当所需料量达到设定值时转到下一种料配置。当各种料都配置完后，此时配料过程结束，进入混合阶段。如果需要油脂添加和微量组分添加，可自动添加，也可示警提示（大多数饲料厂采用警示人工添加方式）。

（二）混合过程

称料结束，投入混合机，开始混合。当混合达到设定混合时间后，则开启混合机门并自动计时，进入混合机排料过程。

（三）混合机排料过程

按照混合机排料速度设定开门时间，当达到设定开门时间时关闭混合机门。这样就完成了一次自动配料。

同时，上述 3 个过程不是孤立工作，而是有机结合的，混合机混合料的同时，配料秤也在同时配料，保证配料工段和混合工段的不脱节，确保自动生产的连续性。

二、材料和器具

具有完整配合饲料生产设备厂家的生产车间。

三、方法和步骤

（一）料仓

熟悉各个料仓的类型、容量、编号、装载原料种类。根据实际料位器判断料位器的种类，熟悉叶轮式、阻旋式、薄膜式、电容式和电阻式等料位器类型特点和参数。能够判断料仓拱结故障，掌握破拱的方法。

（二）配料（中控）

现代饲料加工设备要求配备中控自动配料系统。也是饲料设备运行的重要设备，是了解整个饲料加工工艺的主要岗位。配料主要包括料仓的控制和自动配料系统 2 个部分。

1. 自动配料系统

掌握工控机（有些饲料厂使用的是微机）的操作规程，熟悉所装软件的使用方法，能够做到数据的输入和输出，实现配方的调整和数据打印上报。能通过混合机进料、混合、出料的生产时间，测算出该设备的实际小时生产量和年生产量。

能够通过工控机实现电子秤、给料机、秤斗闸门、混合机闸门和油脂添加开关阀等设备的软控制以及电器柜控制。实时监控配料精度（静态和动态），掌握常见故障警示出现后的处理方法，静态和动态配料精度的自测方法。能够实现自动、手动切换功能。

熟知中控室工艺图上面每个显示灯的意义和相对应生产设备上的位置。

2. 喂料器

为了提高配料精度，在进行自动称量时配备有喂料器，需要掌握喂料器的种类和特点，能够独立完成静态、动态精度标定的测试。

（三）混合机

了解混合机的类型、特点、生产量。要求熟悉混合机进料、混合、出料3个过程工作时段和原理，掌握3个程序最佳配合时间和调控。

熟悉饲料厂设备中混合机（一般饲料厂拥有2台以上的混合机）的结构和特点。熟练掌握混合机的操作规程，能完成混合机使用、操作、维修保养及一般故障的排除，了解影响自动配料精度的因素。熟练掌握混合机进料顺序及原理，正确处理小料添加操作。

可以独立完成混合机的清洗操作，能调节混合机出料口闸门的松紧度。

掌握混合机后添加技术操作，了解液体原料特性及使用操作规程，熟悉混合机的后添加工艺。

能完成混合机充满系数的设定和测量，能完成混合机残留系数的测定，完成混合机均匀度的测定和计算。

四、实训报告

绘制配料和混合工艺图，写出该段的工艺说明。

实训四 饲料成形

一、目的和要求

饲料成形是粉料经过机械加工后具有一定形状的饲料，如颗粒饲料、块状饲料和碎屑状饲料，是饲料加工工艺中耗电成本最高的一个环节，事关设备的正常运行、生产量、成品质量等多方面的工作，也是技术含量比较高的一个岗位。

一般制粒系统包括粉料调质器、制粒机、冷却器、破碎机、分级筛等。水产等颗粒饲料生产过程往往还包括膨化部分，相应的设备有粉料调质器、膨化机、熟化器、干燥器、冷却器等。

主要完成实训项目有以下3个方面：

1. 调制

饲料喂料设备的调节、蒸汽和水的调节、调制器转速的调节等关键技术。

2. 制粒

制粒机的工作原理和参数。

3. 冷却设备

冷却设备的类型和冷却原理及其主要参数。

二、材料和器具

具有完整配合饲料生产设备厂家的生产车间。

三、方法和步骤

（一）制粒系统

制粒系统学习，主要设备包括粉料喂料器、调质器、制粒机、冷却器、破碎机、分级筛。

要求熟悉饲料粉料"喂料→调质→制粒→冷却→破碎→分级→成品仓"的工艺过程。

掌握制粒机的操作规程，学习制粒机堵刀等常见故障的排除方法。学习颗粒破碎时轧辊之间的距离的调整。切刀的调节。熟练掌握开关机顺序、清除压制室积料及停机油性饲料的使用方法。掌握环模制粒机的维护和保养。

通过综合协调蒸汽、水、粉料三者进量的关系，掌握颗粒料调制技术，在允许满负荷生产的情况下实现颗粒出料量、硬度等指标的控制。

了解制粒机类型属于往复柱塞式、螺旋挤压式、环模式、平模式、卷扭式的哪一种，特别要掌握常见的环模式和平模式的结构特点和工作原理。进一步掌握实训设备中选用的制粒机型号、参数。

掌握轧辊、环模间隙的调整、切刀位置的调整、喂料器转速的调整、搅拌器桨叶角度的调整和蒸汽添加量的调整技术。

掌握颗粒料压缩比的计算方法（容重计算方法）、颗粒料硬度测量方法、粉料率计算方法。

如果实训企业有平模颗粒机，要熟悉其所有相关环节的技术及特点。

（二）膨化系统（根据实习企业是否具有该生产工艺选择学习）

水产颗粒等饲料生产过程包括膨化系统，学习相应的设备粉料调质器、膨化机、熟化器、干燥器、冷却器等。

（三）逆流式冷却器

观察逆流式冷却器的工作原理和基本结构。熟悉调整顶部 2 个棱锥形散料器的位置技术，使进入料仓的颗粒能够均匀地向四周分散，均匀地堆积在料仓内；调整排料器的排料流量大小，以适应制粒机产量的要求；通过调整冷却器排料机构处的手轮，前后移动固定排料框，改变固定排料框和活动排料框之间的相对位置，从而改变排料流量；掌握通过改变排料电机的工作时间来调整料仓内料位器的位置从而改变冷却时间的技术。

调整间歇停机时活动排料框位置。保证间歇停机时活动排料框处于不漏料的位置。

取少量样品进行感官鉴定硬度和温度，学习调整排料器的排料流量大小的方法，确定冷却时间，确定冷却温度的变化。

（四）辊式破碎机

观察固定辊、可调节辊、轧距调节机构、旁路机构、传动机构、安全开关等构件。注意其主要工作部件以一定速比逆向旋转的轧辊特点。两轧辊表面加工的不同形状、一定方向的齿纹。可以根据颗粒饲料的尺寸大小进行调整的两辊之间间距、旁路机构。如果企业使用的是两对轧辊水平并排布置，其优点是生产率高、进料能够较好地均布的四辊结构，可对比双辊结构及其效率。

（五）平面回转筛

观察平面回转筛的基本结构和工作原理，掌握平面回转筛的操作规程，特别是停机和开机顺序以及进料时间等关键技术。掌握测定粉料率样品取样方法，并计算粉料率。

（六）制粒后添加工艺

主要掌握热敏物质的后添加原理、设备和工作原理。

四、实训报告

绘制制粒和冷却工艺图，写出该段的工艺说明。

实训五　饲料包装

一、目的和要求

机械包装设备由机械自动定量秤、夹袋机构、缝袋装置和输送装置组成。目前有些厂家还增加了垒垛机器人等设备。

主要学习以下 3 个方面的内容：

喂料设备的组件、原理和调节。

自动定量秤的定量原理和校正。

缝纫设备的运行和保养。

二、材料和器具

具有完整配合饲料生产设备厂家的生产车间。

三、方法和步骤

通过包装设备的观察掌握饲料包装自动称量原理，熟悉包装设备的参数，以及包装过程中的复核程序，掌握包装、标签、合格证等物件的领用规范和管理制度。掌握缝包机的操作技术和一般故障的排除方法。

掌握缝口系统、供料喂料系统、称量系统、杠杆系统、装袋系统等设备的工作原理及技术指标，能够进行夹袋装置调整、喂料及排料速度调整、气动三联件的调整、缝包输送速度的调整等。

运行过程中对定量设备的验证和调整操作。

四、实训报告

绘制自动包装工艺图，写出该段的工艺说明。

实训六　物料输送设备

一、目的和要求

了解饲料厂生产设备中多种输送设备，常见的有胶带输送机、斗式提升机、刮板输送机、螺旋输送机、气力输送设备和电动提斗等。

二、材料和器具

具有完整配合饲料生产设备厂家的生产车间。

三、方法和步骤

（一）胶带输送机

熟悉胶带输送机的主要构成件——输送带、主动滚筒、张紧滚筒、托辊、张紧装置、进料装置、卸料装置和机架等。了解胶带输送机的适用范围，设备特点和优缺点。

掌握胶带输送机的启停操作规程、料包计数设备等，掌握胶带输送机的维护和保养。

（二）斗式提升机

熟悉斗式提升机的结构和适用范围，掌握机头、机筒、机座、畚斗带、畚斗、传动机构和张紧装置等构件组成，了解斗式提升机的优、缺点和操作规程，掌握斗式提升机的维护和常见故障的维修。

（三）螺旋输送机

熟悉螺旋输送机的结构和适用范围，掌握机壳、螺旋体、进料口、卸料口、驱动装置等构件组成。了解螺旋输送机的优、缺点，掌握螺旋输送机操作规程和维修维护事项。熟悉开车停机的操作顺序，掌握堵塞故障的排除。

（四）刮板输送机

从设备中掌握刮板输送机的分类和结构，即平底型和圆底型，熟悉由机头、机尾、中间段、刮板链条和驱动装置等组成的构件。了解刮板输送机的优、缺点，掌握刮板输送机的操作规程和维修维护事项，掌握头尾轮平行调试方法和空车试车技术。能够排除常见的链条跑偏、断链、卡顿异常声音等故障。

（五）气力输送装置

能够区分吸送式、压送式和混合式 3 种不同形式的气力输送类型。熟悉接料器（或吸嘴、给料器、供料器）、分离器（或卸料器）、关风器、除尘器、输料管、风管和高压风机等构件组成。了解气力输送的优、缺点，熟悉气力输送的开关机操作程序。

四、实训报告

描述实训企业输送设备的特点，对比其优、缺点。

实训七　除尘设备

一、目的和要求

除尘是饲料厂安全生产的必须要求，根据相关国家制度及标准规程的要求，饲料厂除尘设备至少在投料口和包装口使用单点除尘，其余容易产生粉尘的设备上采用集中除尘的方法。同时要求除尘技术至少使用布袋式和脉冲式或以上的除尘设备。所以除尘设备的维护和运行是安全生产、人员健康的必要条件。

二、材料和器具

具有完整配合饲料生产设备厂家的生产车间。

三、方法和步骤

（一）离心除尘器

了解离心除尘器的结构及选用原则，熟悉圆筒、圆锥筒以及进风口等组件，了解影响离心除尘器除尘效率的因素，掌握定期清理除尘器内壁上黏附的粉尘的方法。

（二）袋式除尘器

了解袋式除尘器的工作原理，布袋除尘器的优、缺点。掌握布袋除尘器的定期清理方法和操作规程。

（三）脉冲布袋除尘器

了解脉冲布袋除尘器的结构及特点，熟悉机体、滤袋装置、脉冲控制仪、电磁阀、喷吹装置、储气罐、排料机构等组成构件。同时了解附件关风器的结构及作用，掌握关风器的维修、保养。

四、实训报告

完成除尘工艺和工艺说明，并分析其合理性。

实训八　饲料产品质量管理

一、目的和要求

饲料产品质量管理在饲料企业简称"品管"，是饲料生产整个过程的重要工作，也是学生在饲料生产企业进行实训的重要环节。

影响饲料产品质量的因素很多，包括配方制定、原料采购、工艺流程、设备状况、操作水平、贮存运输、销售及售后服务等很多环节，其中任何一个环节的疏漏都会导致整个过程无效，因而产品质量管理在饲料生产中占有举足轻重的地位。

二、材料和器具

可控质量管理手册。

三、方法和步骤

（一）原料采购与管理

1. 供应商评价

熟悉流程，包括供应商的初选、供应商的现场考评、样品检测或试用，最后对供应商进行评价和再评价。在评价过程中掌握供应商必须符合的相关资质以及符合相关国家法律法规强制要求的条件。同时具备技术先进性、质量稳定性、安全保证性、行业信誉、财务状况以及环保等评价指标，同时参考供应商的服务能力、社会责任、行业影响等因素。

2. 原料采购与验收

掌握原料验收流程，熟悉原料采购制度。根据制度中的标准进行现场和化验室双重验收，形成完整信息的原料检验记录并留样。掌握不合格原料的处理方法。

3. 原料仓储管理

熟悉原料仓管理制度，理解库位和垛位的规划方案，对垛位标识卡填写内容能够熟练操作，能填写出入库记录，能够独立完成库房盘点和巡查。可根据原料特征，用手、眼、鼻等感官对原料的形状、色泽、气味、干湿等项进行鉴别。了解出现异常情况的处置方法。

4. 原料进货台账

能填写纸质版和电子版进货台账，并能平账。

（二）生产过程控制

1. 工艺设计文件与工艺参数

完全理解工艺和参数的意义，并能了解当前饲料工艺的发展现状，从而总结出实训企业工艺的特点和优缺点。结合工艺熟知饲料设备清单和实际位置，能够一一对应。

2. 生产岗位操作规程

熟悉主要设备的操作规程。

3. 生产记录

要求能看懂所有的生产记录，并能从任意一个记录进行顺推和逆推。

4. 防止交叉污染与外来污染

监督执行无药物在先和生产线清洗规范的使用情况，在巡查中严格检查小料等盛放器具的使用情况，以及定期清理情况，熟悉哪些行为可引起外来物污染和交叉污染并排除。

5. 产品配方和标签管理

可以对配方和标签的专人管理和使用过程按照制度进行抽检和监督检查。

6. 产品混合均匀度的控制

掌握混合配方号、混合次数、混合时间、检验结果、最佳混合时间等指标的检查和监控方法，熟知混合均匀度检验和抽检验证规定，对混合机进行检查监督的流程。

7. 生产设备管理

了解设备的采购与验收程序，对设备使用说明书与操作规范、维修维护之间的逻辑关系能捋顺。并学习按照操作规程对相应设备维护保养记录的检查，从而熟知整个设备的运行情况。监督检查设备的完好性和规章的执行度。

8. 安全生产

特别要关注的是饲料厂的选址和设施是否符合相关安全与环保要求。消防设备是否齐全并可正常使用，安全警示标志有哪些。劳动物理保护条件是否齐备。

（三）产品质量控制

1. 现场质量巡查

掌握实训企业的巡查位点（包括重要作业场所、重要工序、关键环节和关键设备）、巡查内容、异常情况描述、处置方式、巡查时间等。能够填写现场质量巡查报告。

2. 检验管理制度

熟知检验管理制度中的相关职责、样品抽取方法。能对检验结果进行判断。

3. 产品质量检验

了解企业产品的出厂检验程序和检验项目，了解产品的定期检验项目和方法，根据检验结果，填写出厂检验记录。了解产品的型式检验的时点和范围。

4. 仪器与设备

该条主要针对化验员岗位实训：掌握企业化验室分析仪器设备的使用技术，了解分析仪器设备的维护。能独立完成企业能够进行的所有检测项目（主要包括原料进厂检验和产品出厂检验，均依据企业自己选用或制定的标准）。

5. 试剂与溶液

了解化学试剂的管理制度，熟悉化学试剂的配制和使用方法，掌握数据的分析和判断方法（该条主要针对化验员岗位实训）。

6. 检验能力验证

经常对自己检验能力的再检验，可以通过曾经检验项目留存样品进行再检验，与企业原化验人员进行对比检验，如果有条件，也可用第三方有资质的单位分析数据进行检验（该条主要针对化验员岗位实训）。

7. 产品留样观察

熟知留样观察制度，独立完成留样观察记录的填写。

8. 不合格产品管理

能判断不合格产品，熟知不合格产品的处理程序。

（四）产品的储存与运输

1. 产品的仓储管理

熟知仓储管理制度，了解库位规划、堆放方式、垛位标识、库房环境、鼠虫鸟防范、库房安全等规定。

2. 运输车辆的安全卫生

熟知运输车辆在企业内的行走路线，可检查运输车辆的卫生状况。

（五）产品投诉与召回

能够熟练掌握处理客户投诉、产品召回，以及召回产品后的处理流程。

（六）档案与记录

学习企业设备仪器管理档案的建立和管理、生产记录档案的建立和管理。

四、实训报告

完成所有质量控制点的描述和对质量管理手册的分析。

第二十章　饲草饲料加工与贮藏实训

实训一　青贮饲料的调制

一、目的和要求

掌握青贮饲料的调制技术，加深理解青贮的原理。比较禾本科牧草与豆科牧草的青贮方法。

二、材料和器具

燕麦、披碱草、麦鬓草、冰草等禾本科牧草。

紫花苜蓿、箭筈豌豆、豌豆等豆科牧草。

镰刀、铡刀、铁锨、塑料布。

三、方法和步骤

（一）挖窖

在实验地较干燥、较高地势挖窖，长×宽×高 = 0.5m×0.5m×1.0m。四角挖成圆形角，底部夯实。

（二）刈割牧草

在牧草适宜刈割期刈割牧草，刈割时留茬高度为 5cm。

（三）预干

刈割后平铺于地面预干，使含水量降至 65%～75%。

（四）铡短或捆成捆

将预干后的牧草铡成 2～5cm 的短段，或捆成捆。

（五）装填、压实

逐层装填，用力压实，以利于造成厌氧环境。

（六）覆盖、密封

用塑料布覆盖原料，再用土覆盖，夯实。

四、实训报告

1. 对比分析。

2. 关键技术环节的分析。

实训二　青干草的调制

一、目的和要求

掌握青干草的调制技术，加深理解青干草调制的原理。比较禾本科牧草与豆科牧草的青干草调制特点。

二、材料和器具

燕麦、披碱草、麦鬔草、冰草等禾本科牧草。
紫花苜蓿、箭筈豌豆、豌豆等豆科牧草。
镰刀、秤、塑料布。

三、方法和步骤

（一）刈割牧草
在牧草适宜刈割期刈割牧草，刈割时要留茬 5cm。通过感官鉴定确定原料的含水量。
（二）草趟干燥
牧草刈割后称重，平铺于地面上的无纺布上干燥，每日傍晚称重，或采用感官鉴定法测定含水量，使含水量降至 40%～50%。
（三）草垄干燥
含水量降至 40%～50%后，将牧草搂成草条干燥，每日傍晚称重，或采用感官鉴定法测定含水量，使含水量降至 25%～30%。
（四）草堆干燥
含水量降至 25%～30%后，将牧草搂成草堆干燥，每日傍晚称重，或采用感官鉴定法测定含水量，使含水量降至 15%～18%。
（五）称取脱落叶片的重量，计算叶片的损耗率。

四、实训报告

1. 绘制不同处理牧草干燥曲线图。
2. 对比分析。
3. 总结青干草调制的方法和关键技术。

实训三　秸秆的氨化

一、目的和要求

掌握秸秆氨化的调制技术，加深理解秸秆氨化的原理。比较不同因素对氨化效果的影响。

二、材料和器具

小麦秸秆、尿素、生石灰、粉碎机、氨化盒、秤。

三、方法和步骤

秸秆粉碎。

调节含水量至50%，氨源溶于水中，用量为4%。

添加氨源，边加边搅拌。

装填、压实、密封。

品质鉴定

通过如下指标鉴定秸秆的品质。

质地：氨化秸秆柔软蓬松，用手紧握没有明显的扎手感。

颜色：不同秸秆氨化后的颜色与原色相比都有一定的变化。经氨化的麦秸颜色为杏黄色，未氨化的麦秸为灰黄色，氨化的玉米秸为褐色，其原色为黄褐色。

pH 值：氨化秸秆偏碱性，pH 值为 8.0 左右，未氨化的秸秆酸性，pH 值约为 5.7。

气味：一般成功的氨化秸秆有糊香味和刺鼻的氨味。氨化玉米秸的气味略有不同，既具有青贮的酸香味，又有刺鼻的氨味。

发霉情况：一般氨化秸秆不易发霉，因加入的氨具有防霉杀菌作用。氨化秸秆有部分已发霉时，则不能用于饲喂家畜。

四、实训报告

1. 品质鉴定结果。

2. 对比分析。最好与饲料营养分析大实验结合进行，可以与未处理的相同秸秆进行对比分析。

3. 找出技术的关键点。

实训四　青贮饲料的品质鉴定

一、目的和要求

掌握评定青贮饲料品质的一般方法，取调制好的青贮料，从颜色、味道、酸碱度等指标方面，综合评定青贮饲料的品质。

二、材料和器具

调制好的禾本科和豆科青贮料。

主要仪器设备材料：白瓷比色盘、滤纸、酸度计、烧杯、标准缓冲液等。

三、方法和步骤

（一）感官鉴定法

开启青贮窖取样，根据青贮料的颜色、气味、质地、结构等指标，通过感官评定其品质好坏，具体见表20-1。

表20-1 感官鉴定标准

品质等级	颜色	气味	酸味	结构
优良	青绿或黄绿色，有光泽，近于原色	芳香酒酸味，给人以好感	淡	湿润、紧密、茎叶花保持原状，容易分离
中等	黄褐或暗褐色	有刺鼻酸味，香味淡	中等	茎叶花部分保持原状，柔软、水分稍多
低劣	黑色、褐色或暗墨绿色	具特殊刺鼻腐臭味或霉味	淡	腐烂、污泥状、黏滑或干燥或黏结成块，无结构

1. 色泽

优质的青贮饲料非常接近于作物原先的颜色。若青贮前作物为绿色，青贮后仍为绿色或黄绿色最佳。青贮器内原料发酵的温度是影响青贮饲料色泽的主要因素，温度越低，青贮饲料就越接近于原先的颜色。对于禾本科牧草，温度高于30℃，颜色变成深黄；当温度为45~60℃时，颜色近于棕色；超过60℃时，由于糖分焦化近乎黑色。一般来说，品质优良的青贮饲料颜色呈黄绿色或青绿色，中等的为黄褐色或暗绿色，劣等的为褐色或黑色。

2. 气味

品质优良的青贮料具有轻微的酸味和水果香味。若有刺鼻的酸味，则醋酸较多，品质较次。腐烂腐败并伴有臭味的则为劣等，不宜喂家畜。总之，芳香而喜闻者为上等，刺鼻者为中等，臭而难闻者为劣等。

3. 质地

植物的茎叶等结构应当能清晰辨认，结构破坏及呈黏滑状态是青贮腐败的标志，黏度越大，表示腐败程度越高。优良的青贮饲料，在窖内压得非常紧实，但拿起时松散柔软，略湿润，不粘手，茎叶花保持原状，容易分离。中等青贮饲料茎叶部分保持原状，柔软，水分稍多。劣等的结成一团，腐烂发黏，分不清原有结构。

（二）实验室鉴定法

1. 测pH值

pH值是衡量青贮饲料品质好坏的重要指标之一。实验室测定pH值，可用精密雷磁酸度计测定，生产现场可用精密石蕊试纸测定。优良的青贮饲料pH值为3.8~4.2；中等青贮饲料的pH值为4.6~5.2；说明青贮发酵过程中，腐败菌、酪酸菌等活动较为活跃。劣质青贮饲料的pH值为5.5~6.0。

2. 青贮饲料的腐败鉴定

青贮饲料腐败鉴定的原理是，如果青贮饲料腐败变质，其中含氮物必分解形成游离氨。鉴定方法：在试管中加 2mL 盐酸（比重 1.19）、酒精（95%）和乙醚（1 : 3 : 1）的混合液，将中部带有一铁丝的软木塞塞入试管口。铁丝的末端弯成钩状，钩一块青贮饲料，铁丝的长度应距离试液 2cm，如有氨存在时，必生成氯化氨，因而在青贮饲料四周出现白雾。

四、实训报告

1. 品质鉴定结果。
2. 对比分析。

实训五　青干草的品质鉴定

一、目的和要求

掌握评定青干草品质的一般方法，取调制好的青干草，从颜色、气味、含叶量、含水量等指标综合评定青干草的品质。

二、材料和器具

调制好的青干草。

主要仪器设备：白瓷比色盘、天平等。

三、方法和步骤

（一）干草的颜色及气味

干草的颜色和气味是干草调制好坏的最明显标志。胡萝卜素是鲜草各类营养物质中最难保存的一种成分。干草的绿色程度愈高，不仅表示干草的胡萝卜素含量高，而且其他成分的保存也愈多。按干草的颜色，可分为以下 4 类：

鲜绿色：表示青草刈割适时，调制过程未遭雨淋和阳光强烈暴晒，储存过程未遇高温发酵，能较好地保存青草中的养分，属优良干草。

淡绿色（或灰绿色）：表示干草的晒制与储存基本合理，未受到雨淋发霉，营养物质无重大损失，属良好干草。

黄褐色：表示青草收割过晚，晒制过程中虽受雨淋，储存期内曾经过高温发酵，营养成分损失严重，但尚未失去饲用价值，属次等干草。

暗褐色：表明干草的调制与储存不合理，不仅受到雨淋，而且已发霉变质，不宜再做饲料之用。

干草的芳香气味：是在干草储存过程中产生的，田间刚晒制或人工干燥的干草并无香味，只有经过堆积发酵后才产生此种气味，这可作为干草是否合理储存的标志。

优等色泽：青绿，香味浓郁，没有霉变和雨淋。

中等色泽：灰绿，香味较淡，没有霉变。

较差色泽：黄褐，无香味，茎秆粗硬，有轻度霉变。

劣等色泽：霉变严重。

（二）干草的含叶量

干草含叶量的多少是干草营养价值高低的最明显指标，叶片所含的蛋白质、矿物质、维生素等都远远超过茎中的含量，叶片的消化性也较高。青干草的叶片保有量在75%以上为优等；50%~75%为中等；低于25%的为劣等。

（三）干草的含水量

干草的含水量高低是决定干草能否长期储存不致变质的主要标志，按含水量高低，干草可分为4类，即干燥、中等干燥、潮、湿。

四、实训报告

1. 品质鉴定结果。
2. 对比分析。

第二十一章 数据统计分析实训

实训一 统计分析软件的基本操作及数据预处理

一、目的和要求

使学生了解 SPSS 统计分析软件的基本特征、结构、运行模式、工作模式等，对 SPSS 软件有一个基本的认识；使学生具备安装 SPSS 软件的能力；要求学生熟悉和掌握 SPSS 的基本操作；使学生理解并掌握创建 SPSS 数据文件的原理和方法，具备数据文件创建、数据录入、数据查询与修改、删除、数据编辑处理等操作技能。

二、材料和器具

计算机、SPSS 统计分析软件。

三、方法和步骤

（一）SPSS 软件启动

首先将 SPSS 统计分析软件正确安装在计算机中，Windows 10 操作系统下，依次单击 "开始" → "IBM SPSS Statistics"，在下拉菜单中单击 "IBM SPSS Statistics" 图标，即可启动 SPSS 软件（SPSS Statistics 20.0 版），进入 SPSS for Windows 工作界面（图 21-1）。

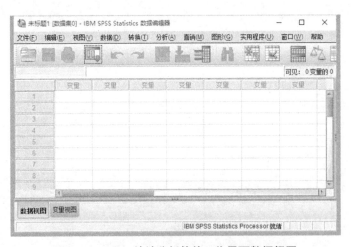

图 21-1 SPSS 统计分析软件工作界面数据视图

（二）SPSS 退出

SPSS 软件的退出方法与其他 Windows 应用程序相同，有 2 种常用的退出方法：

1. 菜单栏单击"文件"→"退出"。

2. 单击 SPSS 窗口右上角的"关闭"按钮，回答系统提出的是否保存之后，即可安全退出程序。

（三）SPSS 的主要工作窗口

SPSS 软件运行过程中会出现多个界面。其中，主要界面有：数据视图、变量视图、结果输出视图和语法编辑视图。

1. 数据视图

启动 SPSS 软件后的第一个工作界面即为数据编辑窗口。SPSS 的数据编辑窗口由 2 个视图组成（图 21-2）。在数据编辑窗口可以进行数据的录入、编辑以及变量属性的定义等，是 SPSS 的基本界面。该窗口主要由标题栏、菜单栏、工具栏、编辑栏、变量名栏、观测序号、窗口切换标签、状态栏等组成。

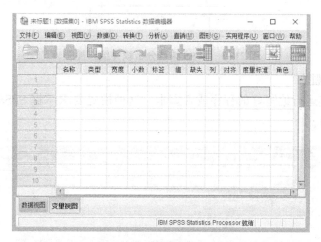

图 21-2 SPSS 统计分析软件工作界面变量视图

标题栏：显示数据文件名。

菜单栏：通过对菜单中命令的选择，可以进行几乎所有的 SPSS 操作。关于菜单的详细操作步骤将在后续内容中分别介绍。

编辑栏：可以输入数据，以使它显示在内容区指定的位置。

变量名栏：列出了数据文件中所包含变量的变量名。

观测序号：列出了数据文件中的所有观测值。观测的个数通常与样本容量的大小一致。

窗口切换标签：用于"数据视图"和"变量视图"的切换即数据浏览窗口与变量浏览窗口。数据浏览窗口用于样本数据的查看、录入和修改。变量浏览窗口用于变量属性定义的输入和修改。

状态栏：用于说明 SPSS 软件当前的运行状态。

2. 结果视图

在 SPSS 软件中，大多数统计分析结果都将以表和图的形式在结果视图中显示。窗口右侧显示统计分析结果，左侧是导航窗口，用来显示输出结果的目录，可以通过单击目录来展开右边窗口中的统计分析结果。当用户对数据进行某项统计分析，结果输出视图将被自动调出（图21-3）。

图21-3　SPSS统计分析软件结果视图

3. 语句编辑视图

该窗口中直接运行编写好的程序或者脚本，这种模式要求掌握SPSS软件的语句或脚本语言（图21-4）。

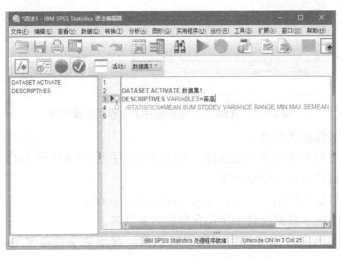

图21-4　SPSS统计分析软件语句编辑视图

（四）数据文件的创建和操作

SPSS数据文件是一种结构性数据文件，由数据的结构和数据的内容2个部分构成。

1. SPSS软件变量的属性

SPSS软件中的变量有多个属性，分别是变量名（Name）、变量类型（Type）、宽度（Width）、小数点位置（Decimals）、变量名标签（Label）、变量值标签（Value）、缺失值（Missing）、数据列的显示宽度（Columns）、对齐方式（Align）和度量标准（Measure）。

定义一个变量至少要定义它的两个属性，即变量名和变量类型，其他属性可以暂时采用系统默认值，待以后在分析过程中根据需要再对其进行设置。

在 SPSS 数据编辑窗口中单击"变量视图"标签，进入变量视图界面（图 21-2）即可对变量的各个属性进行设置。在变量命名时，须符合 SPSS 的要求；变量类型包括数值型、字符型、日期型；在度量标准属性中，度量方式分为 3 种类型，度量：即数值变量；序号和名义：均为分类变量，前者的变量取值间有内在的大小顺序或等级，如等级制成绩，后者的变量取值没有内在联系，如省份。

2. 创建数据文件

选择菜单"文件"→"新建"→"数据"，新建一个数据文件，进入数据编辑窗口；单击"变量视图"标签进入变量视图界面，根据需要定义每个变量类型；变量定义完成以后，单击"数据视图"标签进入数据编辑界面，将每个具体的变量值录入数据库单元格内。

例：以序号（数值型、整数）、采样点（数值型、整数）、物种（字符串型）、株高（数值型、1 位小数）、地上部生物量（数值型、2 位小数）为变量名建立一个包含 50 条记录的 SPSS 数据分析文件。

3. 保存数据文件

在 SPSS 数据视图窗口录入并编辑完成数据后应及时保存，以防数据丢失。保存数据文件可以通过"文件"→"保存"或者"文件"→"另存为"菜单方式来执行。在数据保存对话框中根据不同要求进行 SPSS 数据保存。

例：将上述建立的 SPSS 数据文件命名为"植物调查"并保存。

4. 打开数据文件

在 SPSS 数据视图窗口，依次单击"文件"→"打开"→"数据"，在"打开数据"对话框找到已保存的 SPSS 数据文件，即可打开已有的数据文件。另外，也可以读取其他数据格式，如 Excel 格式的数据文件。

5. 调整数据属性

（1）打开上述建立的"植物调查"数据分析文件。

（2）进入"变量视图"，将变量"株高"更改为"Height"，将变量"序号"更改为"ID"。

（3）在"Height"变量中的标签处，输入"株高"。

（4）对变量"采样点"，利用值标签区分不同采样地。

（五）数据预处理

1. 数据排序

"数据视图"中，单击 SPSS 菜单栏"数据"→"排序个案"，在"排序依据"中将"Height"变量选入到"排序依据"中，在"排序顺序"中可以选择"升序"或"降序"，然后单击确定，在"数据视图"中得到依据该变量的数值大小排序的结果。

2. 应用函数

SPSS 菜单栏"转换"→"计算变量"，在"函数组"中可以选择不同类型的函数，并在列表中出现相应的各类函数名，选择相应函数即可完成函数计算。

（1）打开上述"植物调查"数据分析文件。

（2）菜单栏"转换"→"计算变量"→"目标变量"处输入"株高对数"，在"函数组"中单击"算术"，在其下方的列表中出现各类函数，双击"Lg10"后该函数进入到"表达式框"中，再双击 Height 变量名，完成表达式，单击确定得到计算结果。

3. 选择个案

SPSS 菜单栏"数据"→"选择个案"，在对话框中选定变量"Height"，在"选择"中选定"随机个案样本"，单击"样本"按钮，在出现的"随机样本"对话框"样本大小"中，在"大约"处自定义期望选择的样本数比例，如 30%，完成后单击"继续"回到"选择个案"对话框，在"输出"处选定"过滤掉未选定个案"，然后单击"确定"，得到个案选择结果。其中，在行号处显示"/"的为未选定的个案。通过此方法可以在数据集中抽取随机样本。

4. 计量资料的次数分布

（1）打开"植物调查"数据分析文件。

（2）SPSS 菜单栏"数据"→"排序个案"→"排序"，依据排序结果得到数据的极值（最小值、最大值）。然后按照自己期望的分组组数，由极差除以组数得到组距，然后设定组限。

（3）SPSS 菜单栏"转换"→"重新编码为不同变量"，对话框中将"Height"移入"输入变量"，在"输出变量"处命名一个新变量"Height group"，完成后单击"更改"。再单击"旧值与新值"，在新的对话框"旧值"中选择"范围"（即组限），在"范围"处分别输入各组的下限（第一组下限可以为数据的最小值）和上限，然后在"新值"处输入"1"，之后单击"添加"。以此类推，将原始数据分为多个组，所有分组完成后，单击"确定"。

（4）SPSS 菜单栏"分析"→"描述统计"→"频率"，将"Height group"选入变量框，单击"图表"，选择"直方图"，图表值为"频率"，单击确定，得到分析结果的图示。

（5）完成上述分析后，保存数据文件，用于其他分析。

（六）图形绘制

1. 条形图绘制

（1）打开"植物调查"数据分析文件。

（2）菜单栏"图形"→"旧对话框"→"条形图"→选中"简单箱图"→选中"个案组摘要"，单击"定义"。

（3）在新的对话框中，"条的表征"中选中"其他统计量"，将变量表中的"Height"选入"变量"框中，另将"Height group"选入"类别轴"中。

（4）单击"标题"按钮，在"第一行"中输入"植物株高数据条形图"。

（5）完成上述设置后，单击"确定"，得到数据的条形图。

2. 线图绘制

（1）打开"植物调查"数据文件。

（2）菜单栏"图形"→"旧对话框"→"线图"→选中"简单线图"→选中"个案组摘要"，单击"定义"。

（3）在新的对话框中，"线的表征"中选中"其他统计量"，将变量表中的"Height"选入"变量"框中，另将"ID"选入"类别轴"中。

（4）单击"标题"按钮，在"第一行"中输入"植物株高数据线图"。

（5）完成上述设置后，单击"确定"，得到数据的线图。

四、实训报告

根据表 21-1 中的数据资料，在 SPSS 软件中完成：

表 21-1 藏系羊体重资料 （kg）

53.0	59.0	50.0	53.0	52.0	55.0	56.0	52.0	45.0
50.0	52.0	53.0	48.0	46.0	62.0	54.0	54.0	44.0
51.0	47.0	51.0	50.0	45.0	51.0	65.0	48.0	52.0
57.0	57.0	54.0	60.0	42.0	50.0	61.0	57.0	50.0
56.0	54.0	56.0	58.0	47.0	43.0	47.0	45.0	52.0
51.0	50.0	50.0	52.0	53.0	53.0	52.0	53.0	52.0
48.0	52.0	52.0	64.0	58.0	42.0	49.0	54.0	55.0
46.0	54.0	50.0	50.0	50.0	56.0	49.0	57.0	50.0
62.0	62.5	52.0	47.0	50.0	54.5	51.0	54.0	54.0
51.0	50.0	43.0	37.0	45.0	45.0	45.0	54.0	57.0
61.0	56.0	62.0	58.0	46.5	48.0	40.0	53.0	51.0
57.0	54.0	59.0	46.0	50.0	54.5	56.0	49.0	56.0
55.0	48.0	45.0	45.0	43.0	56.0	54.0	50.0	46.0
51.0	46.0	49.0	48.5	49.0	55.0	52.0	58.0	54.5

创建一个以"藏羊体重"为文件名的数据分析文件。

在该数据分析文件中将序号、体重定义为变量，并将序号定义为字符型变量、字符长度 16、小数位数为 0；将体重变量定义为数值型变量、字符长度 8、小数位数为 1。

对"体重"进行排序、将"体重"大于 50kg 的个案筛选出来。

利用函数的方法，计算平均体重，并保存在"平均体重"变量中。

将数据整理成次数分布表，并绘制次数分布图。

实训二 描述统计

一、目的和要求

理解和掌握描述统计分析的意义及其原理；熟悉基本描述统计量的类别和对数据的描述功能；熟悉和掌握基本描述统计的 SPSS 方法；学习运用基本描述统计量分析实际问题；引导学生利用正确的统计方法，探索数据内在的数量变化规律性，理解统计思想。

二、材料和器具

计算机、SPSS 统计分析软件

三、方法和步骤

以 100 个某种牧草每穗小穗数为例（表 21-2），计算及分析该数据的一些基本描述统计量，包括均值、方差等。

表 21-2　100 个某种牧草每穗小穗数数据

18	15	17	19	16	15	20	18	19	17
17	18	17	16	18	20	19	17	16	18
17	16	17	19	18	18	17	17	17	18
18	15	16	18	18	18	17	20	19	18
17	19	15	17	17	17	16	17	18	18
17	19	19	17	19	17	18	18	18	17
17	19	16	16	17	17	17	15	17	16
18	19	18	18	19	19	20	17	16	19
18	17	18	20	19	16	18	19	17	16
15	16	18	18	18	17	17	16	19	17

（一）建立 SPSS 数据文件

在 SPSS 软件界面中，菜单栏单击"文件"→"新建"→"数据"，新建一个数据文件（图 21-5）。进入数据编辑窗口完成分析数据的录入。

图 21-5　新建分析数据界面

单击左下角"变量视图"标签进入变量视图界面，定义变量名为"小穗数"，变量类型为"数值型"，数据宽度为"8 位"，小数点后位数为"0"（图 21-6）。

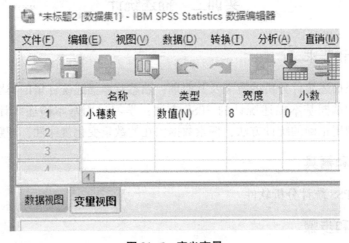

图 21-6　定义变量

变量定义完成以后，单击"数据视图"标签进入数值录入界面，将每个具体的变量值录入到数据库单元格内（图21-7，部分数据）。

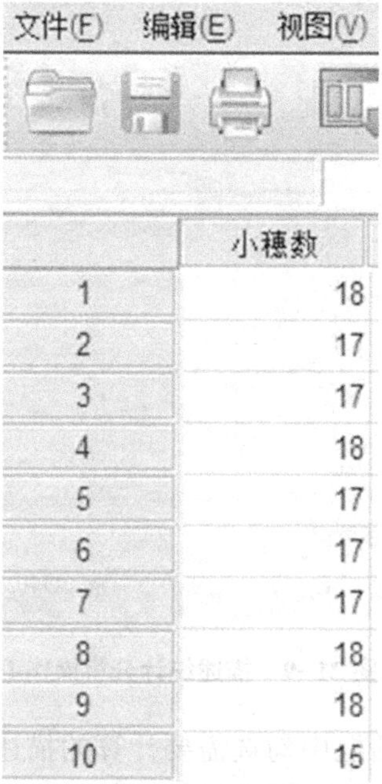

	小穗数
1	18
2	17
3	17
4	18
5	17
6	17
7	17
8	18
9	18
10	15

图21-7 输入分析数据

保存数据。菜单栏单击"文件"→"保存"，在保存对话框中，选择数据文件保存的位置，文件命名后单击"保存"按钮即可（图21-8）。

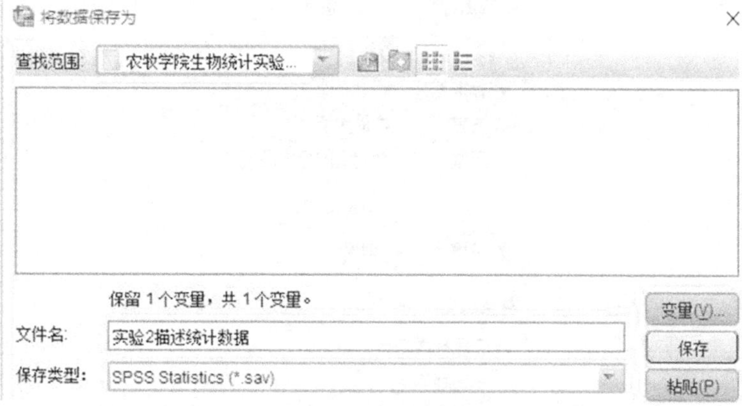

图21-8 保存数据文件

除自行建立分析数据文件外，也可以利用SPSS读取已经建立好的Excel格式或其他数据分析软件格式的数据文件。

（二）描述分析

选择菜单"分析"→"描述统计"→"描述"，将待分析变量"小穗数"移入变量列表框（图21-9）。

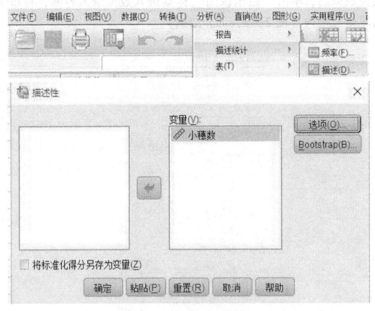

图 21-9　描述统计分析操作 1

　　单击"选项"命令，在对话框中勾选需要计算的描述统计量，然后单击"继续"按钮（图 21-10）后返回到"描述性"对话框，单击"确定"后，在 SPSS 输出窗口查看分析结果。

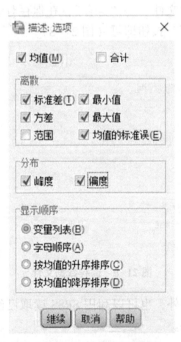

图 21-10　描述统计分析操作 2

　　在结果输出窗口中给出了所选变量的相应描述统计。从分析结果可以看出，参与分析的变量为小穗数，共有 100 个原始数据，数据中最小值、最大值分别为 15、20；平均值为 17.47，平均数的标准误为 0.125；数据标准差为 1.251，方差为 1.565。

统计量中的偏度用于描述变量取值分布形态对称性，当偏度值＝0，表明数据分布为对称分布，正负总偏差相等；当偏度值>0，表明正偏差值大，为正偏，偏度值<0，表明负偏差值大，为负偏。该分析结果中偏度值＝0.022，接近对称分布，略呈正偏。

统计量中的峰度用于描述变量取值分布形态的陡峭程度，当峰度值＝0，表明数据的分布与标准正态分布的陡峭程度相同；当峰度值>0，表明数据的分布比标准正态分布更陡峭；当峰度值<0，表明数据的分布比标准正态分布更平缓。该分析结果的峰度值＝-0.485，表明数据分布较标准正态分布平缓。

（三）频率分析

打开"牧草小穗数"数据分析文件。

SPSS 菜单栏"分析"→"描述统计"→"频率"，将待分析变量"小穗数"移入变量列表框。

单击"统计量"按钮，在出现的"统计量"对话框"集中趋势"中，选中"均值""中位数""众数"，"离散"对话框中选中"方差"等，完成后单击"继续"。

单击"图表"按钮，在出现的"图表类型"对话框中，选中"直方图"和"在直方图上显示正态曲线"，完成后单击"继续"。

单击"确定"按钮得到分析结果。

（四）计数资料的次数分布

利用"牧草小穗数"分析文件，菜单栏依次单击"分析""描述统计""频率"，将"小穗数"选入变量框，单击"图表"，选择"条形图"，图表值为"频率"，单击确定得到分析结果（图 21-11）。

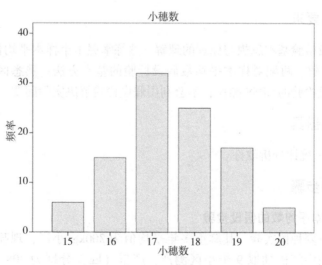

图 21-11 小穗数的次数分布

四、实训报告

利用表21-3数据，在SPSS软件中：①对"株高"进行描述统计分析，分析内容包括均值、标准差、方差、最小值、最大值、标准误、峰度、偏度，将"描述统计分析结果"截图到报告中，并对结果做出专业说明；②绘制"株高"的直方图并在直方图中显示正态曲线，将结果截图到报告中并解读。

表21-3 某种青贮玉米株高测定数据

株号	株高（cm）	株号	株高（cm）
1	170	9	150
2	173	10	157
3	169	11	177
4	155	12	160
5	174	13	169
6	178	14	154
7	156	15	172
8	171	16	180

实训三　统计推断

一、目的和要求

加深统计假设检验基本思想与原理的理解；熟练掌握1个样本平均数、2个独立样本（成组数据）平均数、两配对样本平均数假设检验的基本方法；熟悉区间估计的操作方法；熟练掌握假设检验的SPSS操作；学会利用假设检验解决实际问题。

二、材料和器具

计算机、SPSS统计分析软件。

三、方法和步骤

（一）1个样本平均数的假设检验

某地进行老芒麦种植实验，其鲜重多年平均值为300kg/小区，现喷施某种植物生长调节剂后，在地块中随机抽取9个小区测产，产量（kg）分别为308、305、311、298、315、300、321、294、320。以此实验数据分析该植物生长调节剂对老芒麦地上部鲜重是否产生了影响。

设置变量、输入数据、建立数据文件，在SPSS"变量视图"下，设置分析变量为"鲜重"；进入SPSS"数据视图"，输入原始数据；对数据文件命名保存（图21-12）。

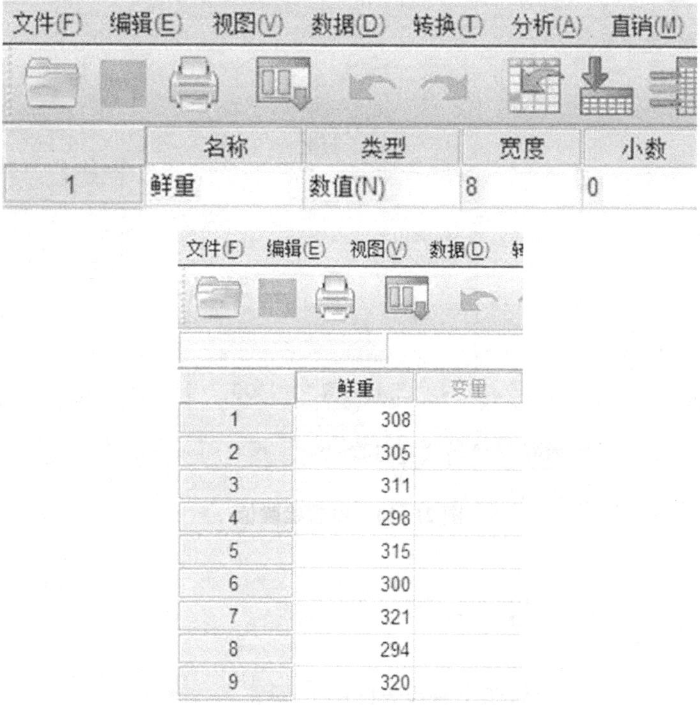

图 21-12　设置分析变量、输入分析数据

依次单击 SPSS 菜单栏"分析"→"比较均值"→"单样本 T 检验"（图 21-13）。

图 21-13　选择单样本 T 检验

在打开的对话框中将"鲜重"选入"检验变量"中，并且在"检验值"框中输入"300"（图 21-14）。

单击"选项"按钮，设置所需要的"置信区间百分比"为 95%。完成设置后，单击"确定"按钮得到分析结果（图 21-15）。

分析结果解读，在 SPSS 分析结果窗口中，给出了最终的分析结果。样本容量为 9，数据均值为 308，标准差为 9.618，均值的标准误为 3.206。

数据检验结果中，t 表示所计算的检验统计量的数值，为 2.50；df 表示自由度，本例中为 8；"Sig（双侧）"表示统计量的 P 值（双尾 t 检验），并与双尾 t 检验的显著水平 α 进行比较，即 $Sig. = 0.04 < 0.05$，说明这批样本的平均鲜重与 300kg 存在显著差异，差异大小为 8kg；"差分的 95% 置信区间"表示样本均值与检验值偏差的 95% 置信区间为 [0.61，15.39]。

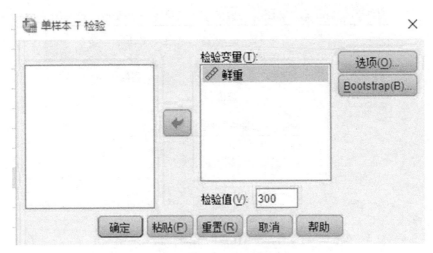

图21-14　设置检验值

图21-15　设置置信区间

（二）一个样本平均数的区间估计

打开上述已建立的SPSS数据文件（图21-16）。

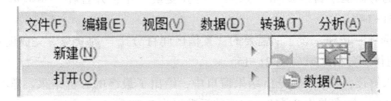

图21-16　打开SPSS数据文件

选择菜单"分析"→"描述统计"→"探索"，打开探索对话框。从变量清单中将鲜重移入因变量列表框中；单击"统计量"按钮，在新对话框中勾选描述性，并依据需要设置置信度，如95%，设置完成后单击"继续"按钮。回到"探索"对话框，单击"确定"按钮进行区间估计分析（图21-17）。

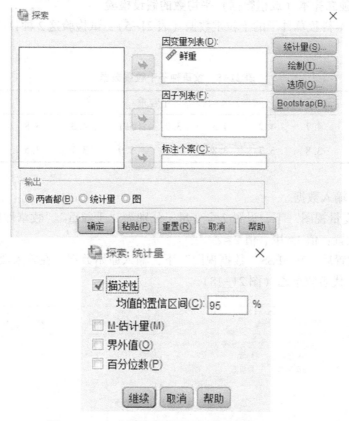

图 21-17　一个样本平均数区间估计的操作与设置

分析结果解读，表 21-4 表明，老芒麦小区鲜重为 300.61～315.39kg 的置信度为 95%，同时还给出了其他统计量的分析结果。

表 21-4　区间估计分析结果

变量			统计量	标准误
	均值		308.00	3.206
	均值的 95% 置信区间	下限	300.61	
		上限	315.39	
	5% 修整均值		308.06	
	中值		308.00	
	方差		92.50	
鲜重	标准差		9.62	
	极小值		294.00	
	极大值		321.00	
	范围		27.00	
	四分位距		18.50	
	偏度		0.00	0.717
	峰度		-1.30	1.400

（三）两个独立样本（成组数据）平均数的假设检验

现有 2 种禾本科牧草种子的千粒重数据（表 21-5），试检验这 2 种牧草种子千粒重有无差异。

表 21-5　牧草种子千粒重数据

牧草种类	千粒重/g									
甲	5.0	4.7	4.2	4.3	3.9	5.1	4.3	3.8	4.4	3.7
乙	3.6	3.8	3.7	3.8	3.6	3.9	3.7	3.5	3.3	3.7

设置变量、输入数据。

在 SPSS“变量视图”下，设置 2 个变量，分别为“千粒重”“牧草种类”；在“牧草种类”变量中设置：值 1=甲、值 2=乙。

完成变量设置后，在 SPSS“数据视图”下，输入原始数据。在输入数据时，“1”代表牧草甲、“2”代表牧草乙（图 21-18）。

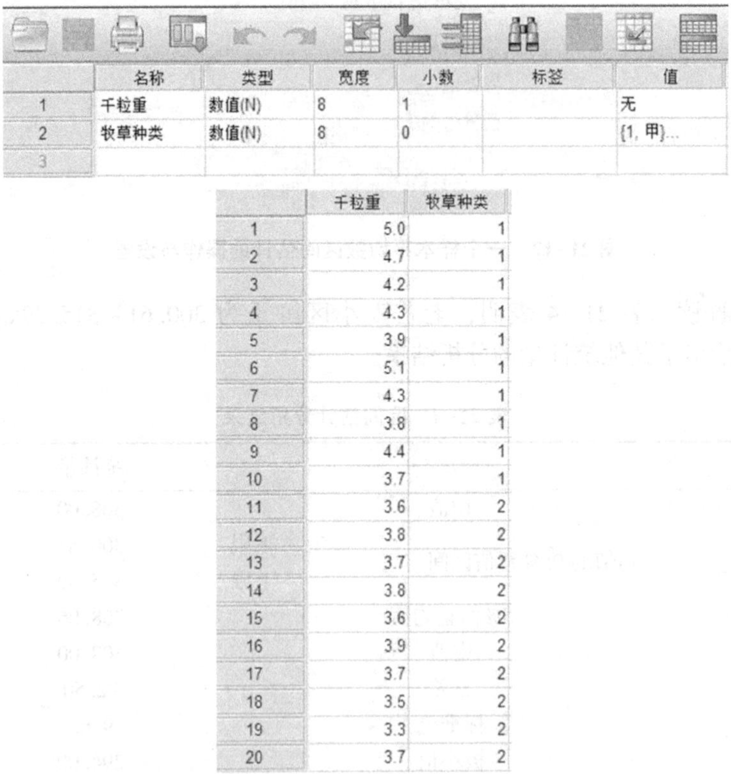

	名称	类型	宽度	小数	标签	值
1	千粒重	数值(N)	8	1		无
2	牧草种类	数值(N)	8	0		{1, 甲}...
3						

	千粒重	牧草种类
1	5.0	1
2	4.7	1
3	4.2	1
4	4.3	1
5	3.9	1
6	5.1	1
7	4.3	1
8	3.8	1
9	4.4	1
10	3.7	1
11	3.6	2
12	3.8	2
13	3.7	2
14	3.8	2
15	3.6	2
16	3.9	2
17	3.7	2
18	3.5	2
19	3.3	2
20	3.7	2

图 21-18　设置变量、输入数据

依次单击 SPSS 菜单栏“分析”→“比较均值”→“独立样本 T 检验”（图 21-19）。

在出现的对话框中，将“千粒重”选入“检验变量”中，将“牧草种类”选入“分组变量”中，此时需要对分组变量进行“定义组”，即单击“定义组”按钮，在新出现的对话框中的“使用指定值”处，分别定义组 1 的值为“1”，组 2 的值为“2”，单击“继

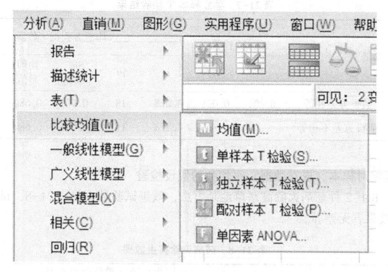

图 21-19　选择独立样本 T 检验

续"关闭该对话框后，单击"确定"按钮（图 21-20），得到分析结果。

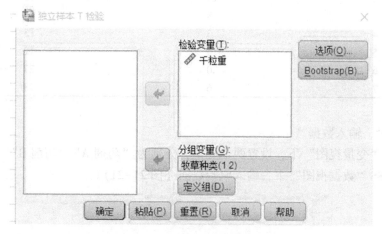

图 21-20　独立样本 T 检验设置

分析结果解读，表 21-6 表明，甲、乙 2 种牧草种子千粒重均值分别为 4.34g、3.66g。

表 21-6　基本分析结果

变量	牧草种类	N	均值	标准差	均值的标准误
千粒重	甲	10	4.340	0.479	0.151
	乙	10	3.660	0.171	0.054

表 21-7 中，经方差 *Levene* 检验，*Sig.* = 0.021 > 0.01，表明两总体方差相等；$t = 4.228$，对应的 *Sig.* = 0.001 < 0.01，说明甲、乙 2 种牧草种子的千粒重存在极显著差异（$P < 0.01$）。

表 21-7　独立样本 T 检验结果

变量		方差方程的 Levene 检验		均值方程的 t 检验				
		F	Sig.	t	df	Sig.（双侧）	均值差值	标准误差值
千粒重	假设方差相等	6.401	0.021	4.228	18	0.001	0.680	0.161
	假设方差不相等			4.228	11	0.001	0.680	0.161

（四）两配对样本（成对数据）平均数的假设检验

现有 A、B 共 2 种药剂灭除高寒草地某害虫，效果试验数据见表 21-8，试检验这 2 种药剂的灭除效果有无差异。

表 21-8　药剂灭除害虫数据

组别	灭除害虫数（单位草地面积）	
	药剂 A	药剂 B
1	10	25
2	13	12
3	8	14
4	3	15
5	5	12
6	20	27
7	6	18

设置变量、输入数据。

在 SPSS "变量视图" 下，设置两个变量，分别为 "药剂 A" "药剂 B"。完成变量设置后，在 SPSS "数据视图" 下，输入原始数据（图 21-21）。

图 21-21　配对样本 T 检验设置变量、输入数据

依次单击 SPSS 菜单栏"分析"—"比较均值"—"配对样本 T 检验"（图 21-22）。

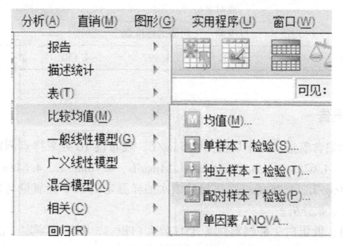

图 21-22 选择配对样本 T 检验

在出现的对话框中，将"药剂 A""药剂 B"分别选入"成对变量"中（图 21-23），然后单击"确定"按钮，得到分析结果。

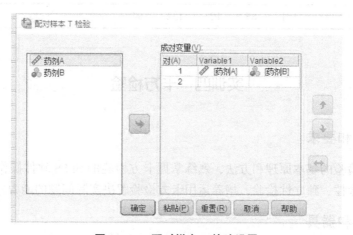

图 21-23 配对样本 T 检验设置

分析结果解读，表 21-9 表明，A、B 2 种药剂灭除害虫的均值分别为 9.29、17.57。

表 21-9 基本分析结果

		均值	N	标准差	均值的标准误
对 1	药剂 A	9.286	7	5.765	2.179
	药剂 B	17.571	7	6.133	2.318

表 21-10 中，$t = -4.15$，对应的概率值 $P = 0.006 < 0.01$，说明 2 种药剂对高寒草地某种害虫的灭除效果存在极显著差异（$P < 0.01$）。又因为药剂 B 的灭除数 17.57 > 药剂 A 的灭除数 9.29，反映出药剂 B 的效果优于药剂 A。

表 21-10　配对样本 T 检验结果

| | 成对差分 | | | t | df | Sig.（双侧） |
	均值	标准差	均值的标准误			
药剂 A-药剂 B	−8.286	5.282	1.997	−4.150	6	0.006

四、实训报告

1. 某高寒湖泊含氧量多年平均值为 4.5mg/L。现布设 10 处采样点测定水中含氧量分别为 4.33mg/L、4.62mg/L、3.89mg/L、4.14mg/L、4.78mg/L、4.64mg/L、4.52mg/L、4.55mg/L、4.48mg/L、4.26mg/L。试检验该次抽样测定的水中含氧量与多年平均值间有无差异，并做出专业分析。

2. 用高蛋白、低蛋白 2 种饲料饲养 1 月龄大白鼠，3 个月后测定 2 组大白鼠的增重量，数据见表 21-11。试检验两种饲料对大白鼠增重有无差异。

表 21-11　两种饲料饲喂大白鼠增重试验　　　　　　　　　　（g）

高蛋白组	134	146	106	119	124	161	107	83	113	129	97	123
低蛋白组	70	118	101	85	107	132	94					

实训四　卡方检验

一、目的和要求

掌握卡方检验的基本原理和方法，熟练掌握卡方检验的 SPSS 软件操作，能够运用卡方检验完成适合性、独立性检验，培养运用卡方检验解决实际问题的能力。

二、材料和器具

计算机、SPSS 统计分析软件。

三、方法和步骤

（一）适合性检验

有一大麦杂交组合，F_2 代芒的表现型有钩芒、长芒和短芒 3 种，现场观察 3 种芒的表型株数分别为 348、115、157 株。试检验芒的表现型比率是否符合 9∶3∶4 的理论比率。

1. 设置变量、输入分析数据

在 SPSS "变量视图"下，分别设置变量名"芒性状表型"和"株数"，并在"芒性状表型"变量中，分别将"钩芒"赋值为"1""长芒"赋值为"2""短芒"赋值为"3"。完成后回到"数据视图"，一一对应输入性状与株数数据（图 21-24）。

图 21-24　设置变量、输入原始数据

2. 数据加权

单击 SPSS 菜单栏"数据"→"加权个案"，在出现的"加权个案"对话框中，选中"株数"，将其移入"频率变量"中（图 21-25），然后单击"确定"完成。

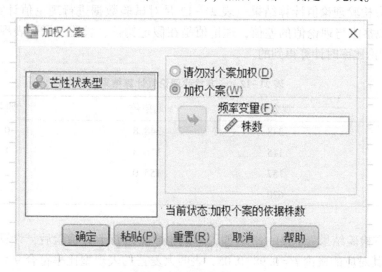

图 21-25　数据加权

3. 设置分析变量

单击 SPSS 菜单栏"分析"→"非参数检验"→"旧对话框"→"卡方"，在出现的"卡方检验"对话框中，将"芒性状表型"变量移入"检验变量列表"中，将"期望全距"设置为"从数据中获取"，将"期望值"设置为"值"，并依次添加"9""3""4"（图 21-26）。完成后单击"确定"。

图 21-26　设置分析变量

4. 分析结果解读

（1）卡方检验理论值计算结果　表 21-12 是对试验数据进行理论值计算后的结果，其中残差是观察值与理论值的差值，理论值是在假定钩芒、长芒、短芒表现型比率符合 9 : 3 : 4 的理论比率时计算得到的。

表 21-12　卡方检验理论值计算结果

	观察数	期望数	残差
钩芒	348	348.8	-0.8
长芒	115	116.3	-1.3
短芒	157	155.0	2.0
总数	620		

（2）卡方检验结果　表 21-13 表明，对试验数据进行卡方检验后，计算得到的卡方值 = 0.041，其对应的概论 $P = 0.98 > 0.05$，表明大麦芒的表现型比率符合 9 : 3 : 4 的理论比率。

表 21-13　卡方值及概率

	芒性状表型
卡方	0.041[a]
df	2
渐近显著性	0.980

注：a，0 个单元格的期望频率低于 5。

（二）独立性检验

某地草原站调查了经过种子灭菌处理与未经种子灭菌处理的某种禾本科牧草穗部感病的原始资料（表21-14），试分析种子灭菌与否和牧草穗部得病是否有关。

表21-14 种子灭菌与穗部得病试验数据

项目	发病穗数	未发病穗数	总数
种子灭菌	26（34.7）	50（41.3）	76
种子未灭菌	184（175.3）	200（208.7）	384
总数	210	250	460

1. 设置变量

在SPSS"变量视图"下，设置分析变量。"种子处理"变量用于描述种子灭菌情况，该变量值为1表示"灭菌"，2表示"未灭菌"；"感病表现"变量用于描述穗部发病情况，变量值为1表示"发病"，2表示"未发病"；"观测值"变量描述观测数据（图21-27）。

名称	类型	宽度	小数位数	标签	值	缺失
种子处理	数字	16	0		{1, 灭菌}…	无
感病表现	数字	16	0		{1, 感病}…	无
观测值	数字	16	0		无	无

图21-27 设置分析变量

2. 输入分析数据

在SPSS"数据视图"下，输入原始数据（图21-28）。

	种子处理	感病表现	观测值
1	1	1	26
2	1	2	50
3	2	1	184
4	2	2	200

图21-28 输入分析数据

3. 数据加权

依次单击SPSS菜单栏"数据"→"加权个案"，在打开的对话框中将"观测值"选入"加权个案"中的"频率变量"（图21-29），然后确定。

4. 设置交叉表统计量

依次单击SPSS菜单栏"分析"→"描述统计"→"交叉表"，在出现的交叉表对话框中将"种子处理"和"感病表现"分别选入行、列中；然后单击"统计量"按钮，在新出现的对话框中勾选"卡方"（图21-30），单击"继续"按钮后关闭该对话框。

5. 设置单元格显示

单击"单元格"对话框，勾选"观察值""百分比"，单击"继续"按钮后关闭该对话框。最后在"交叉表"对话框中单击"确定"按钮得到分析结果。

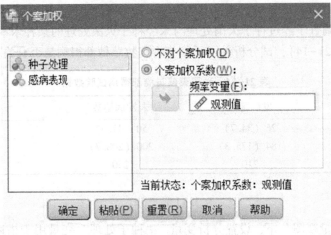

图 21-29　数据加权

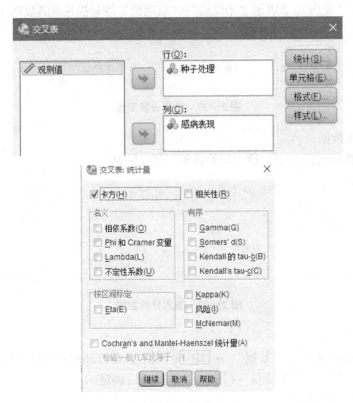

图 21-30　设置统计量

6. 分析结果解读

最终的分析结果见表 21-15。其中"连续校正"对应的值"4.267"即为利用原始数据计算得到的卡方值，与此值对应的概率 $P = 0.039 < 0.05$，说明种子灭菌与否和穗部病发病在 0.05 水平上存在相关。

以上例子是针对 2×2 表进行的卡方检验，SPSS 下针对 $R \times C$ 表的卡方检验操作过程与此例的操作相同。

表 21-15 独立性检验结果

卡方检验

	值	df	渐进 $Sig.$（双测）	精确 $Sig.$（双测）	精确 $Sig.$（单测）
Pearson 卡方	4.804[a]	1	0.028		
连续校正[b]	4.267	1	0.039		
似然比	4.894	1	0.027		
Fisher 的精确检验				0.032	0.019
线性和线性组合	4.793	1	0.029		
有效案例中的 N	460				

注：a.0 单元格（0.0%）的期望计数少于 5。最小期望计数为 34.70。

　　　b.仅对 2×2 表计算。

四、实训报告

1. 高寒草地鼠兔调查中，在某样地捕获得到 143 只鼠兔，其中雄性 57 只，雌性 86 只，试检验该鼠兔的性别比例是否符合 1 : 1。

2. 为了研究大麦感染赤霉病的情况，现调查了 5 个大麦品种，调查数据如表 21-16。试分析不同大麦品种是否与赤霉病的发生有关。

表 21-16 大麦品种与赤霉病的调查数据

大麦品种	A	B	C	D	E
健康株数	442	460	478	376	494
得病株数	78	39	35	298	50

实训五 方差分析

一、目的和要求

使学生深入了解方差及方差分析的基本概念，掌握方差分析的基本思想和原理，掌握方差分析的基本过程。增强学生的实践能力，使学生能够利用 SPSS 统计软件，较为熟练地进行单因素方差分析、二因素方差分析等操作；提高学生利用方差分析解决实际问题的能力。

二、材料和器具

计算机、SPSS 统计分析软件。

三、方法和步骤

（一）单因素试验资料的方差分析

在某一盆栽试验中，对披碱草幼苗进行药剂喷施，观测不同药剂浓度对披碱草幼苗株高的影响，试验数据见表 21-17。试对该试验数据进行方差分析。

表 21-17　披碱草幼苗药剂喷施试验

药剂浓度	观测值（平均株高/cm）			
	1 号盆	2 号盆	3 号盆	4 号盆
A	18	21	20	13
B	20	24	26	22
C	10	15	17	14
D	28	27	29	32

1. 设置变量

在 SPSS "变量视图" 下，分别设置变量名为 "药剂浓度" "盆号" "株高"。为了分析结果的可读性，给予 "药剂浓度" 变量不同的取值（图 21-31）。

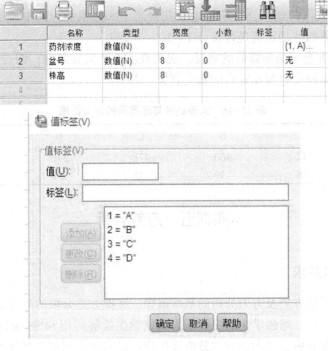

图 21-31　设置变量

2. 输入分析数据

在 SPSS "数据视图" 下，输入原始数据，格式如图 21-32。

3. 进行分析设置

依次单击 SPSS 菜单栏 "分析" → "比较均值" → "单因素 ANOVA"；在打开的对话框中将 "株高" 选入 "因变量列表" 中，将 "药剂浓度" 选入 "因子" 列表中（图 21-33）。

	药剂浓度	盆号	株高
1	1	1	18
2	1	1	21
3	1	1	20
4	1	1	13
5	2	2	20
6	2	2	24
7	2	2	26
8	2	2	22
9	3	3	10
10	3	3	15
11	3	3	17
12	3	3	14
13	4	4	28
14	4	4	27
15	4	4	29
16	4	4	32

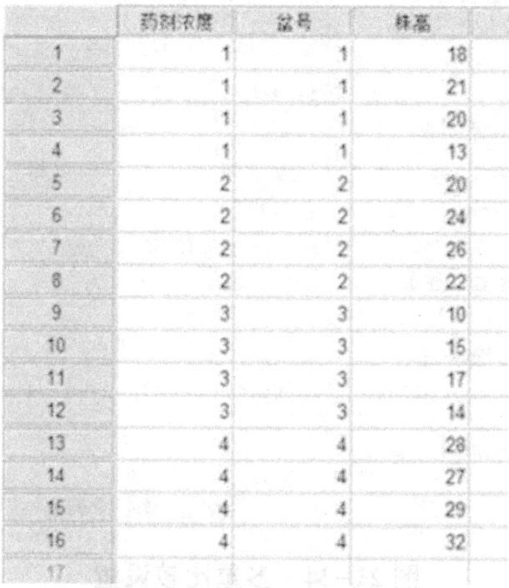

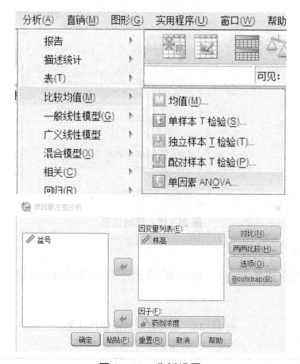

图 21-32　输入分析数据

图 21-33　分析设置

4. 进行多重比较设置

单击"两两比较"按钮，在新出现的对话框中勾选需要的多重比较方法，如"Duncan"（新复极差法），同时可以输入需要的差异显著性水平，例如，可以更改为"0.05"，单击"继续"按钮后退出该对话框（图 21-34）。

5. 其他设置

单击"选项"按钮，在出现的对话框中勾选"描述性""方差同质性检验"，单击"继续"按钮后退出该对话框（图 21-35）。最后，单击"确定"按钮后得到分析结果。

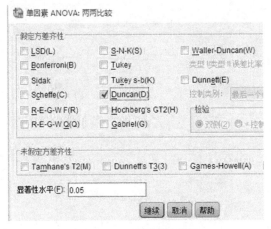

图 21-34　多重比较设置

图 21-35　其他设置

6. 分析结果解读

（1）试验数据的描述性结果　该结果给出了试验数据的均值、标准差、标准误等（表 21-18）。

表 21-18　试验数据的描述性结果

株高

药剂浓度	N	均值	标准差	标准误	均值的95%置信区间 下限	均值的95%置信区间 上限	极小值	极大值
A	4	18.00	3.559	1.780	12.34	23.66	13	21
B	4	23.00	2.582	1.291	18.89	27.11	20	26
C	4	14.00	2.944	1.472	9.32	18.68	10	17
D	4	29.00	2.160	1.080	25.56	32.44	27	32
总数	16	21.00	6.335	1.584	17.62	24.38	10	32

（2）试验数据方差齐性检验　试验数据方差齐性是方差分析的重要前提，如果原始数据方差不同质，更适合进行非参数检验。该结果中显示 $P=0.86>0.05$，说明方差同质（表21-19）。

表21-19　试验数据方差齐性检验结果

株高

Levene 统计量	$df1$	$df2$	显著性
0.250	3	12	0.860

（3）试验数据的方差分析表　试验数据的方差分析结果以方差分析表的形式给出（表21-20）。在对试验数据进行 F 检验后，$F=20.571$，对应的概率 $P<0.01$，反映出不同药剂浓度（组间）对披碱草幼苗株高的影响达极显著差异。

表21-20　试验数据方差分析表

单因素方差分析

株高

	平方和	df	均方	F	显著性
组间	504.000	3	168.000	20.571	0.000
组内	98.000	12	8.167		
总数	602.000	15			

（4）试验数据的多重比较　该结果中，对药剂4种浓度进行了多重比较，与药剂4种浓度对应的株高均值分别被排在不同列。如果进行字母标记，规则是同一列中的数字标相同字母，不同列中的数字标不同字母，标有相同字母的均数间不存在差异，标有不同字母的均数间存在差异，以此反映多重比较的结果（表21-21）。

表21-21　试验数据多重比较结果

Duncan[a]

药剂浓度	N	alpha=0.05 的子集		
		1	2	3
C	4	14.00		
A	4	18.00		
B	4		23.00	
D	4			29.00
显著性		0.071	1.000	1.000

（二）多因素试验资料的方差分析

有一退化高寒草地植被恢复与重建试验，A 因素为牧草混播方式，分 A1、A2、A3 三个水平，B 因素为混播播种量，分 B1、B2 两个水平，C 因素为播种期，分 C1、C2 两个水平，试验处理 5 次重复，得小区产量数据如表 21-22 所示。对该试验数据进行方差分析。

表 21-22　高寒草地植被恢复与重建试验数据

A 因素	B 因素	C 因素	小区产量（kg）				
			重复 1	重复 2	重复 3	重复 4	重复 5
A1	B1	C1	16.3	19.6	20.4	18.3	19.6
		C2	15.5	17.6	17.3	18.7	19.1
	B2	C1	30.9	35.6	33.2	32.6	36.6
		C2	28.4	23.9	26.0	24.0	29.2
A2	B1	C1	18.7	18.4	15.1	17.9	17.4
		C2	15.6	15.6	17.8	17.7	16.7
	B2	C1	28.2	34.3	32.1	26.2	29.0
		C2	27.7	27.2	22.3	18.0	20.3
A3	B1	C1	18.9	17.7	18.0	15.9	15.6
		C2	16.1	10.8	14.7	15.2	12.6
	B2	C1	40.8	38.7	35.1	41.0	42.9
		C2	27.2	31.3	27.1	29.1	25.0

1. 设置变量

在 SPSS "变量视图"下，分别设置变量名为 "A" "B" "C" "重复" "产量"。为了分析结果的可读性，给予 "A" "B" "C" 变量相应的标签名称及不同的值（图 21-36）。

	名称	类型	宽度	小数	标签	值
1	A	数值(N)	11	0	牧草混播方式	{1, A1}...
2	B	数值(N)	11	0	混播播种量	{1, B1}...
3	C	数值(N)	11	0	播种期	{1, C1}...
4	重复	数值(N)	8	2		无
5	产量	数值(N)	8	2		无

图 21-36　设置变量

2. 输入数据

在 SPSS "数据视图"下，输入原始数据（图 21-37，部分数据）。

3. 选用分析命令

依次单击 SPSS 菜单栏 "分析" → "一般线性模型" → "单变量"（图 21-38）。

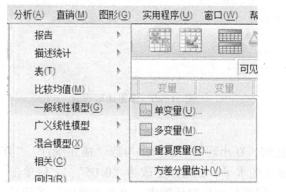

图 21-37 输入数据

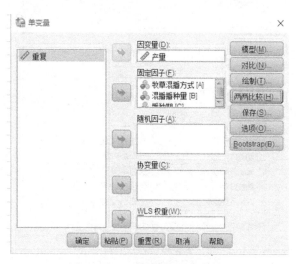

图 21-38 选择单变量

4. 设置因变量和因子

在打开的对话框中将"产量"变量选入"因变量"列表中，将"A""B""C"变量选入"固定因子"列表中（图 21-39）。

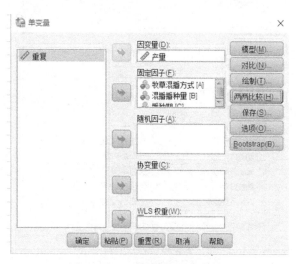

图 21-39 设置因变量和因子

5. 设置多重比较

单击"两两比较"按钮，在新出现的对话框中将因子"A""B""C"选入"两两比较检验"中，同时勾选需要的多重比较方法，如"Duncan"（新复极差法），之后单击"继续"按钮后，退出该对话框（图21-40）。

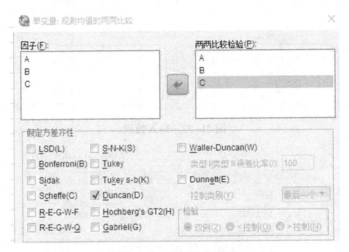

图 21-40　多重比较设置

6. 其他设置

单击"选项"按钮，在出现的对话框中勾选"描述统计""方差齐性检验"，同时可以输入需要的差异显著性水平，如可以更改为"0.05"，之后单击"继续"按钮后退出该对话框（图21-41），回到最初的对话框中，单击"确定"按钮后，得到分析结果。

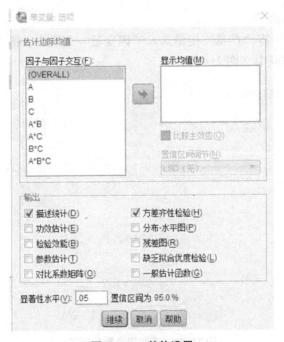

图 21-41　其他设置

7. 分析结果解读

（1）主体间效应的检验　表 21-23 中重点关注试验因素及因素间交互效应的 F 测验结果。其中 A、B、C、A×B、B×C 对应的概率值均小于 0.01，说明不同牧草混播方式、混播播种量、播种期不同处理间均达极显著差异。A×B、B×C 的交互效应也达极显著差异。

表 21-23　F 测验结果
主体间效应的检验

因变量：产量

源	III型平方和	df	均方	F	$Sig.$
校正模型	3 540.449[a]	11	321.859	56.240	0.000
截距	33 262.022	1	33 262.022	5 812.075	0.000
A	93.277	2	46.639	8.149	0.001
B	2 601.734	1	2 601.734	454.617	0.000
C	412.388	1	412.388	72.059	0.000
A×B	208.999	2	104.500	18.260	0.000
A×C	40.530	2	20.265	3.541	0.037
B×C	179.228	1	179.228	31.318	0.000
A×B×C	4.292	2	2.146	0.375	0.689
误差	274.700	48	5.723		
总计	37 077.170	60			
校正的总计	3 815.149	59			

注：a，$R^2 = 0.928$（调整后 $R^2 = 0.911$）。

（2）多重比较结果　由表 21-24 可以看出，A、B、C 三因素不同水平间均达极显著差异。其中 A 因素 3 个水平多重比较结果见表 3-47。

表 21-24　A 因素多重比较结果（新复极差法）
产量

Duncan[a, b]

牧草混播方式	N	子集	
		1	2
A2	20	21.810	
A1	20		24.140
A3	20		24.685
sig.		1.000	0.475

四、实训报告

有一箭筈豌豆对比试验，A、B、C、D、E、F、G、H 共 8 个品种（$k=8$），采用随机区组设计，重复 3 次（$n=3$），小区产量结果列于表 21-25，利用 SPSS 对该试验结果进行方差分析并解读结果。

表 21-25　箭筈豌豆对比试验结果

品种	区组		
	I	II	III
A	10.9	9.1	12.2
B	10.8	12.3	14.0
C	11.1	12.5	10.5
D	9.1	10.7	10.1
E	11.8	13.9	16.8
F	10.1	10.6	11.8
G	10.0	11.5	14.1
H	9.3	10.4	14.4

某地进行燕麦种植试验，A 因素为品种，分 A1、A2、A3 三个水平（$a=3$）；B 因素为密度，分 B1、B2、B3 三个水平（$b=3$），共 $ab=3\times3=9$ 个处理，重复 3 次（$r=3$），小区产量（kg）列于表 21-26，利用 SPSS 对该试验结果进行方差分析并解读结果。

表 21-26　燕麦种植试验数据

品种	密度	重复 1	重复 2	重复 3
A1	B1	8	8	8
	B2	7	7	6
	B3	6	5	6
A2	B1	9	9	8
	B2	7	9	6
	B3	8	7	6
A3	B1	7	7	6
	B2	8	7	8
	B3	10	9	9

实训六　直线回归与相关分析

一、目的和要求

掌握直线回归与相关分析的基本方法和原理；熟练掌握直线回归和相关分析的 SPSS

操作步骤；了解简单相关系数的计算方法及其数据要求；掌握在 SPSS 上实现直线回归模型的计算与检验；培养运用直线回归与相关分析解决实际问题的能力。

二、材料和器具

计算机、SPSS 统计分析软件。

三、方法和步骤

某地区多年 6 月下旬平均气温与 7 月上旬 60 株苜蓿个体蚜虫头数的资料见表 21-27。试建立直线回归方程并计算相关系数。

表 21-27 气温与苜蓿蚜虫头数多年观测资料

年份	1998	1999	2000	2001	2002	2003	2004	2005	2006	2007	2008	2009
x（℃）	19.3	26.6	18.1	17.4	17.5	16.9	16.9	19.1	17.9	17.9	18.1	19
y 蚜虫数	86	197	8	29	28	29	23	12	14	64	50	112

（一）设置变量、输入数据

在 SPSS "变量视图"下，设置 2 个变量，分别为"x""y"。"x"变量设置标签为"6 月下旬平均气温"，小数位数为 1；"y"变量设置标签为"7 月上旬蚜虫数"，小数位数为 0。完成变量的相关设置后，在 SPSS "数据视图"下，输入原始数据（图 21-42）。

图 21-42 设置变量、输入数据

（二）选择分析方法

依次单击 SPSS 菜单栏"分析"—"回归"—"线性"（图 21-43）。

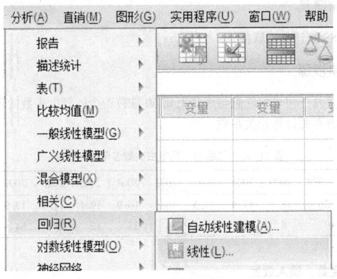

图 21-43 选择分析方法

（三）选择变量

在出现的"线性回归"对话框中，将 x 变量移入"自变量"中，将 y 变量移入"因变量"中。在"方法"中默认为"进入"，也可根据需要改变。其他各项设置保持默认状态（图 21-44）。单击"确定"后，得到分析结果。

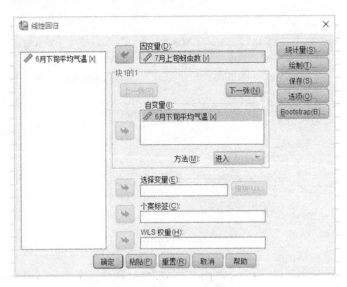

图 21-44 定义变量

（四）分析结果解读

表 21-28 中给出了回归分析结果。回归截距 $a = -288.913$，回归系数 $b = 18.331$。针

对回归截距、回归系数的 t 检验值分别为-4.602、5.515，对应的概率值 $P<0.01$。说明回归截距、回归系数具有统计学意义。由 $a=-288.913$，$b=18.331$ 建立的回归方程为：$\hat{y}=-288.913+18.331x$

表 21-28 回归截距、回归系数及假设检验结果

模型		非标准化系数		标准系数	t	$Sig.$
		B	标准误差	试用版		
1	（常量）	-288.913	62.787		-4.602	0.001
	6月下旬平均气温	18.331	3.324	0.868	5.515	0.000

注：a. 因变量，7月上旬蚜虫数。

表 21-29 中给出了相关系数、决定系数。即 $R=0.868$，$R^2=0.753$。

表 21-29 相关系数分析结果

模型	R	R^2	调整 R^2	标准估计的误差
1	0.868ᵃ	0.753	0.728	28.712

注：a. 预测变量（常量），6月下旬平均气温。

四、实训报告

在研究代乳粉营养价值时，用大白鼠做实验，得到大白鼠进食量 (x, g) 和体重增加量 (y, g) 数据如表 21-30 所示。试用直线回归方程描述其关系，并计算其相关系数、决定系数。

表 21-30 大白鼠进食量和体重增加量数据

编号	1	2	3	4	5	6	7	8
进食量（g）	800	780	720	867	690	787	934	750
增重量（g）	185	158	130	180	134	167	186	133

实训七 协方差分析

一、目的和要求

明确协方差分析的有关概念；理解协方差分析的基本思想与原理；熟练掌握利用 SPSS 软件进行协方差分析的步骤；培养学生运用协方差分析方法解决试验实际问题的能力。

二、材料和器具

计算机、SPSS 统计分析软件。

三、方法和步骤

（一）建立 SPSS 分析数据

为了比较 3 种不同配合饲料的饲喂效果，对 24 头猪随机分为 3 组进行不同配合饲料饲喂试验，一段时间后测定体重，结果列于表 21-31，则对该试验数据进行协方差分析。

表 21-31　3 种饲料饲喂试验数据

饲料		观测值							
A1	x	18	16	11	14	14	13	17	17
	y	85	89	65	80	78	83	91	85
A2	x	17	18	18	19	21	21	16	22
	y	95	100	94	98	104	97	90	106
A3	x	18	23	23	20	24	25	25	26
	y	91	89	98	82	100	98	102	108

注：x 为试验动物初始体重，y 为饲喂一段时间后增加的重量。

在 SPSS 变量视图中，设置变量，具体如图 21-45 所示。

	名称	类型	宽度	小数位数	标签	值
1	饲料	数字	8	0		{1, A1}...
2	重复	数字	8	0		无
3	x	数字	8	0	始重	无
4	y	数字	8	0	增重	无

图 21-45　分析数据变量

在 SPSS 数据视图中，录入分析数据，具体见图 21-46（部分数据）。

	饲料	重复	x	y
1	1	1	18	85
2	1	2	16	89
3	1	3	11	65
4	1	4	14	80
5	1	5	14	78
6	1	6	13	83
7	1	7	17	91
8	1	8	17	85
9	2	1	17	95
10	2	2	18	100
11	2	3	18	94
12	2	4	19	98
13	2	5	21	104
14	2	6	21	97
15	2	7	16	90
16	2	8	22	106
17	3	1	18	91

图 21-46　输入分析数据

（二）进行分析

SPSS 菜单栏，依次单击"分析"→"一般线性模型"→"单变量"，选用"单变量"分析功能（图 21-47）。

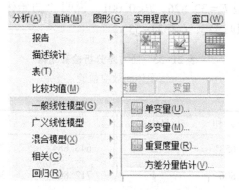

图 21-47　选择单变量分析功能

在"单变量"对话框中，将变量 y 选入"因变量"中，将变量"饲料"选入"固定因子"中，将变量 x 选入"协变量"中（图 21-48）。完成后单击"选项"按钮（图 21-49），在选项对话框中，勾选"参数估算值""齐性检验"设置显著水平为 $\alpha = 0.05$ 后单击"继续"按钮回到"单变量"设置对话框，单击"确定"。

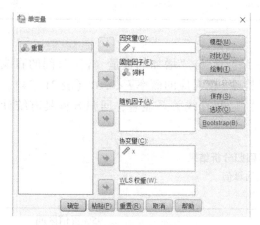

图 21-48　设置用于分析的各变量

图 21-49　选项对话框

（三）分析结果解读

在方差齐性检验结果中，$F = 1.877$，$P = 0.178 > 0.01$，说明数据方差同质（表 21-32）。

表 21-32　方差齐性检验

误差方差的莱文等同性检验[a]

因变量：y

F	自由度 1	自由度 2	显著性
1.877	2	21	0.178

注：检验"各个组中的因变量误差方差相等"这一原假设；a. 设计：截距$+x+$饲料。

在协方差分析结果中，F 值为 11.897，$P<0.01$，达极显著差异，反映出变量"饲料"对试验动物体重的增加量有极显著影响；协变量"初始体重（x）"对应的 F 值为 36.963，$P<0.01$，也达极显著差异，说明协变量初始体重对试验动物体重的增加量也存在极显著影响；修正模型 $F=32.826$，$P<0.001$，说明"初始体重（x）"与"增加的重量（y）"间存在直线回归关系（表 21-33）。

表 21-33　协方差分析检验结果

主体间效应检验

因变量：y

源	Ⅲ类平方和	自由度	均方	F	显著性
修正模型	1 946.653[a]	3	648.884	32.826	0.000
截距	712.806	1	712.806	36.060	0.000
x	730.653	1	730.653	36.963	0.000
饲料	470.335	2	235.167	11.897	0.000
误差	395.347	20	19.767		
总计	205 478.000	24			
修正后总计	2 342.000	23			

注：a. $R^2=0.831$（调整后 $R^2=0.806$）。

在参数估算值分析结果中，"初始体重（x）"与"增加的重量（y）"间的直线回归方程为 $y=40.169+2.427x$。该回归方程的检验 t 值对应的概率 $P<0.01$（表 21-34），说明"初始体重（x）"与"增加的重量（y）"间直线关系显著，回归方程具有统计学意义。

表 21-34　回归分析结果

参数估算值

因变量：y

参数	B	标准误差	t	显著性	95%置信区间	
					下限	上限
截距	40.169	9.317	4.312	0.000	20.735	59.604
x	2.427	0.399	6.080	0.000	1.595	3.260
[饲料=1]	5.419	3.892	1.393	0.179	-2.698	13.537
[饲料=2]	11.710	2.737	4.278	0.000	6.000	17.419
[饲料=3]	o[a]					

注：a. 此参数冗余，因此设置为零。

四、实训报告

对 6 个饲用豌豆品种进行维生素 C 含量（y，mg/100g）比较试验，4 次重复，随机区组试验设计。根据已有的研究结果，饲用豌豆维生素 C 含量不仅与品种有关，而且与豆荚成熟度有关，所以同时测定了 100g 豆荚干物质重百分率（x），作为饲用豌豆成熟度的指标，测定结果如表 21-35 所示。试对该资料进行协方差分析。

表 21-35　饲用豌豆维生素含量比较试验

品种		重复 1	重复 2	重复 3	重复 4
A1	x	34.0	33.4	34.7	38.9
	y	93.0	94.8	91.7	80.8
A2	x	39.6	39.8	51.2	52.0
	y	47.3	51.5	33.3	27.2
A3	x	31.7	30.1	33.8	39.6
	y	81.4	109.0	71.6	57.5
A4	x	37.7	38.2	40.3	39.4
	y	66.9	74.1	64.7	69.3
A5	x	24.9	24.0	24.9	23.5
	y	119.5	128.5	125.6	129.0
A6	x	30.3	29.1	31.7	28.3
	y	106.6	111.4	99.0	126.1

实训八　多元线性回归与偏相关分析

一、目的和要求

准确理解多元线性回归、偏相关分析的方法原理；熟练掌握多元线性回归、偏相关分析的 SPSS 操作过程；了解相关性与回归分析之间的关系；培养学生运用多元线性回归、偏相关分析方法解决实际问题的能力。

二、材料和器具

计算机、SPSS 统计分析软件。

三、方法和步骤

（一）分析数据

表 21-36 是某渔场放养记录抽测数据，其中 x_1 为投饵量、x_2 为放养量、y 为产量。

对该数据进行多元回归分析和偏相关分析。

表 21-36　渔场投饵量、放养量与产量资料

n	投饵量（x_1）	放养量（x_2）	产量（y）
1	9.5	1.9	7.1
2	8.0	2.0	6.4
3	9.5	2.6	10.4
4	9.8	2.7	10.9
5	9.7	2.0	7.0
6	13.5	2.4	10.0
7	9.5	2.3	7.9
8	12.5	2.2	9.3
9	9.4	3.3	12.8
10	11.4	2.3	7.5
11	7.7	3.6	10.3
12	8.3	2.1	6.6
13	12.5	2.5	9.5
14	8.0	2.4	7.7
15	6.5	3.2	7.0
16	12.9	1.9	9.5

（二）多元线性回归分析

1. 建立 SPSS 分析数据

在 SPSS 变量视图中，定义变量"投饵量""放养量""产量"，变量类型均设置为"数字"（图 21-50）。

名称	类型	宽度	小数位数	标签	值
x1	数字	8	1	投饵量	无
x2	数字	8	1	放养量	无
y	数字	8	1	产量	无

图 21-50　多元回归分析变量设置

在 SPSS 数据视图中，输入分析数据（图 21-51）。

2. 进行分析

SPSS 菜单栏，依次单击"分析"→"回归"→"线性"（图 21-52）。

在出现的"线性回归"对话框中，将变量"投饵量""放养量"选入"自变量"中，将变量"产量"选入"因变量"中，在分析方法中，选择"输入"（图 21-53）。完成后，单击"统计"按钮。

在出现的"统计"对话框中，选择"估算值""置信区间""模型拟合""R 方变化量""描述""部分相关性和偏相关性"（图 21-54），完成后单击"继续"回到上一个对话框，再单击"确定"后，运行多元回归分析。

x1	x2	y
9.5	1.9	7.1
8.0	2.0	6.4
9.5	2.6	10.4
9.8	2.7	10.9
9.7	2.0	7.0
13.5	2.4	10.0
9.5	2.3	7.9
12.5	2.2	9.3
9.4	3.3	12.8

图 21-51 输入数据（部分数据）

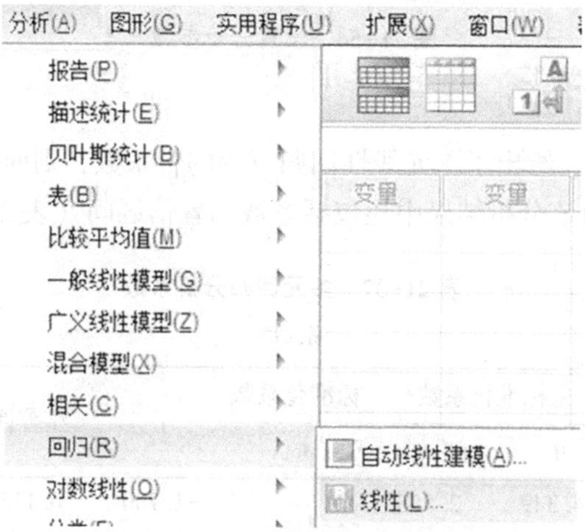

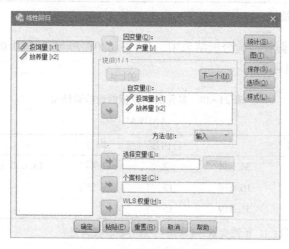

图 21-52 选择线性分析功能

图 21-53 线性回归分析设置

图 21-54　设置分析参数

3. 分析结果解读

在系数分析结果中，给出了二元线性回归方程的各系数，则回归方程为：$y = -4.349 + 0.584x_1 + 2.964x_2$。同时该分析结果中还包括系数的置信区间（表 21-37）。

表 21-37　多元回归分析系数

系数[a]

模型		未标准化系数		标准化系数	t	显著性	B 的 95.0% 置信区间	
		B	标准错误	Beta			下限	上限
1	常量	-4.349	2.558		-1.700	0.113	-9.875	1.178
	投饵量	0.584	0.153	0.655	3.817	0.002	0.254	0.915
	放养量	2.964	0.620	0.819	4.778	0.000	1.624	4.304

注：a. 因变量，产量。

在多元回归方程假设检验分析结果中，$F = 13.630$，$P = 0.001 < 0.01$，说明回归方程具有统计学意义（表 21-38）。

表 21-38　多元回归分析假设检验结果

ANOVA[a]

模型		平方和	自由度	均方	F	显著性
1	回归	34.884	2	17.442	13.630	0.001[b]
	残差	16.636	13	1.280		
	总计	51.519	15			

注：a. 因变量，产量；b. 预测变量，（常量），放养量，投饵量。

多元回归分析结果中，还给出了自变量与因变量间相关系数 $R = 0.823$，决定系数 $R^2 = 0.677$（表 21-39），反映了"投饵量""放养量"与"产量"的相关程度。

表 21-39 多元回归相关系数

模型摘要

模型	R	R^2	调整后 R^2	标准估算的精误	R^2 变化量	更改统计			
						F 变化量	自由度 1	自由度 2	显著性 F 变化量
1	0.823[a]	0.677	0.627	1.1312	0.677	13.630	2	13	0.001

注：a. 预测变量（常量），放养量，投饵量。

（三）偏相关分析

SPSS 菜单栏，依次单击"分析"→"相关"→"偏相关"（图 21-55）。

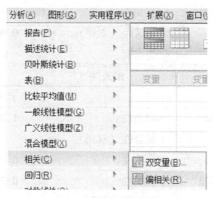

图 21-55 选择偏相关分析功能

在"偏相关"对话框中，将"产量""投饵量"选入"变量"中，将"放养量"选入"控制"中，单击"确定"按钮得到分析结果。同样操作，将"投饵量"选入"控制"中（图 21-56），得到第二个分析结果。

图 21-56 偏相关分析设置

在分析结果中，"投饵量""放养量"对"产量"的偏相关系数分别为 0.727 和 0.798，说明在控制了"放养量"后，"投饵量"与"产量"的相关系数 $R=0.727$，而在控制了"投饵量"后，"放养量"与"产量"的相关系数 $R=0.798$（表 21-40）。

表 21-40　偏相关分析结果

相关性				
控制变量			产量	投饵量
放养量	产量	相关性	1.000	0.727
		显著性（双尾）		0.002
		自由度	0	13
	投饵量	相关性	0.727	1.000
		显著性（双尾）	0.002	
		自由度	13	0

相关性				
控制变量			产量	放养量
投饵量	产量	相关性	1.000	0.798
		显著性（双尾）		0
		自由度	0	13
	放养量	相关性	0.798	1.000
		显著性（双尾）	0	
		自由度	13	0

四、实训报告

表 21-41 是某种类型牛的体重（y，kg）、体长（x_1，cm）、胸围（x_2，cm）资料，则对该资料进行多元线性回归分析及偏相关分析。

表 21-41　某种牛的体长、胸围、体重资料　（单位：cm、kg）

编号	体长	胸围	体重	编号	体长	胸围	体重
1	151.5	186	462	11	138.0	172	378
2	156.2	186	496	12	142.5	192	446
3	146.0	193	458	13	141.5	180	396
4	138.1	193	463	14	149.0	183	426
5	146.2	172	588	15	154.2	193	506
6	149.8	188	485	16	152.0	187	457
7	155.0	187	455	17	158.0	190	506
8	144.5	175	392	18	146.8	189	455
9	147.2	175	398	19	147.3	183	478
10	145.2	185	437	20	151.3	191	454

实训九 非参数检验

一、目的和要求

使学生掌握非参数检验的统计学原理；使学生熟悉和掌握非参数检验的 SPSS 操作与分析过程；培养学生运用非参数检验解决实际问题的能力。

二、材料和器具

计算机、SPSS 统计分析软件。

三、方法和步骤

（一）K-S 检验

即柯尔莫哥洛夫—斯密洛夫（Kolmogorov-Smirnov）检验。目的是根据样本数据推断其来自的总体是否服从某一特定理论分布，也是一种拟合优度检验方法，适用于连续型随机变量。

在果洛州甘德县选取有代表性退化高寒草地样地测定了单位面积高山嵩草地上部生物学产量，数据如表 21-42 所示，则对该数据的理论分布进行检验。

表 21-42　高山嵩草地上部生物学产量　（g/0.25m²）

样地	1	2	3	4	5	6	7	8	9	10
A	6.9	6.0	12.5	5.5	2.8	3.3	6.7	5.2	14.2	16.2
B	4.6	4.3	13.1	5.2	16.9	2.3	10.8	3.8	1.2	1.8
C	6.8	3.9	8.7	3.6	4.0	4.0	3.7	6.8	4.3	3.4

1. 建立分析数据

在 SPSS 中，设置变量"样地""生物学产量"，建立分析数据文件（图 21-57）。

2. 分析过程

（1）SPSS 菜单栏，依次单击"非参数检验"→"旧对话框"→"单样本 K-S"（图 21-58）。

（2）对话框中将检验变量"生物学产量"选入检验变量列表中，在检验分布中选中"正态"，单击确定（图 21-59）。

3. 检验结果

K-S 检验结果中，$P=0.001<0.01$，表明数据理论分布不服从正态分布（表 21-43），若对该数据进行进一步分析，需采用非参数检验方法。

	名称	类型	宽度	小数位数	标签	值	缺失
1	样地	数字	8	0		{1, A}...	无
2	生物学产量	数字	8	1		无	无

	样地	生物学产量	变量
1	1	6.9	
2	1	6.0	
3	1	12.5	
4	1	5.5	
5	1	2.8	
6	1	3.3	
7	1	6.7	
8	1	5.2	
9	1	14.2	
10	1	16.2	
11	2	4.6	
12	2	4.3	
13	2	13.1	
14	2	5.2	
15	2	16.9	
16	2	2.3	
17	2	10.8	
18	2	3.8	
19	2	1.2	
20	2	1.8	
21	3	6.8	

图 21-57　输入分析数据

图 21-58　选用单样本 *K–S* 检验

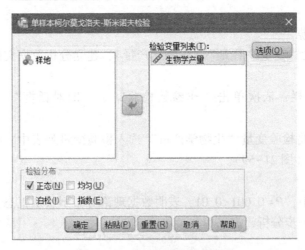

图 21-59　选择检验分布为正态

表 21-43 正态性检验结果

单样本柯尔莫哥洛夫-斯密洛夫检验

		生物学产量
个案数		30
正态参数[a,b]	平均值	6.417
	标准偏差	4.2616
最极端差值	绝对	0.222
	正	0.222
	负	-0.110
检验统计		0.222
渐近显著性（双尾）		0.001[c]

a. 检验分布为正态分布。

b. 根据数据计算。

c. 里利氏显著性修正。

（二）K 个独立样本

利用表 21-42 数据进行多个独立样本的非参数检验。

1. 分析过程

（1）SPSS 菜单栏，依次单击"非参数检验"→"旧对话框"→"K 个独立样本"（图 21-60）。

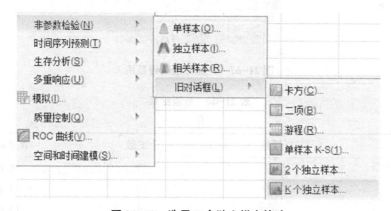

图 21-60 选用 K 个独立样本检验

（2）在对话框中将"生物学产量"选入检验变量列表，将"样地"选入分组变量列表，检验类型选择"克鲁斯卡尔—沃利斯 H（K）"（图 21-61）。

单击对话框中分组变量设置中的"定义范围"，在新出现的对话框中设置分组的最小值为 1，最大值为 3（图 21-62），完成后单击确定。

2. 检验结果

在检验结果中，H（K）值为 2.210，对应的 $P=0.331>0.05$（表 21-44），反映出 3 个样地高山嵩草地上部生物学产量无统计学上的差异。

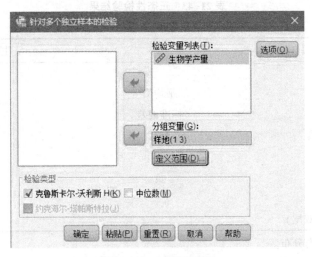

图 21-61　对话框设置

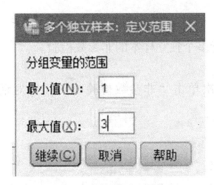

图 21-62　设置分组变量范围

表 21-44　检验结果

秩

	样地	个案数	秩平均值
生物学产量	A	10	18.85
	B	10	14.20
	C	10	13.45
	总计	30	

检验统计[a,b]

	生物学产量
克鲁斯卡尔—沃利斯 H（K）	2.210
自由度	2
渐近显著性	0.331

注：a. 克鲁斯卡尔—沃利斯检验；b. 分组变量，样地。

四、实训报告

对 2 处草原化草甸样地地表 0~10cm 土层土壤 pH 值进行了 9 次测定：

样地 A：8.53、8.52、8.01、7.99、7.93、7.89、7.85、7.82、7.80；

样地 B：7.85、7.73、7.58、7.40、7.35、7.30、7.27、7.27、7.23。

分析：（1）该试验资料是否服从正态分布；（2）两样地间 pH 值是否存在差异。

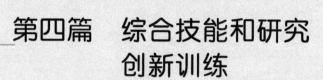

第四篇　综合技能和研究
创新训练

第二十二章 "黑土滩"治理技术

一、背景及意义

黑土滩是指高寒草甸草地严重退化后形成的大面积次生裸地。随着高寒草甸草地的严重退化，以禾本科牧草和莎草科牧草为建群种的草地植被逐步消失。在夏季黑土滩上生长有大量有毒有害的阔叶型植物，一到冷季这些植物就开始枯黄凋落，随着动物践踏和风吹日晒，枯枝落叶迅速从草地上消失，地面处于裸露状态，形成大面积的黑土滩景观。黑土滩的形成使高寒草地生态系统固有的生态和生产功能完全消失。因此，黑土滩综合治理就成为三江源区生态保护与建设工程的主要内容之一。

黑土滩形成的主要原因是长期的过牧利用，引起草地植物高度下降，给害鼠提供了良好的栖息环境，通过害鼠的进一步采食、掘洞等破坏，最终导致大面积次生裸地的形成。据大量的试验研究表明，形成后的黑土滩即使不放牧利用，也不能在短期内恢复其原生植被，由于原生植被的消失，植被更新的物质基础即种子来源缺失，因此，我们种草的目的就是要给草地补充种源，人为地为黑土滩植被恢复创造条件。

二、目的与任务

（一）目的

草业科学是一门实践性很强的应用型学科。实践表明，"黑土滩"退化草地的修复治理工作具有重大的生态价值和经济价值，通过"黑土滩"退化草地治理技术实习进行草业科学专业综合技能和研究创新训练，能够巩固专业课中所学基本知识，让学生了解"黑土滩"退化草地，提高学生综合能力和理论知识转化率，从专业的角度，提出问题、分析问题、解决问题，将实习转变成探索性的研究过程。同时，通过实践教学活动，提高学生调查研究、文献检索和搜集资料的能力，提高学生协同合作及组织工作的能力，满足新时代社会环境下用人单位对草业科学专业"综合型""素质型""实用型""发展型"科技人才的需求。

（二）任务要求

1. 掌握"黑土滩"分类、分级标准。
2. 培养"黑土滩"综合治理模式的实践能力。
3. 强化草业科学专业知识的理解与运用能力。
4. 了解"黑土滩"适宜栽培牧草及草种混播搭配组合。
5. 应用生态学基本方法对"黑土滩"退化草地修复效果进行检测。

三、实施方案

（一）实施时间

5—6月进行"黑土滩"退化草地修复治理工作，7—8月进行"黑土滩"退化草地修复效果检测。

（二）地点简介

实习地选择在三江源区"黑土滩"退化草地。地理坐标约为北纬37°，东经100°，平均海拔3 600m。属典型的高寒大陆性气候，冷季长，暖季短，年均温1℃，气温日差较大，干湿分明，气温和降水垂直变化明显，雨热同期，年平均降水量为415mm，无绝对无霜期。光能资源丰富，太阳辐射强。该地区主要由高寒草甸、草原化草甸、沼泽化草甸组成。该类草地未退化时优势种为垂穗披碱草（*Elymus nutans*）、草地早熟禾（*Poa pratensis*）等为主的禾本科植物和以矮生嵩草（*Kobresia humilis*）、高山嵩草（*Kobresia pygmaea*）等为主的莎草科植物，退化后草地优势种为黄花棘豆（*Oxytropis ochrocephala*）、黄帚橐吾（*Ligularia virgaurea*）、细叶亚菊（*Ajania tenuifolia*）、矮火绒草（*Leontopodium nanum*）等阔叶型毒杂草。

（三）主要内容

1. 掌握"黑土滩"分类、分级标准。

2. 掌握"黑土滩"综合治理模式。

3. 了解"黑土滩"适宜栽培牧草及草种混播搭配组合。

4. 熟悉"黑土滩"退化草地修复效果检测方法。

（四）材料

1. "黑土滩"退化草地修复治理：草种、肥料、翻耕机、播种机、耙地机等。

2. "黑土滩"退化草地修复效果检测：样方框（50cm×50cm）、剪刀、尺子、电子天平、土壤筛、信封、自封袋、土钻、环刀、土壤酸碱度计等。

（五）技术与方法

1. 黑土滩退化草地分类、分级标准

对"黑土滩"退化草地分类和分级主要依据综合其治理措施和模式，以及是否便于机械耕作等来制定。

（1）"黑土滩"退化草地的分类　本项目在归纳总结前人成果的基础上，在退化草地分类上，依据地形条件以及工程治理的需要，将极度退化草地即"黑土滩"退化草地划分为3种类型，即坡度0~7°滩地、7°~25°缓坡地和≥25°陡坡地。

（2）"黑土滩"退化草地分级标准的确定　根据对三江源区"黑土滩"退化草地100个样方调查的各项内容指标，利用主成分分析法从优挑选出最有代表和说明性质的几项作为分级标准，确定"黑土型"退化草地分级标准，并使其在"黑土滩"退化草地治理中具有较强操作性。为此，可通过野外调查并结合问卷调查，主要选择秃斑地盖度、可食牧草比例、退化指示植物的比例、鼠害面积4个指标进行聚类分析，分析优选出分级的主要指标，并以此指标下所调查到的样方的相似度制定出不同的退化级别（表22-1）。

表 22-1　"黑土滩"退化草地评价指标、类型及等级划分*

退化类型	退化等级	秃斑地比例（%）	可食牧草比例（%）
滩地 0~7°	轻度	40~60	15~20
	中度	60~80	5~15
	重度	≥80	≤5
缓坡地 7°~25°	轻度	40~60	15~20
	中度	60~80	5~15
	重度	≥80	≤5
陡坡地 ≥25°	轻度	40~60	15~20
	中度	60~80	5~15
	重度	≥80	≤5

注：*各参数数值范围中左边数值包含在本范围中，右边数值包含在下一范围中。

2. 黑土滩综合治理模式

在"黑土滩"退化草地分类、分级标准的基础上，结合以往成功的治理经验，将"黑土滩"退化草地的治理归结为 3 种模式及其相关的治理措施。

（1）改建——人工草地模式（人工草地改建模式）　本模式适用于坡度<7°的重度"黑土滩"退化草地。这类"黑土滩"退化草地土壤肥力很差，但地势相对平坦，适于机械作业，通过种植适宜的草种可使其快速恢复生产和生态功能。在三江源区，坡度小于7°，适于通过人工草地改建恢复的重度"黑土滩"退化草地有 83. 09 万 hm²。

（2）补播——半人工草地模式（半人工草地补播模式）　本模式适合于坡度<7°的中、轻度"黑土滩"退化草地和坡度在 7°~25°的中度和重度"黑土滩"退化草地。这类退化草地可在不破坏或尽量少破坏原生植被的前提下，选择适宜的草种，通过机械耙糖或人工补播措施建立半人工草地。三江源区坡度<7°的中、轻度"黑土滩"退化草地共计 229. 15万 hm²（其中：轻度 120. 15 万 hm²、中度 109. 00 万 hm²），坡度在 7°~25°的中度和重度"黑土滩"退化草地共计 88. 51 万 hm²（其中：中度 48. 88 万 hm²，重度 39. 63 万 hm²）。

（3）封育——自然恢复模式　该模式适于坡度在 7°~25°的轻度"黑土滩"退化草地和坡度>25°的所有类型的"黑土滩"退化草地。这类"黑土滩"退化草地坡度陡，治理难度大，可通过 10 年以上的长期封育使之逐渐恢复其植被。据调查，坡度在 7°~25°的轻度"黑土滩"退化草地共计 62. 20 万 hm²，坡度>25°的所有类型的"黑土滩"退化草地共计 25. 28 万 hm²。

3. 黑土滩适宜栽培牧草

黑土滩是高寒草甸极度退化后形成的大面积次生裸地，也就是说黑土滩的分布区域在高寒草甸区，因此黑土滩适宜栽培牧草必须是适宜高寒草甸生长的牧草。青藏高原号称地球第三极，广泛分布于青藏高原腹地的高寒草甸，是在极其特殊的自然和气候条件下发育而成的，在这种特有的草地类型上，生长着特有的植物，耐寒和生育期短是这些植物最显著的特征。大量的试验研究也证明，外来草种很难在退化高寒草甸区域成功引种栽培，来自低海拔地区的草种，在三江源区黑土滩上播种当年能正常生长，但基本上在第二年都不能正常越冬，如：紫花苜蓿、羊草、草地早熟禾等；而来自三江源区邻近地区且海拔相对较高区域的草种，栽培当年能正常生长，第二年也能正常越冬，但难以完成整个生长周期，也就是种子不能成熟，自然更新受阻，如赖草、无芒雀麦、细茎冰草等。因此，目前适宜黑土滩栽培的牧草还是以乡土草种为主，也就是从三江源区或同类驯化选育和育成的牧草品种。下面将一些适宜黑土滩栽培种植，并且在市场上有商品种供应，能进行大面积推广种植的牧草品种做些简单的介绍。

（1）垂穗披碱草　拉丁名 *Elymus nutans* Griseb，是禾本科披碱草属多年生草本植物。

栽培要点：在青藏高原以 5 月中旬至 6 月中旬播种为宜，每 667m^2 播种量 1.5~2kg，在黑土滩种植时进行深翻效果较好，也可用重耙进行交叉耙糖，尽量整平地面，可进行撒播或条播，条播时行距可掌握在 20~30cm，撒播时要适当加大播种量。播深 2~3cm。播后一定要进行镇压。施肥可有效提高牧草产量，每 667m^2 施肥量：有机肥 1 000~1 500kg、过磷酸钙 15~20kg、尿素 5~10kg。

（2）同德短芒披碱草　拉丁学名 *Elymus breviaristatus* cv. Tongde，为禾本科披碱草属多年生牧草。

栽培要点：与垂穗披碱草相似。

（3）同德老芒麦　拉丁学名 *Elymus sibiricus* L. cv. Tongde，为禾本科披碱草属多年生牧草。

栽培要点：同德老芒麦对土壤的要求不严，在瘠薄、弱酸、微碱或含腐植质较高的土壤中均生长良好。在 pH 值 7~8，微盐渍化土壤中亦能生长。具有广泛的可塑性，能适应较为复杂的地理、地形、气候条件。可以建立单一的人工割草地和放牧地。与其他牧草混播可以建立优质、高产的人工草地。

（4）青牧 1 号老芒麦　拉丁学名 *Elymus sibiricus* L. cv. Qinghai。

栽培要点：与同德老芒麦相同。

（5）青海中华羊茅　拉丁学名 *Festuca sinensis* Keng cv. Qinghai。

栽培要点：青海中华羊茅种子中等大小，播前最好通过耕翻进行机械灭除杂草，需要施入底肥。黑土滩适宜春播，适宜播期为 5 月中旬至 6 月下旬，最迟不能晚于 7 月底。千粒重 0.5~0.8g，播种量 1.0~1.5kg/667m^2，播深 2cm，条播行距 30cm。在分蘖期施追肥，可使干草产量提高 50%以上。

（6）青海冷地早熟禾　拉丁学名 *Poa crymophila* Keng cv. Qinghai。

栽培要点：种植时要求精细整地、施肥，土壤过于疏松的黑土滩，播前需进行镇压、防止播种过深。在青藏高原，一般在 5 月中旬至 6 月底进行播种。播种量 0.7~1.0kg/667m^2。条播行距 20~30cm，播深 1~2cm。播后镇压。苗期生长缓慢，要防止牲畜践踏，分蘖、拔节期追肥，可提高当年产量。据青海同德地区实验，采用冷地早熟禾、星星草、青海扁茎早熟禾混播，可建立优质放牧地，产草量比单播可提高 7%~41%。采用冷地早熟禾、扁秆早熟禾、无芒雀麦、垂穗披碱草混播建立优质放牧、割草兼用人工草地，其产量可比单播提高 28%~165%。

（7）青海草地早熟禾　拉丁学名 *Poa pratensis* L. cv. Qinghai。

栽培要点：由于青海草地早熟禾是典型的根蘖型草种，所需播种量较小，一般可掌握在 0.4~0.5kg/667m^2，其余栽培要点与青海冷地早熟禾的要求一致。在青海省玛沁县

（海拔3 760m）、达日县（海拔4 100m）、同德县（海拔3 289m），西宁市（海拔2 295m）种植，年均干草产量320~440kg/667m²。

（8）青海扁茎早熟禾 扁茎早熟禾是草地早熟禾的一个变种，拉丁学名 *Poa pratensis* L. var. *anceps* Gaud. cv. Qinghai。

栽培要点：基本与青海草地早熟禾一致。

（9）碱茅 碱茅是禾本科多年生牧草，栽培利用的有小花碱茅（*Puccinellia tenuiflora* (Griseb.) Scribn. Et Merr.）和朝鲜碱茅（*Puccinellia chinampoensis* Ohwi）。

栽培要点：碱茅为长寿命中旱生牧草，性喜潮湿、微碱性土壤。在地表含盐量1.0%~2.5%、土壤pH值9~10、年降水量400mm左右的地区可正常生长发育。在冬季极端气温-40℃的地区可安全越冬。耐盐碱能力极强，常在盐碱湖或碱斑周围形成纯碱茅群落。

品种介绍截至2008年，全国草品种审定委员会审定登记的碱茅品种有4个。

分别为野生栽培品种白城小花碱茅〔*P. tenuiflora*（Griseb）Scribn et Merr. cv. Baicheng〕、白城朝鲜碱茅（*P. chinampoensis* Ohwi. cv. Baicheng）、同德小花碱茅〔*P. tenuiflora*（Griseb）Scribn & Merr. cv. Tongde〕，育成品种吉农朝鲜碱茅（*P. chinampoensis* Ohwi. cv. "Jinong"）。

4. 草种混播搭配组合

合理的混播搭配是为了提高人工植被的产量稳定性和生态稳定性，就是为了要建植的人工草地，以达到高产而不易退化，一般应该根据黑土滩治理所建植的人工草地利用目标来进行混播组合设计。

（1）打草型草地混播组合 三江源区有较大面积的黑土滩分布在居民定居点附近的冬季草场上，且地势平坦，土层厚，降雨充沛，土壤相对肥沃，牛羊粪施放方便，具有良好的施肥条件。该类黑土滩通过治理可以建植成优良的打草型人工草地。打草型草地需采用植株高大的优良牧草进行建植，混播草种不宜过多，三江源区最适宜的打草用品种仍然是披碱草属的几个草种。

在海拔相对较高，土壤相对较干旱的地区，宜采用2种披碱草进行单播或混播，单播时的播种量为1.5~2kg/667m²，混播时各1kg/667m²左右；在海拔相对较低（低于4 000m），土壤相对较湿润的地区，宜采用2种老芒麦进行单播或混播，单播时的播种量为1.5~2kg/667m²，混播时各1kg/667m²左右。

（2）放牧型草地混播组合 由于大面积的黑土滩分布在定居点附近，治理后仍然会作为放牧场而加以利用，因此这类黑土滩治理后必须建植成放牧型人工草。放牧型草地需采用耐践踏、寿命长、植株低矮、柔软、营养价值高、适口性好、产量高的牧草品种，以上羊茅属、早熟禾属、碱茅属的品种均可作为放牧人工草地建植的优良品种。

理想组合为：青海草地早熟禾（青海扁茎早熟禾）+青海中华羊茅+青海草地早熟禾（碱茅）。

适宜播种量：青海草地早熟禾或青海扁茎早熟禾为0.3~0.4kg/667m²，青海中华羊茅为0.7~1kg/667m²，青海冷地早熟禾或碱茅为0.5~0.7kg/667m²。青海草地早熟禾或青海扁茎早熟禾通过单播也能建成高质量的放牧型人工草地。

（3）生态型草地混播组合 分布在自然保护区核心区或距放牧区较远的黑土滩，其治理所追求的主要目标就是恢复其生态功能，即主要目的是恢复植被。生态型草地所需的草种，要首选生态适应性强、能快速形成草皮，同时能进行自我更新的牧草品种。

建议混播组合为：垂穗披碱草+青海草地早熟禾（青海扁茎早熟禾）+青海草地早熟禾（碱茅）。

适宜播种量：垂穗披碱草为 $1\sim1.4kg/667m^2$，青海草地早熟禾或青海扁茎早熟禾为 $0.3\sim0.4kg/667m^2$，青海冷地早熟禾或碱茅为 $0.5\sim0.7kg/667m^2$。

（4）兼用型草地混播组合　治理后重建的黑土滩人工植被，往往需要拥有生态和牧用多重功能，因此，黑土滩人工草地多数必须是兼用型人工草地，兼有打草、放牧、水土保持等功能。

建议混播组合为：垂穗披碱草（同德短芒披碱草）或同德老芒麦（青牧 1 号老芒麦）+青海草地早熟禾（青海扁茎早熟禾）+青海中华羊茅+青海冷地早熟禾（碱茅）。

适宜播种量：垂穗披碱草（同德短芒披碱草）或同德老芒麦（青牧 1 号老芒麦）为 $0.7\sim1kg/667m^2$，青海中华羊茅 $0.5\sim0.7kg/667m^2$，青海草地早熟禾或青海扁茎早熟禾为 $0.2\sim0.3kg/667m^2$，青海冷地早熟禾或碱茅为 $0.4\sim0.5kg/667m^2$。

四、总结报告

总结并完成"黑土滩"治理技术报告。

第二十三章 矿区生态修复（种草复绿）技术
——以青海木里煤田修复为例

一、背景及意义

青海木里矿区位于海西州天峻县木里镇和海北州刚察县吉尔孟乡，是黄河上游重要支流大通河的发源地，是祁连山区域水源涵养地和生态安全屏障的重要组成部分，生态地位极为重要，是青藏高原多年冻土区、典型的生态脆弱区，区内分布高寒草甸及沼泽湿地等。由于多年煤炭露天开采，造成水资源、土地资源、植被资源遭到不同程度的破坏以及水源涵养功能下降等一系列生态环境问题，亟待整治修复。通过组织相关单位专家对木里矿区渣山、矿坑、储煤场、生活区及道路等基本情况进行详细调查，全面摸清草原、湿地等生态受损程度及周边社会经济情况。按照"山水林田湖草"系统治理的原则和科学、系统、精准实施生态修复的要求，编制方案。主要开展矿区土壤改良、种草复绿、补播改良、补植补种、生态监测、试验示范及围栏封育等工作。

二、矿区基本情况

（一）地理位置

木里矿区位于海西州天峻县东北部的木里镇和海北州刚察县西南部的吉尔孟乡，地理位置为东经 98°59′~99°37′，北纬 38°10′~38°02′，由江仓、聚乎更和哆嗦贡玛等矿区组成。东西长 50km，南北宽 8km，总面积约 400km²。

（二）地形地貌

青海木里矿区地处祁连山高海拔地区，地势西北高、东南低，海拔在 3 750~4 200m。主要以高原冰缘地貌类型为主，包括冰缘湖沼平原、冰缘剥蚀平原、冰缘低台地、冰缘平缓低丘陵、冰缘平缓高山等地貌类型。

（三）气候条件

矿区地处高寒地带，昼夜温差大，四季不分明，最低气温为-35.6℃，最高气温为19.8℃，年平均气温为-4.2℃。年降水量在 473~484mm，年均蒸发量达 1 049.9mm。一年四季多风，冷季长达 7~8 个月，存在永久冻结带等情况。木里矿区全年日照时数为3 000h 左右，太阳辐射量为 160kcal/cm²。地表季节性冻土每年 4 月开始融化，9 月回冻，6—8 月平均温度可达 9℃以上，植物生长期 90d，可基本满足种草复绿条件。年均降水量在 477.1mm，降水集中在 5—9 月，占全年降水量的 80%以上，降水相对充足，能够满足植物生长发育所需。

（四）河流水系

大通河发源于天峻县境内托莱南山的日哇阿日南侧，以大气降水和冰川消融为补给来源，河源海拔 4 812m。干流自河源至措喀莫日河交汇口称加巴尕尔当曲，以下称唐莫日曲，进入祁连与刚察县交界的界河称默勒河，以下称大通河。自西北向东南流经青海省祁连、刚察、门源、互助、乐都等县（区），以及甘肃省天祝、永登县，在民和县享堂镇注入湟水，全长 560.7km，流域面积 1.51 万 km²，水资源总量 28.95 亿 m³。

（五）土壤类型

土壤呈明显的垂直地带分布，随着海拔由高到低，土壤类型依次为高山寒漠土、高山草甸土、高山草原土、山地草甸土等地带型土壤。沼泽土、潮土、泥炭土等为隐域性土壤。受水热、地貌和生物等自然因素的影响，土壤土层薄，质地粗，在山前洪积扇，多为巨砾、碎石、粗沙。

（六）植被状况

草地以高寒草甸类为主，分布有较多的沼泽化草甸亚类，植物种类较为丰富，多为湿生、湿中生、中生植物。主要以嵩草属和苔草属植物为主，优势种有高山嵩草、矮嵩草、西藏嵩草、糙喙苔草、华扁穗草。草群密度大，覆盖度在 70%～90%，部分地区可郁闭地面。草群层次分化不明显，高度 7～20cm。

（七）野生动物

常见的野生动物有雁鸭类的黑颈鹤、斑头雁、赤麻鸭、红脚鹬、棕头鸥、普通燕鸥、绿头鸭、赤嘴潜鸭等 10 余种湿地鸟类；鹰隼类有草原雕、高山兀鹫、猎隼、游隼、大鵟、金雕、短耳鸮、纵纹腹小鸮等 10 余种猛禽；雀形目有褐背拟地鸦、棕颈雪雀、棕背雪雀、白腰雪雀、褐岩鹨、水鹨、树麻雀、大朱雀等近 20 种小型鸟类；高寒草甸草原环境也分布着藏野驴、藏原羚、藏棕熊、猞猁、狼、荒漠猫、藏狐、高原兔、喜马拉雅旱獭、赤狐等中大型兽类。另外，广阔的草甸草原上还分布着根田鼠、中华鼢鼠、高原鼠兔等小型啮齿类动物，维系着草原生态的平衡。

（八）矿区采煤的影响

木里矿区采煤造成的主要影响有：

1. 露天开采直接占用草原和湿地，影响自然景观和水系连通，破坏草原、湿地生态系统。

2. 矿区部分矿坑失稳，个别渣山坡度较陡，存在边坡不稳定的现象，坑底积水，一旦遇暴雨、震动等外来因素，容易引发地质灾害。

3. 矿坑和矿山表面为煤矸石或渣石，重金属含量很高或极端 pH 值，严重缺乏有机质，植物的立地条件很差。

4. 开采过程产生废水、废气和固体废弃物"三废污染"难以处理。

三、矿区存在的问题

木里矿区生态修复（种草复绿）是在高原、高寒、高海拔地区开展的矿山治理探索性工程，在国内尚属首例。由于矿区条件差、治理面积大、技术难题多，自然恢复慢，没有适宜的成熟经验和整装技术可借鉴，生态修复（种草复绿）具有很大挑战性。

（一）自然条件严酷，植被自然恢复慢

木里生态修复区地处高寒，区域海拔高，气候寒冷，植物生长期短，大风日数多，生态环境脆弱，植物自然恢复慢。

（二）适宜人工种植的植物种类少

青海省规模化繁育的适宜木里地区种植的草种仅有同德短芒披碱草、青海冷地早熟禾、青海草地早熟禾、青海中华羊茅等4种，且均为禾本科草种。目前该地区尚无人工造林成功的先例，青海大学在江仓地区移栽金露梅试验结果表明，成活率很低，生长慢。

（三）客土来源困难，渣土改良难度大

异地客土困难，最近的客土源距矿区240多km，且土壤条件差，pH值>9，不具备种草条件。根据检测结果，矿区表层渣土养分含量极低，无土壤团粒结构，植物生长所需的土壤母质严重缺乏，不能满足植物生长需要。

（四）修复区地形复杂，修复成本高

修复区地形复杂，地面不平整且砾石多、坡度大，不利于机械作业，大部分施工只能依靠人力完成，加之运距长、运费高，修复成本相对较高，而且受气候条件限制，施工期短。

四、总体思路

（一）指导思想

以习近平生态文明思想为指导，认真贯彻落实中共中央的指示精神和省委省政府关于木里矿区生态环境整治的决策部署，统筹"山水林田湖草"系统治理，坚持保护优先、节约优先、自然恢复和科技引领，围绕《木里矿区以及祁连山南麓青海片区生态环境综合整治三年行动方案（2020—2023）》总体要求，按照全面保护、系统修复、综合治理、整体恢复的思路，以恢复植被和提升水源涵养功能及生物多样性保护为核心，综合应用工程、技术、管护等多种措施，促进矿区生态系统恢复，实现生态良性循环，努力将矿区生态修复（复绿种草）工程打造成为高原、高寒、高海拔地区矿山大面积生态修复示范工程。

（二）基本原则

1. 自然恢复为主、人工修复为辅

坚持以自然恢复为主、人工修复为辅，人工修复为自然恢复创造条件。根据生态系统退化、受损程度和恢复力，按照"宜草则草""宜水则水"的要求，采取自然恢复、人工辅助和保护封育等措施，着力恢复增强生态系统稳定性和综合服务功能。

2. 科学施策、精准治理

坚持长短结合、久久为功的方针，按照"一坑一策"的要求，结合自然环境条件及经济社会实际，因地制宜科学编制实施方案和施工设计，做到科学施策、精准施治、治理有方、修复有度，着力提高生态修复的针对性、精准性、有效性。

3. 节约优先、注重实效

坚持保护优先、节约优先、经济合理，杜绝资金、物资浪费，以最小投资实现最大生态效益。强化适宜性评价，把高标准、严要求贯穿整治修复全过程，确保取得预期成效。

4. 统筹推进、科技引领

科学确定生态保护修复目标，合理布局工程项目，统筹实施各类工程、技术和管护措施，立体式、系统性、全方位、因地制宜开展生态修复，协同推进"山水林田湖草"一体化保护和修复，突出技术引领作用。借鉴省内外关于矿山生态修复经验和高寒地区退化草地治理的先进技术，注重科技成果转化和集成应用，组建科技支撑团队，提高修复措施的科学性和针对性。

五、目标任务

（一）总体目标

通过人工辅助生态修复，改良土壤基底，恢复地表植被，为生态系统自然恢复创造条件，加快草原、湿地修复，增强水源涵养能力，保护生物多样性，提升生态服务功能，促进生态系统状况不断好转，最终实现生态系统正向演替和良性循环。

（二）主要任务

1. 边坡治理

不管是矿山开发区，还是其他的一些山体结构，边坡都十分重要。因此，在矿山开发区进行修复的时候，首先就要考虑边坡的治理情况。如果在进行矿山开发时，边坡出现不稳定的情形，很大程度上会导致相关的开发人员以及设备的损伤。只有采取一些措施保持边坡的稳定性，才可以避免山体滑坡、坍塌等现象的出现。目前，我国对矿区的边坡治理主要采用生物护坡法，即利用生物（主要是植物），单独或与其他构筑物配合对边坡进行防护和植被恢复的一种综合技术。具体包括以下几点。

首先，尽量保持矿山路面的平整性；其次，对悬崖进行修整工作，清除危石、降坡削坡，将未形成台阶的悬崖尽量构成水平台阶，把边坡的坡度降到安全角度以下，以消除崩塌隐患；然后，对已经处理的边坡进行复绿，在边坡的面积范围内种植绿色植物，使其在进一步保持稳定的同时，可以美化环境。

2. 尾矿治理

一般来讲，对于任意一座矿山开发区来讲，尾矿都是占地面积最大，但是利用效率却最差的一个地方。因此，在关于尾矿的修复措施上一定要格外注意对尾矿的二次利用及其综合效益水平。主要采取的方法就是利用井下采空区，作为采空区的充填料使用，来进行尾矿的排放，进而能够使其在整体的矿山开发区中达到最优的利用水平。另外，也要尽量做好尾矿资源的有用成分的综合回收利用，采用先进技术和合理工艺对尾矿进行再选，最大限度地回收尾矿中的有用组分，这样，可以进一步减少尾矿数量。除此之外，还可以将尾矿这种不能够充分开采的地区进行商品化及资源化，使其作为建筑材料的原料来制作水泥、硅酸盐尾砂砖、瓦、加气混凝土、铸石、耐火材料、玻璃、陶粒、混凝土集料、微晶玻璃、溶渣花砖、泡沫玻璃和泡沫材料等，也可以用来修筑公路、海岸造田，作为路面材料、防滑材料等，从而达到废物再次利用的最终目的。

3. 土壤改良

矿山开采造成生态破坏的关键是土地退化，也就是土壤因子的改变，即废弃地土壤理化性质变坏、养分丢失及土壤中有毒有害物质的增加。因此，土壤改良是矿山废弃地生态修复最重要的环节之一。对土壤进行优化改良的方式，主要有 3 种。

（1）异地取土，即在不破坏异地土壤的前提下，取适量土壤，移至矿山受损严重的部位，在土壤上种植植物，通过植物的吸收、挥发、根滤、降解、稳定等作用对受损土壤进行填补修复。

（2）对废弃地进行改造，即进行表土改造之前，设法灌注泥浆，使其包裹废渣，然后再铺一层黏土压实，造成一个人工隔水层，减少地面水下渗，防止废渣中剧毒元素的释放。

（3）对土地增肥，即添加有效物质，使土壤的物理化学性质得到改良，从而缩短植被演替过程，加快矿山废弃地的生态重建。这样就可以达到重复利用矿山资源的目的，而且还有利于提升相关矿山开发区的综合产量。

4. 植被修复

对于遭到重金属污染的矿山开发区而言，利用植被种植这种生态方式进行修复更具有效果。在矿山废弃场地种植植物，一般选择适应性强、生长速度快、抗逆性强的树种。比如重金属耐性植物，其可以适应废弃地土壤结构不良、极端贫瘠等不良环境，同时还能耐重金属毒性。另外，根据不同地区气候条件选择不同植物，有利于加快矿山重金属污染的修复进程。进行植被种植时，有2种操作方式：①对矿山开发区直接进行植被覆盖。这种方式简单快捷，所耗费的资金也不是特别昂贵。但是，这种方法见效比较慢。②采取覆土植被。一般来讲，这种方法应用更为广泛，可以在保证资金投入量的同时提高见效率。

六、矿区植被修复措施

（一）增温保墒

针对木里生态修复区自然条件严酷的实际，总结木里矿区前期综合治理及试验示范经验，采用覆盖无纺布增温保墒，确保人工种草的修复效果。

（二）优化草种配比

由于恢复区自然条件严酷、立地条件差，导致草种发芽率降低。通过采取增加播种量，搭配上繁草与下繁草的措施，增加出苗数、增强稳定性、提高覆盖度。

（三）改良渣土

针对恢复区表层基质土壤少、养分差的问题，主要采取从渣山中筛选渣土，并通过增施有机肥和羊板粪等措施，改良渣土。为确保种植效果，覆盖改良土厚度大于30cm。

（四）提高工效

针对木里地区气候严酷、施工期短的实际，采用飞播、机械和人工等多种措施，加快施工进度，缩短工期，降低成本，提高治理的精准度和工作效率。

七、修复方案

矿区地貌重塑后，对修复区地面进行整治，为种草复绿创造条件，具体要求如下。

（一）地面整治与处理

坡面修建排水沟，平台四周修筑土坝；储煤场、生活区清除建筑垃圾，清理废弃道路。整理地面，坡度小于25°，坑底做到排水流畅、不积水。

（二）覆土

根据草本植物根系主要分布在土壤 20cm 左右的特性，并考虑到 5～10cm 自然沉降，地面整平后需覆土 30cm，清除覆土层中直径 5cm 以上的砾石，形成种草复绿面。

覆土来源主要有异地客土和渣土利用 2 种方式，考虑到异地客土运距长、成本高。本着节约优先、经济合理，以最小投资实现最大生态效益的原则，主要采取从渣山中筛分渣土或粉碎渣石，作为覆土来源。

（三）土壤改良

经分析化验，木里矿区渣土中养分含量极低，无土壤团粒结构，植物生长所需的土壤养分严重缺乏，不能满足植物生长需要，必须多措并举改良土壤，确保复绿见效。

土壤改良应结合矿区实际，最大限度地利用矿区渣山，通过粉碎、筛分等方式从渣山中获取渣土，将渣土和羊板粪混合，形成改良土。根据青海大学在江仓矿区渣山治理中取得的试验数据，每 667m² 土壤改良需筛分或粉碎的渣土用量 167m³，羊板粪 33m³。

通过以上措施能有效改善土壤理化性质和生物特性，提高土壤通气性，防止土壤板结，增加土壤有机质，增强土壤的保水供肥能力，促进微生物繁殖，改善土壤生物活性，基本满足植物生产所需的养分。

八、修复技术

（一）坡地（渣山边坡及矿坑边坡）种草复绿

1. 技术路线

土、肥混合及覆盖→草种选择及组合→播种→耙耱镇压→覆盖无纺布。

2. 技术方案

（1）草种选择及组合　选用同德短芒披碱草、青海草地早熟禾、青海冷地早熟禾、青海中华羊茅进行混播，混播比例为 1：1：1：1。

（2）播种技术

① 采用人工、机械或飞机等方式进行播撒。

② 播种时间。5 月下旬至 7 月上旬。

③ 播种量。播种量 16kg/667m²，其中：同德短芒披碱草 4kg/667m²、青海草地早熟禾 4kg/667m².青海冷地早熟禾 4kg/667m²、青海中华羊茅 4kg/667m²。

④ 播种深度。将大小粒草籽混播，播种深度控制在 1cm 左右。

⑤ 底肥。根据测定的改良土养分结果，种植时撒施有机肥和牧草专用肥作为底肥，每 667m² 施有机肥 2 000kg、牧草专用肥 15kg，均匀撒施。

⑥ 耙耱镇压。采用人工或机械耙耱镇压，使种子与肥料全部入土，确保草种、肥料与土壤紧密接触。

⑦ 铺设无纺布。种植完成后，铺设无纺布，增温保墒。

（二）平地（坑底、渣山平台、储煤场、生活区及废弃道路）种草复绿

1. 技术路线

土、肥混合及覆盖→草种选择及组合→播种→耙耱镇压→覆盖无纺布。

2. 技术方案

（1）草种选择及组合　选用同德短芒披碱草、青海草地早熟禾、青海冷地早熟禾、

青海中华羊茅进行混播，混播比例为 1 : 1 : 1 : 1。

（2）播种技术。

① 采用人工、机械或飞机等方式进行播撒。

② 播种时间。5 月下旬至 7 月上旬。

③ 播种量。播种量 12kg/667m²，其中：同德短芒披碱草 3kg/667m²、青海草地早熟禾 3kg/667m²、青海冷地早熟禾 3kg/667m²、青海中华羊茅 3kg/667m²。

④ 播种深度。通过机械采取分层播种，大粒草籽播种深度控制在 1~2cm，小粒草籽播种深度控制在 0.5~1cm。

⑤ 底肥。根据测定的改良土养分结果，种植时撒施有机肥和牧草专用肥作为底肥，每 667m² 施有机肥 1 500kg、牧草专用肥 15kg，均匀撒施。

⑥ 耙糖镇压。采用人工或机械耙糖镇压，使种子与肥料全部入土，确保草种、肥料与土壤紧密接触。

⑦ 铺设无纺布。种植完成后，铺设无纺布，增温保墒。

（三）飞播种草

1. 技术路线

土、肥混合及覆盖→草种选择及组合→种子处理→飞播（草种及肥料）→耙糖整压→覆盖无纺布。

2. 技术方案

（1）草种选择及组合　选用同德短芒披碱草、青海草地早熟禾、青海冷地早熟禾、青海中华羊茅进行混播，混播比例为 1 : 1 : 1 : 1。

（2）种子处理　按照 1 : 2 比例将种子与肥料、营养液等混合后进行包衣处理。

（3）飞播技术。

① 采用无人机将种子和肥料按一定比例混合后进行飞机撒播。

② 播种时间。5 月下旬至 7 月上旬。

③ 播种量。播种量 8kg/667m²，其中：同德短芒披碱草 2kg/667m²、青海草地早熟禾 2kg/667m²、青海冷地早熟禾 2kg/667m²、青海中华羊茅 2kg/667m²。

④ 底肥。根据测定的改良土养分结果，合理使用牧草专用肥，每 667m² 使用量 15kg 左右，均匀撒施。

⑤ 耙糖镇压。采用人工或机械耙糖镇压，使种子与肥料全部入土，确保草种、肥料与土壤紧密接触。

⑥ 铺设无纺布。种植完成后，铺设无纺布，保湿增温。

九、后期管护

采取围栏封育、补播及追肥等技术措施，巩固修复成效。同时，实行禁牧管理，持续开展生态监测，加强后期管护，为自然恢复创造有利条件。

（一）围栏封育

为确保植被恢复成效，进行围栏封育，封育期 3 年，第 4 年开始在植物生长季内休牧。

（二）补播改良

1. 依据监测结果，对 2021 年种草复绿达不到指标要求的区域，翌年采取补植补种措施，确保复绿成效。

2. 对 2014—2016 年已治理区，利用无人机或直升机进行补播改良，播撒草种 4kg/667m^2，其中，同德短芒披碱草、青海草地早熟禾、青海冷地早熟禾、青海中华羊茅各 1kg/667m^2，种子全部进行包衣处理。飞播后在不破坏原有植被的情况下，进行人工耙耱镇压处理，保证种子入土。

（三）追肥

从种草复绿第二年开始，视种植草长势和土壤养分情况，在植物返青季采用无人机或直升机连续 2 年追施牧草专用肥，施肥量为 15kg/667m^2，保证植物正常生长所需养分。

（四）建立管护制度

治理后建立严格的禁牧管护制度，每 33.33hm^2 设置 1 名生态管护员，明确管护员职责，建立绩效管理机制，切实将管护工作落到实处。

第二十四章　草畜平衡技术

一、背景及意义

草畜平衡是指为保持草原生态系统良性循环，在一定区域和时间内，由草原和其他途径提供的饲草料总量与饲养牲畜所需的饲草料总量保持动态平衡。天然草地发挥着生态环境屏障和草地畜牧业生产基地的双重功能。针对青藏高原气候寒冷、天然草地牧草营养成分含量较高、高寒草甸耐牧性强等特点，把握好草畜平衡的调控关键技术，对草畜配套、草地管理、提高草地资源利用率具有非常重要的实践指导作用。

二、相关概念

(一) 载畜量相关概念

载畜量是指在一定的草地面积上，在一定的利用时间内，所承载饲养家畜的头数和时间。载畜量可区分为合理载畜量和现存载畜量。

合理载畜量又称为理论载畜量，是在一定的草地面积和一定的利用时间内，在适度放牧 (或割草) 利用并维持草地可持续生产的条件下，满足承养家畜正常生长、繁殖、生产畜产品的需要，所能承养家畜的头数和时间。合理载畜量可以用家畜单位、时间单位和草地面积单位 3 种方式表示。

现存载畜量又称实际载畜量，是指一定面积的草地，在一定的利用时间内，实际承养的标准家畜头数。

全年放牧情形下，面积为全部草原面积，时间为 1 年，按 365d 计。季节转场情形下，面积为各类季节草场面积，时间为相应类别季节草场的放牧天数。划区轮牧情形，面积为轮牧草地面积，时间为 1 个轮牧期的放牧天数。

(二) 草地相关概念

草地可利用面积除去草地内的居民点、道路、水域、小块的农田、林地、裸地等非草地及不可利用草地的草地面积。

可食草产量是指草地可食牧草 (含饲用灌木和饲用乔木之嫩枝叶) 地上部的产量。

草地利用率是指维护草地良性生态循环，在既充分合理利用又不发生草地退化的放牧 (或割草) 强度下，可供利用的草地牧草产量占草地牧草年产量的百分比。

标准干草生物量是指达到最高月产量时，收割的以莎草科牧草为主的高寒草甸类草地之含水量 14% 的干草质量。

(三) 家畜相关概念

家畜日食量是维持家畜的正常生长、发育、繁殖及正常的生产畜产品，每头家畜每天所需摄取的饲草量。

1 只体重 42kg，同时哺 4 月龄以内单羔的成年母绵羊，或与此相当的其他家畜为 1 个标准羊单位，简称羊单位。

幼畜是指从仔畜断奶到育成期的家畜。

三、计算参数

（一）羊单位日食量

按标准 DB63/T209—1994 的规定计算，1 个羊单位日食可食鲜草 4.00kg，按干鲜比 1：2.9 计算折合标准干草 1.38kg。

不同类型草地上牧草干鲜比存在一定的差异，植物种类、草地类型和生长季节是影响牧草水分含量最主要的因子。推荐生产实践中比较准确的干鲜比折算比例如表 24-1 所示。

表 24-1　青海省各类型草地牧草干鲜比

序号	草地类型	干鲜比	序号	草地类型	干鲜比
	合计	1：2.90	5	温性荒漠类	1：3.20
1	温性草原类	1：2.85	6	高寒荒漠类	1：2.90
2	温性荒漠草原类	1：2.85	7	低地草甸类	1：3.00
3	高寒草甸草原类	1：2.80	8	山地草甸类	1：3.00
4	高寒草原类	1：2.80	9	高寒草甸类	1：2.95

（二）主要牲畜折合羊单位

绵羊＝1 个羊单位；山羊＝0.8 个羊单位；黄牛＝5 个羊单位；牦牛＝4 个羊单位；马＝6 个羊单位；骡＝5 个羊单位；驴＝3 个羊单位；骆驼＝7 个羊单位（表 24-2）。

表 24-2　各类成年家畜折合标准羊单位

体重（kg）	羊单位折算系数	体重（kg）	羊单位折算系数
一、绵羊、山羊		小型<350	4.0
大型>50	1.2	四、马、骡	
大中型 46～50	1.1	大型>400	6.5
中型 40～45	1.0	中型 300～400	6.0
小型 35～39	0.9	小型<300	5.0
特小型<35	0.8	五、驴	
二、黄牛		大型>200	4.0
大型>450	6.0	中型 150～200	3.0
中型 351～450	5.0	小型<150	2.5
小型<350	4.5	六、骆驼	
三、牦牛		大型>550	8.0
大型>400	5.0	小型<550	7.0
中型 351～400	4.5		

（三）主要家畜幼畜折算比例

绵羊、山羊每只幼畜折 0.4 个羊单位；牦牛、黄牛每只幼畜折合 2.8 个羊单位。

在维持各类家畜各畜群净增率为零的前提下，绵羊、山羊幼畜占畜群总数比例为 20%，牦牛、黄牛幼畜占畜群总数比例为 29%。

（四）主要农作物秸秆谷草比

主要农作物秸秆谷草比为：小麦 1∶1.25；青稞 1∶1.10；马铃薯 1∶0.65（折粮后比例）；蚕豆 1∶2.01；豌豆 1∶1.73；油料 1∶2.70。

（五）天然草地不同放牧草地利用率

放牧草地利用率见表 24-3。

表 24-3　不同草地类型不同季节放牧草地利用率比较

草地类名称	暖季放牧（%）	冷季放牧（%）	全年放牧（%）
温性草原类	60~65	65	60~65
温性荒漠草原类	60~65	65	60~65
高寒草甸草原类	60~65	65	60~65
高寒草原类	60~65	65	60~65
温性荒漠类	45~50	50	45~50
高寒荒漠类	20~25	25	20~25
低地草甸类	40~50	50	40~50
山地草甸类	55~60	60	55~60
高寒草甸类	60~65	65	60~65

（六）人工草地利用率

人工草地利用率为 90%。

四、草地可食产草量的测定

（一）牧草再生率

计算草地可食草产量采用的牧草再生率：海东地区牧草再生率为 5%，其他地区牧草再生率为 0。

（二）产草量年变率

年降水量接近多年年平均降水量的年份为产草量的"平年"；年降水量大于多年年平均降水量 25% 的年份为产草量的"丰年"；年降水量小于多年年平均降水量 25% 的年份为产草量的"歉年"。计算草地可食草产量采用的草地产草量年变率如表 24-4 所示。

表 24-4　不同草地类型区域的草地产草量年变率

草地类型区域	产草量年变率（%）		
	丰年	平年	歉年
温性草原类	125	100	70
温性荒漠草原类	135	100	55

（续表）

草地类型区域	产草量年变率（%）		
	丰年	平年	歉年
高寒草甸草原类	115	100	80
高寒草原类	125	100	70
温性荒漠类	150	100	60
高寒荒漠类	150	100	60
低地草甸类	110	100	85
山地草甸类	110	100	85
高寒草甸类	110	100	85

（三）放牧草地可食产草量的测定

齐地面剪割草地地上部可食牧草称量，折算成含水量14%的干草。

（四）标准干草系数

按 NY/T 635—2015 的草地合理载畜量采用的标准干草折算系数如表24-5所示。

表 24-5　不同类型草地牧草折合成标准干草的折算系数

草地类型	标准干草折算系数	草地类型	标准干草折算系数
荒漠草地	0.85~0.95	禾草高寒草甸与高寒草原	1.00~1.05
杂类草高寒草地	0.85~0.95	莎草高寒草甸与高寒草原	1.00
禾草低地草甸	0.90~0.95	改良草地	1.00~1.10
禾草温性草原和山地草甸	1.00		

（五）暖季草地可食草产量计算

$$Yw = \frac{Ywm \times (1 + Gc)}{Ry} \tag{1}$$

式（1）中：

Yw——暖季草地可食草产量，单位：kg/hm^2；

Ywm——生长季测定的含水量14%的草地可食干草现存量，单位：kg/hm^2；

Gc——草地牧草再生率，单位：%；

Ry——草地产草量年变率（表24-4），单位：%。

（六）冷季草地可食草产量计算

$$Yc = \frac{Ycm}{Ry} \tag{2}$$

式（2）中：

Yc——冷季草地可食草产量，单位：kg/hm^2；

Ycm——冷季测定的含水量14%的草地可食干草现存量，单位：kg/hm^2；

Ry——草地产草量年变率（表24-4），单位：%。

（七）全年利用草地可食草产量计算

$$Yy = \frac{Ywm \times (1 + Gc)}{Ry} \tag{3}$$

式（3）中：

Yy——全年利用草地可食草产量，单位：kg/hm²；

Ywm——生物量高峰期测定的含水量14%的草地可食干草产量，单位：kg/hm²；

Gc——草地牧草再生率，单位：%；

Ry——草地产草量年变率（表24-4），单位：%。

（八）人工草地可食草产量计算

$$Yh = \frac{Ywm \times (1 + Gc)}{Ry} \tag{4}$$

式（4）中：

Yh——人工草地可食草产量，单位：kg/hm²；

Ywm——人工草地牧草达到月最高产量时，收割的含水量14%的可食干草产量，单位：kg/hm²；

Gc——草地牧草再生率，单位：%；

Ry——草地产草量年变率（表24-4），单位：%。

五、草地合理载畜量计算方法

（一）区域放牧草地合理载畜量计算

$$Ausw = \frac{Yw \times Ew \times Hw}{Ius \times Dw} \tag{5}$$

式（5）中：

Ausw——1hm²某类暖季（或冷季、或全年）放牧草地在暖季（或冷季、或全年）放牧期内可承养的羊单位，单位：羊单位/［hm²·暖季（或冷季、或全年）］；

Yw——1hm²某类暖季（或冷季、或全年）放牧草地可食草产量［见式（1）］，单位：kg/hm²；

Ew——某类暖季（或冷季、或全年）放牧草地的利用率（表24-3），单位：%；

Hw——某类暖季（或冷季、或全年）放牧草地牧草的标准干草折算系数（表24-5）；

Ius——羊单位日食量，单位：kg/（羊单位·d）；

Dw——暖季（或冷季、或全年）放牧草地的放牧天数，单位：d；

$$Awk = Snw \times Ausw \tag{6}$$

式（6）中：

Awk——区域面积上某类暖季（或冷季、或全年）放牧草地在暖季（或冷季、或全年）放牧期内可承养的羊单位，单位：羊单位/［hm²·暖季（或冷季、或全年）］；

Snw——某类暖季（或冷季、或全年）放牧草地在暖季（或冷季、或全年）放牧期的可利用面积，单位：hm²；

Ausw——1hm²某类暖季（或冷季、或全年）放牧草地在暖季（或冷季、或全年）放

牧期内可承养的羊单位，单位：羊单位/［hm² · 暖季（或冷季、或全年）］。

（二）区域人工草地合理载畜量计算如下

$$Aush = \frac{Yh \times Eh \times Hh \times Er}{Ius \times Dh} \tag{7}$$

式（7）中：

$Aush$——1hm² 某类人工草地分别在全年（或冷季、或暖季）利用期内割草投饲可承养的羊单位，单位：羊单位/［hm² · 年（或冷季、或暖季）］；

Yh——1hm² 某类人工草地可食草产量，式（4），单位：kg/hm²；

Eh——某类人工草地的利用率，单位：%；

Hh——某类人工草地牧草的标准干草折算系数（表24-5）；

Er——从人工草地刈割可食牧草的利用率，取值90%；

Ius——羊单位日食量，单位：kg/（羊单位 · d）；

Dw——全年（或冷季、或暖季）利用期内，需要从人工草地刈割牧草饲喂家畜的天数，单位：d。

$$Ahk = Snw \times Ausw \tag{8}$$

式（8）中：

Ahk——区域面积上某类人工草地在全年（或冷季、或暖季）利用期内割草投饲可承养的羊单位，单位：羊单位；

Snw——某类人工草地在全年（或冷季、或暖季）利用期内可利用面积，单位：hm²；

$Aush$——1hm² 某类人工草地分别在全年（或冷季、或暖季）利用期内割草投饲可承养的羊单位，单位：羊单位/［hm² · 年（或冷季、或暖季）］。

（三）区域农作物秸秆合理载畜量计算

按照农作物秸秆谷草比规定折算农作物秸秆理论总产量，再根据公式（9）计算出该地区农作物秸秆的合理载畜量。

$$Aek = \frac{Ye \times Ek \times Hf}{Ius \times Dh} \tag{9}$$

式（9）中：

Aek——区域面积农作物秸秆可承载羊单位量，单位：羊单位；

Ye——区域面积各类农作物秸秆总产量，单位：kg；

Ek——区域面积各类农作物秸秆可作饲草的利用率，单位：%；

Hf——各类农作物秸秆可收集率，按70%计；

Ius——羊单位日食量，单位：kg/羊单位 · d；

Dh——全年利用天数，单位：d。

六、草畜平衡判断

载畜量潜力与超载计算如下。

（一）计算方法

用区域内放牧草地、人工草地和农作物秸秆的合理载畜量之和与草地现存饲养量比较，计算草地区域的载畜潜力与超载。

（二）草地区域的载畜量潜力与超载计算

$$Pw = \sum Awk + \sum Ahk + \sum Aek - \sum Apw \qquad (10)$$

式（10）中：

Pw——暖季（或冷季、或全年）区域内草地承载潜力，单位：羊单位；

$\sum Awk$——暖季（或冷季、或全年）区域内各类放牧草地合理载畜量总和，单位：羊单位；

$\sum Ahk$——暖季（或冷季、或全年）区域内各类人工草地合理载畜量总和，单位：羊单位；

$\sum Aek$——暖季（或冷季、或全年）区域内各类农作物秸秆投饲合理载畜量总和，单位：羊单位；

$\sum Apw$——暖季（或冷季、或全年）区域内各类牲畜现存饲养量总和，单位：羊单位。

放牧强度大小，即草畜是否平衡判断如下：

（1）当 $Pw>0$，暖季（或冷季、或全年）放牧草地、人工草地和农作物秸秆尚有载畜潜力；

（2）$Pw=0$，暖季（或冷季、或全年）放牧草地、人工草地和农作物秸秆合理载畜量之和与当季草地牲畜现存饲养量达到平衡，草地利用适度；

（3）$Pw<0$，暖季（或冷季、或全年）放牧草地、人工草地和农作物秸秆已超载过牧。

第二十五章　草原狼毒防控技术

一、背景及意义

在高寒草原上除了有价值的饲用植物外，还有一些对家畜是有害或有毒的植物，这些家畜不食的有害、有毒的植物，统称为草原有毒有害植物。这些有毒有害植物占据和侵袭着草地面积，与有饲用价值的优良牧草竞争水分与养料，排挤这些优良牧草，从而降低了草地的质量与生产能力，特别是当草地群落中的有毒有害植物数量过多时，家畜误采食引起中毒甚至死亡，给畜牧业生产带来严重损失。瑞香狼毒（*Stellera chamaejasme*）是高寒草地主要有毒有害植物之一。因而，草原狼毒防控是草原培育改良的主要措施之一，本技术是草原狼毒防控的基本方法，以便今后组织和进行大规模的防控。

瑞香狼毒（*Stellera chamaejasme*）是瑞香科狼毒属，多年生、旱生草本有毒草植物，全株有毒，是高寒草地有毒有害植物之一，狼毒在生长过程中与优良牧草争生存空间、养分和水分，抑制优良牧草的生长，而狼毒的适应能力强，有着更强的种子繁殖优势，使优良牧草产量下降，草地退化，降低了单位面积草地的载畜量和草地的价值，狼毒的毒汁造成家畜中毒流产和死亡，影响家畜的繁殖和生产。狼毒根系大，吸水能力强，能适应干旱寒冷的气候，生命力强，周围的牧草很难与之抗争。在一些地方狼毒已被视为草原退化的"警示灯"。草原上狼毒泛滥的一个重要原因是放牧过度，其他物种减少，狼毒乘虚而入。

草地生态系统的退化实际是一个在超载干扰下逆向演替的生态过程，常常引起植被的"逆向演替"，最后只能形成低产脆弱的生态系统，受害生态系统的恢复其中一种模式是当生态系统受害不超负荷，并且是可逆的情况下，压力和干扰被移去后，恢复可在自然过程中发生；另一种生态系统的受害是超负荷的，并发生不可逆变化，只依靠自然过程并不能使系统恢复到初始状态，必须依靠人为的帮助才能使受害状态得到控制。草地畜牧业生产的一个显著特点是人们可以调节、控制系统内部的某些参变量，从而使放牧生态系统的结构、功能达到最优化状态和可持续发展。狼毒型退化草地与其他类型退化草原有着不同的退化机理，形成了植被群落演替的特殊性，没有表现出地表裸露、植物蓄积量减少、水土流失等退化特征，因此对该类草地的治理应区别对待。

二、技术方案

（一）材料与器具

狼毒净（由青海大学农牧科学研究院生产）、生长狼毒的草地背负式喷雾器。

（二）防治方法

1. 生态防控

放牧是草地畜牧业生产中由第一性生产力转化为第二性生产力的主要手段，因而草地稳定性和草地畜牧业生产效率主要取决于放牧利用管理，因此，当狼毒密度小于 3 株/m² 、面积小于 1 000hm² 时，宜采取生态防控的方法进行防控，可通过完全禁牧、季节性禁牧、施肥等不同调控措施进行防控。

2. 化学防治

（1）化学防控的原则　在高寒草地上进行狼毒防治时采用"杀一保众"的原则进行防治。防治时要利用选择性强的内吸传导型除草剂，坚决禁止使用"灭生性除草剂"，以减少对牧草的药害。现行的化学防控药剂是用 2 种以上的内吸传导性药剂进行复配后进行防治。

（2）防除狼毒除草剂使用技术　狼毒密度在 3 株/m² 以上就应该开展防治。施药时间为狼毒生长的盛花期；气象条件要求风速不超过 4m/s，晴天，无雨。施药后 4h 内不能有雨。

施药方法：在狼毒密度达 3~5 株/m² 、防除面积小于 1 000hm²，采用背负式常量喷雾器；在狼毒密度大于 5 株/m² 、防除面积在 1 000~3 000hm²，采用背负式机动超低量喷雾器；在狼毒密度大于 5 株/m² 、防除面积大于 3 000hm²，地势平坦地区，采用牵引式超低量喷雾机。用药量控制在 750mL/hm²，常量喷雾时用原药加水稀释 100 倍，超低量喷雾时可用原药。超低量喷雾时一定要控制好流量，喷头流量应根据施药器械喷洒部件性能确定有效喷幅，并测定行走速度。作业时的喷头流量按公式（1）：

$$Q = \frac{V \times q \times B}{7.2} \tag{1}$$

式中：Q—喷头流量（mL/s）；V—行走速度（m/s）；

q—要求施药量（L/hm²）；B—喷雾时的有效喷幅（m）。

施药前必须对施药器械的加压装置、药箱密封性、过滤装置完好性、喷头雾化效果等按要求进行校正。采用牵引式超低量喷雾机，每台配备 3 人；采用背负式喷雾器械，每台配施药人员 1~2 人。采用背负式喷雾器械，每 5 台编为一组，可 2~3 组同时作业，每组配信号员 2 名（负责作业队两端插标旗）和机械维修员 1 名，采用牵引式超低量喷雾机，可 1 台或数台同时作业，根据需要配信号员和机械维修人员。

（3）施药注意事项

①施药时作业人员行走方向与风向垂直，沿着信号旗方向隔行前进，严禁逆风施药和重复施药。

②常量喷雾时，喷头距离地面保持 0.5m 以上，来回摆动喷头；超低量喷雾时，喷头距离地面保持 1m 以上，喷头沿顺风方向，勿摆动喷头；牵引式超低量喷雾机施药时，喷头距离地面保持 3m 以上。

③施药过程中遇喷头堵塞、器械故障时，应及时关闭截止阀，进行清理。

（4）药效评价及方法

①防效要求。化学防控要求复配除草剂对狼毒的防效达到 90% 以上，对其他牧草安全。

②防效调查方法。施药前调查：选取有代表性的面积为 20m² 的小区 10 个，定点标记，分别调查各小区存活狼毒株数；其中 5 个为对照区不施药。翌年调查标记样方内的存活狼毒株数；按公式（2）采用 Henderson-Tilton 公式计算狼毒防效：

$$防效（\%）=\left(1-\frac{Ta}{Tb}\cdot\frac{Cb}{Ca}\right)\times100 \tag{2}$$

式中：Ta——处理区防治后存活的个体数量；

Tb——处理区防治前存活的个体数量；

Ca——对照区防治后存活的个体数量；

Cb——对照区防治前存活的个体数量。

（5）施药后注意事项。

①施药区要竖立警示标志，禁牧 7d。

②废容器集中销毁，不能及时处理的应妥善保管，应防止儿童和牲畜接触，严禁用做人、畜饮用器具。

③严禁在小溪、河流或池塘等水源中冲洗或洗涮施药器械。

④未用完药剂应保存在其原包装中，并密封贮藏，不得用其他容器盛装，严禁用空饮料瓶分装剩余药剂。未喷完药剂在药剂标签许可的情况下，将剩余药剂用完。对于少量的剩余药剂，应集中保存。

⑤施药作业结束后，应立即脱下防护服及其他防护器具，装入事先准备好的塑料袋中带回处理。

⑥施药作业结束后，施药人员应及时用肥皂和清水清洗身体，并更换干净衣服。

（6）防除狼毒除草剂中毒现场急救。

①施药人员如果将农药溅入眼睛内或皮肤上，应及时用大量清水冲洗数次或携带农药标签前往医院就诊。

②施药人员如果出现头痛、头昏、恶心、呕吐等农药中毒症状，应立即停止作业，离开施药现场，脱掉污染衣服或携带农药标签前往医院就诊。

三、防控成效

刚存武等的研究发现，在高寒草甸上喷施 750mL/hm² 剂量的狼毒净后，对狼毒的防治效果明显，施药后第 2 年防效达 97.4%，施药后续 5 年内防效都保持在 90% 以上；狼毒自然恢复生长的速度较慢，短期内不会成灾。用 750mL/hm² 剂量狼毒净防除狼毒后，施药当年单子叶牧草增产效果不明显，施药后第 2 年增产 17.5%，增产效果明显，第 3 年、第 4 年和第 5 年增产率分别为 19.6%、18.1% 和 16.0%。从第 2 年起，增产幅度保持相对稳定状态。用 750mL/hm² 剂量的狼毒净防除狼毒后，当年和第 2 年双子叶牧草均无明显增产效果，施药后的第 3 年、第 4 年和第 5 年分别增产 15.1%、17.2% 和 14.2%，增产效果明显。

拉措吉在试验中发现，狼毒净对狼毒有明显的防治效果，防效均达到 90% 以上，但对可食牧草种类有影响，对阔叶牧草当年有影响，翌年牧草种类和产量基本可恢复，对优良牧草的种类基本无影响。当年对试验区常见昆虫种类和数量有一定影响。在当年和翌年的土壤和牧草中均未发现试验药物残留，试验表明该药品相对安全。从防治过程和效果来看，狼毒防治对器械的要求较高，毒草的防治器械、防治技术、组织管理等因素是确定对非靶标植物损害程度的关键。

李林霞的研究表明，狼毒净对狼毒有明显的防治效果，防效可达 90% 以上，但对可食牧草种类有影响，对阔叶牧草当年有影响，翌年牧草种类和产量基本可恢复，对优良牧草的种类基本无影响。当年对试验区常见昆虫种类和数量有一定影响。通过对试验区土壤和植被中狼毒净从防治过程和效果来看，狼毒防治对器械的要求较高，毒草的防治器械、防治技术、组织管理等因素是确定对非靶标植物损害程度的关键。

第二十六章 草地主要虫害防控技术

一、背景及意义

我国是世界上草原资源最丰富的国家之一，拥有草原面积超过 3.9 亿 hm²，占全国总面积的 1/3，为耕地面积的 3 倍多。其中新疆、西藏、青海、内蒙古、甘肃、四川、黑龙江、宁夏、吉林、辽宁十大牧区约为 3 亿 hm²，南方草山约 0.6 亿 hm²。我国广大的天然草地横跨了热带、亚热带、暖温带、温带和寒温带 5 个自然地带，具有不同的气候、地形、土壤和植被，形成了种类繁多的草地类型。在广大肥沃的天然草原上，生长有大量品质优良的饲用植物，据初步统计，北方草原上有各类牧草约 3 000 种。青海省草原上发生的害虫种类主要有草原毛虫、草原土蝗、西藏飞蝗、黄斑古毒蛾、草原夜蛾、金龟子、鳃金龟和海西荒漠草原上发生的鞘翅目害虫等，以草原毛虫、草原土蝗发生面积最大，为害最重。

草原毛虫发生面积为 144.53 万 hm²，为害面积 83.63 万 hm²，重度为害区为青南及环湖海拔相对较高、降水充沛、气温较低的高寒草甸地区，主要分布于玉树州 6 个县，果洛州 5 个县（玛多县为中度为害区）海北州 4 个县，黄南州河南泽库、同仁县，海南州贵德、共和县和海西州天峻县。

草原土蝗发生面积为 90.78 万 hm²，为害面积 55.21 万 hm²，重度为害区分布在环湖地区海拔相对较低，降水较少，气候干旱，草原类型多为高寒和山地干草原，草地植被多以耐寒抗旱的丛生禾草为建群种，牧草优势种以各类针茅为主的地区。

草地害虫的防治工作，早在 20 世纪 50 年代，就有飞机大面积防治蝗虫、草原毛虫。目前的化学防治方法已有很大改进，采用高效、低毒的药剂进行超低容量喷雾，不仅成本低，而且减少了对环境和畜产品的污染。生物防治近年来在草地害虫防治上已得到广泛应用，并取得显著成效，为草地害虫大面积防治开创了新路。

二、技术方案

（一）材料与器具

1. 防治对象

飞蝗（*Locustamigratoria*）、草原土蝗、草原毛虫、草地螟等。

2. 器具

各种型号的喷雾器（背负式机动喷雾器、背负式手动喷雾器、超低量喷雾器、超大型车载喷雾器）。

3. 供施药剂

生物药剂（苏云金杆菌制剂、绿僵菌油剂或饵剂、白僵菌油剂或饵剂、微孢子虫、BT乳剂、昆虫生长调节剂、烟碱·苦参碱乳油、2%噻虫啉微胶囊悬浮剂、金龟子绿僵菌油悬浮剂）、化学药剂（高效氯氰菊酯、高效氯氟氰菊酯、敌百虫、三唑磷乳油等）。

（二）方法及步骤

1. 草原蝗虫防治技术

在自然界蝗虫种类较多，且混合发生，但不同种类之间发生期不同，因此在防治之前要对蝗虫发生区域进行系统调查，确定蝗虫种类、发育阶段、种群密度、优势种、发生面积等内容，按照各地实际情况因地制宜地采取防治措施。

蝗虫防治工作中是否要进行化学防治，可参考以下标准，西伯利亚蝗（*Gomphocerus sibiricus*）在山地草原防治指标为17.5头/m²，意大利蝗（*Calliptamus italicus* L.）在荒漠、半荒漠草原防治指标为≥8头/m²；小型种类如宽须蚁蝗（*Myrmeleotettix palpalis*）、狭翅雏蝗［*Chorthippus dubius*（Zubovski，1898）］等为32.3头/m²，中型种类如大垫尖翅蝗［*Epacromius coerulipes*（Ivanov）］为17.6头/m²，大型种类如红翅皱膝蝗［*Angaracris rhodopa*（Fischer et Walheim，1846）］、朱腿痂蝗［*Bryodema gebleri*（Fischer von Waldheim，1836）］等为5.2头/m²；小型蝗虫为优势，伴有少量中型和大型种类混合发生时，防治指标为26.2头/m²；毛足棒角蝗［*Dasyhippus barbipes*（Fischer Waldheim）］为22.7头/m²、亚洲小车蝗（*Oedeleus asiaticus*）为16.9头/m²、宽须蚁蝗（*Myrmeleotettix palpalis*）为34.3头/m²、狭翅雏蝗［*Chorthippus dubius*（Zubovski，1898）］为36.7头/m²。

蝗虫的防治方法主要有3种。

（1）生物防治

①牧鸡、牧鸭治蝗。在有条件的蝗区，养鸡、养鸭灭蝗，既能发展养殖业，又保护了草原。②人工筑巢招引益鸟治蝗。在蝗区人工修筑鸟巢和乱石堆，创造益鸟栖息产卵的场所。引益鸟栖息育雏，捕食蝗虫，对控制蝗害效果十分明显，如粉红椋鸟对草原蝗虫捕食率可达90%以上。③蝗虫微子虫灭蝗。蝗虫微孢子虫是一种专门寄生于蝗虫等直翅目昆虫虫体的单细胞生物，可感染20多种蝗虫。目前登记的有0.4亿孢子/mL蝗虫微孢子虫悬浮剂，可依照120~240mL/hm²制剂喷雾施药。④微生物农药。在草原蝗虫发生区可以采用100亿孢子/mL绿僵菌油悬浮剂进行喷施，施用剂量1 200mL/hm²左右，也可采用10亿孢子/g的绿僵菌剂机械喷洒，用量在1 500g/hm²左右。植物长势好、植被覆盖率较高区域可选择油悬浮剂，在半荒漠、荒漠化植被长势弱、植被覆盖率较低区域可选择饵剂。⑤植物源农药。0.3%印楝素乳油喷雾（180~250mL/667m²），1%苦参碱溶液喷雾（180~250mL/667m²）。

（2）机械防治 地势平坦、蝗虫密度较高区域可选择吸蝗虫机（内蒙古草原站自行设计制造的3CXH-220型吸蝗虫机）。所捕蝗虫可作为优质蛋白饲料用于畜禽养殖业和饲料工业。

（3）药剂防治

喷雾施药：4.5单位高效氯氰菊酯乳油、50g/L氟虫脲可分散液剂、45%马拉硫磷乳油、20%高氯马乳油、20%阿维·唑磷乳油等喷雾施药，5%吡虫啉油剂超低容量喷雾施药。毒饵诱杀：当药械不足和植被稀疏时，用毒饵防治效果好。将麦麸、米糠、玉米粉、高粱或鲜马粪等100份、清水100份、90%敌百虫或40%氧乐果乳油等1.5份混合拌匀，230kg/hm²（以干料计）。也可用蝗虫喜食的鲜草100份，切碎，加水30份，拌入上述药，100~150kg/hm²；根据蝗虫取食习性，在取食前均匀撒布，毒饵随配随用，不宜过夜。阴雨、大风和气温过高或过低时不宜使用。

2. 草原毛虫的防治技术

草原毛虫一年发生1代，以第一龄幼虫在雌茧内于草根下或土中越冬，翌年4—5月开始活动，幼虫第三龄长达3个月左右，5—6月为3龄幼虫盛期，此时为防治适期。7月幼虫开始结茧化蛹，7—8月为化蛹盛期，8月初成虫开始羽化，8月中、下旬为羽化、交配和产卵盛期，9月初卵开始孵化，9月底至10月中旬为孵化盛期。因各地发生情况不同，一般在5月中旬、6月至7月上旬进行。

（1）天敌的保护和利用　寄生于草原毛虫幼虫或蛹体内的天敌有：寄生蝇（*Spoggosia echinura* R. D.），寄生蝇是主要天敌，寄生率最高可达44.6%；金小蜂（*Pteromalus gynaephora chinghaiensis*），金小蜂寄生于蛹体内，寄生率最高达20%；其他还有黑瘤姬蜂（*Coccy gomimus* sp.）、格姬蜂（*Gravenhorstica* sp.）等。取食幼虫的鸟类有：角百灵、长嘴百灵、小云雀、地鸦、棕颈雪雀、白腰雪雀、树麻雀、大杜鹃、红嘴乌鸦等。其中以角百灵的作用最显著，1头幼鸟每天可吃100多头幼虫，对毛虫有一定的控制作用。

（2）药剂防治

①生物药剂。采用2%噻虫啉微胶囊悬浮剂（1mL/hm²）100亿孢子/g金龟子绿僵菌油悬浮剂（1.67mL/hm²）进行超低容量喷雾，防效可达80%以上。

②化学药剂防治。目前多采用敌百虫喷雾防治，敌百虫喷雾的优点是成本低；不受幼虫龄期限制，高龄幼虫也有较高的防治效果；效果迅速，喷药后2h，就有大批幼虫死亡；对天气要求不严格，四级风影响不大；对人、畜安全；用90%敌百虫300~1 000倍液。配药时，先将药物捣碎，再加适量温水（40~50℃为宜）搅拌，使药剂充分溶解，然后加水稀释至所需浓度；还可用飞机喷雾防治。用2%（有效浓度为1.8%）的90%敌百虫液剂（100kg水加90%敌百虫2kg），每架次装药400kg，喷幅80m，长度2 000m，防治面积10hm²，喷药量37.5kg/hm²，防治效果在95%以上。

3. 草地螟的防治技术

草地螟属间歇性暴发、迁飞性、杂食性重大害虫。重发生区控制草地螟幼虫大规模群集迁移危害，应急防治处置率达到90%以上，防治效果达85%以上，危害损失控制在5%以下；中低密度区危害损失控制在3%以下。目前多采用农业防治、物理防治的方法控制草地螟的发生。

（1）农业防治　耕作防治，在草地螟集中越冬区，采取秋翻、春耕、冬灌等措施，恶化越冬场所的生态条件，可显著增加越冬死亡率，压低越冬虫源数量，减轻第1代幼虫的发生量，在成虫产卵前或产卵高峰期除草灭卵，清除田间、地埂杂草，进行深埋处理，可有效减少田间虫口密度。在老熟幼虫入土期，及时中耕、灌水可造成幼虫大量死亡。

（2）物理防治　诱杀成虫，利用草地螟的趋光性，成虫发生期在田间设置黑光灯进行诱杀。据测算，一盏黑光灯可控制和减轻方圆6.7hm²草地螟的为害程度，诱杀率在85%以上。

（3）阻止幼虫迁移扩散　在草原、荒坡、江河沿岸等杂草繁茂、幼虫密度大的地方，在受害田块的周围挖沟或喷洒药带封锁地块，阻止幼虫迁移扩散，封锁虫源。

（4）药剂防治 草地螟幼虫 3 龄期前，种群密度一般为 15~20 头/m² 时可进行化学防治，可选用 4.5%高效氯氰菊酯乳油 1 500 倍液或 2.5%高效氯氟氰菊酯乳油 2 000~2 500 倍液，20%三唑磷乳油 2 000~2 500 倍液，进行喷雾杀虫。

（5）生物防治 采用苏云金杆菌、球孢白僵菌等微生物农药及苦参碱、印楝素等植物农药喷雾施药，可作为草地螟无害化药剂防治，尤其是与化学农药交替使用的生物农药。

三、防控成效

（一）草原蝗虫

新疆、青海、内蒙古等地在草地上试验表明：1hm² 按 7.5mL 微孢子虫浓缩液（含孢量 1×10^9 个/mL）和 1.5kg 麦麸拌匀配制的毒饵撒播在蝗区，4 周后混合种群的校正虫口减退率为 55%，存活蝗群中 33%~35%的个体感染上了微孢子虫病。3 年后在试验区调查，其中心地带的虫口密度远低于防治指标，存活蝗群中有 62.68%个体感染了蝗虫微孢子虫病。感病的雌成虫产卵量比健虫下降 52.2%。

青海湖区草场蝗虫优势种为宽须蚁蝗，从 8 月的发生情况来看，虫口密度均超过 100 头/100 网，占混合种群 65%以上，发生密度最高时期在 8 月中下旬；其次为小翅雏蝗，虫口密度变化较大，平均占混合种群的 10%以上，发生密度最高的时期在 8 月中旬；狭翅雏蝗、毛足棒角蝗、鼓翅皱膝蝗发生量较低。从防治角度看，蝗虫微孢子的最佳施用期是蝗虫 3 龄以前，所以时间上应掌握在 7 月下旬到 8 月上旬。

近年来，青海省草原总站采用直升机和大型器械播撒方式，试验应用苦参碱、印楝素、蛇床子素等生物药品和绿僵菌、微孢子虫、短稳杆菌、蛇床子素等微生物药品防治草原虫害，取得了较好的效果，并在全省草原虫害防控工作中大面积推广使用。

生物防控草原虫害标准化试点项目，旨在建立生物防控草原虫害的标准化体系，将有效减少草原虫害的损失，以经济、安全的方式提高天然草地植被盖度和产草量，可以使牧民增加收入。

该项目实验区以黄南州泽库县和茂乡的塔土乎村、多禾日村、曲玛日村、达格日村和秀恰村为草原毛虫防控核心区域，标准化试点区面积 6 667hm² 万hm²，覆盖牧户 2 500 户；王家乡的团结村为草原蝗虫防控核心区域，标准化试点区面积 3 333hm²，覆盖牧户 1 000 户。

目前，生物防控草原虫害标准化示范区已覆盖草原面积 1 万 hm²、牧户 3 000 余户。在西卜沙乡、优千宁镇等区域辐射推广面积达到 300hm²，辐射带动周围牧户 4 000 多户。通过实施生物药剂防控草原虫害集成技术，试点区域防控草原虫害平均防效在 85%以上，植被平均盖度达到 80%以上，优良牧草产量提高 10.6%，可食牧草产量提高 8.5%。

（二）草原毛虫

连欢欢等采用无人机对草原毛虫进行防治，研究发现：无人机防控草原毛虫效果较理想。2%苦参碱水剂施药后的防控草原毛虫的效果在 90%以上，0.5%蛇床子素水乳剂防控草原毛虫的效果平均在 85%以上，从防效、经济和环保方面考虑，建议 2%苦参碱水剂无人机防控用量 20mL/667m²，蛇床子素水乳剂施药后 20mL/667m²，无人机防控草原毛虫达到预期效果。

于红妍的研究表明：2%甲氨基阿维菌素苯甲酸盐+0.4%苏云金杆菌混合剂 225mL/hm²、300mL/hm²、450mL/hm²，防治草原毛虫的平均防效分别为 93.6%、95.40%、96.30%；其防治效果均在90%以上，防治效果较理想，可以作为青海省草原毛虫生物防治储备用药。为保证防治效果并结合防治的投入成本，建议2%甲氨基阿维菌素苯甲酸盐+0.4%苏云金杆菌混合剂防治草原毛虫中等危害程度，使用剂量为225mL/hm²，虫口密度高、重度为害、虫龄大时采用300mL/hm²的用量，采用常量喷雾。一般采用选择草原毛虫3~4龄为最佳防治施药期，一次用药。对牧草药害供试药剂2%甲氨基阿维菌素苯甲酸盐+0.4%苏云金杆菌混合剂 225mL/hm²、300mL/hm²、450mL/hm² 三种剂量进行茎叶喷雾防治草原毛虫，在试验剂量范围内，通过后期监测观察，该药剂对优良牧草无药害现象，说明该药剂对牧草安全。

（三）草地螟

郭军等的田间防治试验研究表明，25%甲维·灭幼脲悬浮剂、5%氯虫苯甲酰胺悬浮剂、2.2%甲维·氟铃脲悬浮剂 3 种化学药剂对草地螟 3 龄幼虫均具有较好的速效性和持效性，而0.3%印楝素乳油和1%苦参碱可溶液剂的速效性相对较差。

草地螟作为具有迁飞特性的多食性重大农业害虫，对我国三北地区的农牧业生产构成了巨大的威胁。针对其生物学特性与发生、为害特点，筛选绿色环保、防效理想的药剂，对保障农牧业可持续发展、保护生态环境具有重要的现实意义。试验结果表明，几种药剂均对草地螟幼虫表现出一定的防效，其中以 25%甲维·灭幼脲悬浮剂、5%氯虫苯甲酰胺悬浮剂、2.2%甲维·氟铃脲悬浮剂 3 种化学农药的速效性和持效性较好，能快速、有效控制草地螟的发生为害，在草地螟大发生时可用于应急防治。0.3%印楝素乳油、5%阿维菌素乳油、1%苦参碱可溶液剂作为生物农药具有广谱、低毒、无残留等优点，对人、畜安全，对作物及环境无污染，但药效偏慢，且用药成本相对于化学农药较高，所以推荐应用于有机畜牧生产中。通过试验，还进一步明确了不同药剂的适用浓度。例如，药后第5天 25%甲维·灭幼脲悬浮剂 30mL/667m² 处理的虫口减退率和防效甚至高于同药剂 50/667m² 处理的；1%苦参碱可溶液剂 30mL/667m² 处理的虫口减退率和防效高于同药剂 40mL/667m² 处理的。这表明并非用量越高防效越好，在不同用量处理间防效接近而差异不显著时，应尽量选择低用量，最大程度减少农药的使用量。近年来，草地螟在新疆和田地区呈持续重发生态势，其蛾峰多，田间多虫龄并存，虫口密度高。建议防治时注意药剂的轮换或交替使用，合理搭配速效性较好的农药与持效性较好的农药，化学农药与生物农药，以延缓草地螟抗药性的产生。

李倩等研究表明，采用绿眼赛茧蜂寄生后的草地螟幼虫可以继续取食生长，但取食量则较未被寄生的幼虫下降了30%左右。因此，被寄生后的草地螟幼虫虫体显著变小、取食量显著减少，可有效地减少当代幼虫的为害，也可控制下代寄主的种群数量；绿眼赛茧蜂分布及寄主范围广，因而其不仅可以用于防治草地螟，还可防控其他鳞翅类害虫。

第五篇 科技论文写作
与项目申报

第二十七章　文献资料检索与利用

一、文献的基本概念

（一）信息、知识、情报与文献

信息：从字面上理解，信即信号，息即消息，通过信号带来消息就是信息。信息具有差异和传递两要素。根据发生源的不同，一般可分为自然信息、生物信息、机器信息和人类信息四大类。我们这门课中讲到的"信息"一词属于"人类信息"的范畴，它必须依附于一定的物质形式，即载体，比如：文字、文献、声波、电磁波等。

知识：知识是人们在社会实践中积累起来的经验，是对客观世界物质形态和运动规律的认识。

情报：情报是被传递的知识，它是针对一定对象的需要传递的，并且是在生产实践和科学研究中起继承、借鉴或参考作用的知识。

文献：文献是记录有用知识的一种载体。凡是用文字、图形、符号、声频、视频记录下来，具有存贮和传递知识功能的一切载体都称为文献。

载体：文献的形态，如甲骨、青铜器、纸介型、胶片，磁带，磁盘，光盘等。

（二）科技文献的特点

数量巨大，交叉重复，出版分散，类型增多，失效加快，质量下降。

（三）科技文献的功能

知识累积，信息传递，继承与借鉴功能，教育与培养功能。

二、现代科技文献的类型（按文献出版类型划分）

（一）科技图书（Book）

科技图书是品种最多、数量最大的出版物之一。它一般是总结性的、经过重新组织的二次和三次文献。按性质分可分为阅读性图书和参考性工具书。阅读性图书有专著（Monograph）和丛书（Series of monograph）、教科书（Textbook）等。参考性工具书有词典（Dictionary）、手册（Handbook）、百科全书（Encyclopedia）等。但编辑出版时间长，传递情报的速度太慢，所以从情报检索过程来看，科技图书一般不作为主要检索对象。

（二）科技期刊（Periodicals）

期刊又称杂志（Journal 或 Magazine），一般是指具有固定题名、定期或不定期出版的连续出版物，如《石油大学学报》。科技期刊是我们检索的最终目标之一。科技期刊在检索工具的文摘中，往往有卷、期、页的标志（如 plant breed, 2000, 119 卷（6 期）：505-508.），与图书比较，出版周期短、刊载论文速度快、内容新颖深入、发行与影响面广、及时地反映了各国的科学技术水平。期刊论文多数是未经重新组织的，即原始的一次文献。在科学家和专家们所利用的全部科技情报中，由科技期刊提供的占 70% 左右。①Acta（学报）、Journals（杂志）、Annals（纪事）、Bulletin（通报）、Transactions（汇刊）、Proceedings（会刊）、Review（评论）等。②快报型：Communication（通讯）、letters（通讯）等。③消息型：news（新闻）。④资料型（data journals）：data、event 等。

（三）科技报告（Technical reports）

科技报告又分专题报告、专人报告、年度科技报告等，在检索工具的文摘中，常有"Report"标志。国际上著名的科技报告是美国政府报告：PB（政府部门）报告的内容侧重于各种民用科学技术、AD（军事系统）、NASA（国家航空与航宇局）一定程度上成为综合型科技报告。具有一定保密性。科技报告的著录特点：①有著者、篇名、报告号、完成单位名称。②有表报告的单词，如 report，memorandum 等。③有报击号、年份等。

（四）会议文献（Conference papers）

会议文献是指国际学术会议和各国国内重要学术会议上发表的论文和报告。如山东石油学会年会。此类文献一般都要经过学术机构严格的挑选，代表某学科领域的最新成就，反映该学科领域的最新水平和发展趋势。所以会议文献是了解国际及各国的科技水平、动态及发展趋势的重要情报文献。会议文献大致可分为会前文献和会后文献两类。会议文献的著录特点：①有表示会议的专门词，如 conference Meeting Congress。②有表示期刊的单词如：Proceedings of，Collection of 等。③有时有会议召开的地点、时间，以及会议录的出版地、出版社、出版年份。

（五）专利文献（Patents）

各国获得专利权的专利，在检索工具的文摘中，常有国际专利分类号（即 IPC 分类号，如 C07D207、24）、专利申请号（如 Appl. 95/23，080）、申请日期、优先权国家代码等。作为一次文献主要有专利公报和专利说明书。专利文献能及时反映全世界各行各业的工艺技术最新进展，以其内容详尽、技术新颖、实用性强，成为科技人员经常使用的重要文献。专利文献的著录特点：①有发明人、题目、国际专利分类号。②有表示专利的词，如 patent 及专利号，专利号有国际规定的两个字母表示的国家名称和其后的顺序号组成。③有专利的公开日期和申请日期。

（六）学位论文（Thesis，Dissertation）

学位论文是高等学校、科研机构的研究生为获得学位，在进行科学研究后撰写的学术论文。学士（Bachelor）、硕士（Master）、博士（Doctor）毕业论文常有"Diss."（Dissertation 的缩写）标志，而且有学位论文编号，如 Order NO. DA 8328940 From Diss. Abstr. Int. B 1984，44（8），2428。学位论文一般不出版，少数经过修改后在期刊上发表，一般不易获得。科技文献出版社发行《中国学位论文通报》作为检索学位论文的工具。国际上比较著名的学位论文检索工具是美国出版的《国际学位论文文摘》。学位论文的著录特点：①有著者、篇名。②通常有表不学位级别和学位论文的词，例如：thesis，dissertation 等。③有时有论文作者所在的学校名、指导教师姓名。

（七）技术标准文献（Technical Standards）

技术标准是一种规范性的技术文件。它是在生产或科研活动中对产品、工程或其他技术项目的质量品种、检验方法及技术要求所做的统一规定，供人们遵守和使用。技术标准按使用范围可分为：国际标准、区域性标准、国家标准、专业标准和企业标准五大类型。每一种标准都有统一的代号和编号，独自构成一个体系，技术标准是生产技术活动中经常利用的一种科技文献。如 ISO900 系列（International Standardization Organization，国际标准化组织），如中国的国标（GB）、美国的 ASTM（American Society for Testing Material）标准。

（八）政府出版物

政府出版物是各国政府部门及其所属的专门机构发表、出版的文件。其内容广泛，从基础科学、应用科学到政治、经济等社会科学。其中科技文献约占 30%~40%，通过这类文献可了解一个国家的科学技术、经济政策、法令、规章制度等。

（九）产品样本

产品样本是国内外生产厂商或经销商为推销产品而印发的企业出版物，用来介绍产品的品种、特点、性能、结构、原理、用途和维修方法、价格等。查阅、分析产品样本，有助于了解产品的水平、现状和发展动向，获得有关设计、制造、使用中所需的数据和方法，对于产品的选购、设计、制造、使用等都有较大的参考价值。

（十）技术档案

科技档案是指具体工程建设及科学技术部门在技术活动中形成的技术文件、图纸、图片、原始技术记录等资料。科技档案是生产建设和科学研究工作中用以积累经验、吸取教训和提高质量的重要文献，一般具有保密和内部使用的特点。

三、文献检索与检索工具

（一）文献检索的含义、信息组织形式、检索原理

从广义来说，信息检索包括存储过程和检索过程；对信息用户而言，往往是指查找所需信息的检索过程。一般认为，信息检索（Information retrieval）包括以下 3 个方面。

1. 数据检索（Data retrieval）

以数据为检索对象，检索结果是特定的数值性数据，是用户可以直接利用的信息。

2. 事实检索（Fact retrieval）

以事实为检索对象，检索的结果是已有的基本事实或对非数值性数据进行逻辑推理等方式处理后所得到的具体答案。例如，想了解科威特油井灭火的有关情况。

3. 文献检索（Document retrieval）

其中数据检索和事实检索是检索包含在文献中的情报，而文献检索实际是书目检索，检索包含有所需情报的文献的线索，根据文献的线索，再进一步查找文献，然后筛选出所需要的情报。文献检索是最基本的检索形式。

（二）文献检索的作用

1. 文献检索是科学决策的依据；

2. 继承和借鉴前人的成果，实现创新；

3. 避免重复劳动，减少浪费；

4. 节约查找文献的时间，提高工作效率；

5. 不断拓宽知识面，改善知识结构。

（三）文献检索工具

检索工具是用来报道、存储和查找文献线索的工具。它是在一次文献的基础上，经过加工整理、编辑而成的二次文献。检索工具通常由：使用说明、著录正文、索引和附录几部分组成。正文由文摘、题录或目录组成。索引分主题索引、作者索引、分类号索引、期索引、卷索引、累积索引等。通常把目录、题录、文摘和索引通称为检索工具。检索工具的著录方式（类型）主要有以下4种。

1. 目录（Bibliography、Catalogue）

目录是对图书、期刊或其他单独出版物特征的揭示和报道。它是历史上出现最早的一种检索工具类型。目录主要用于检索出版物的名称、著者及其出版、收藏单位。常用的目录有、馆藏目录、期刊年终目录等（一般期刊的年终最后一期上有全年的目录）。

2. 题录（Title）

题录是对单篇文献外表特征的揭示和报道，著录项目一般有篇名、著者、文献来源、文种等。由于著录项目比较简单，因此收录范围广、报道速度快，是用来查找最新文献的重要工具。我国的《全国报刊索引》也属这种类型。

3. 文摘（Abstract）

文摘是系统报道、累计和检索文献的主要工具，是二次文献的核心。文摘以单篇文献为报道单位，不仅著录一次文献的外表特征（即文献的标头部分），还著录文献的内容摘要。按文摘报道的详简程度，文摘可分为指示性文摘和报道性文摘2种类型。报道性文摘有时可代替原文，这类文摘对于不懂原文文种及难以获得原文的科技人员尤为重要。

4. 索引（Index）

索引是揭示各种文献外部特征或内容特征的系统化记载工具。它的著录项目没有目录、题录、文摘那样完全，大多数索引不能直接查到原始文献资料，而必须通过该文献资料在检索工具中的序号，在检索工具的正文中找到文献资料的来源和出处，进而找到原始文献资料。

（四）检索语言

检索语言就是信息组织、存储与信息检索时所用的语言。

信息检索语言主要有两大类：体系分类检索语言和主题检索语言。体系分类检索语言是以学科为基础按类分级编排的，是一种直接体现知识分类等级概念的标识系统，一般以符号为标识。主题检索语言则是用能反映信息内容的主题概念的词语作为标识的标识系统，主题检索语言又分为两类：一类是规范主题检索语言，另一类是非规范主题检索语言。

1. 体系分类检索语言

信息资源分类法按照编制方式分体系分类法、组配分类法、混合式分类法。

（1）体系分类法　体系分类法是一种将所有类目组织成一个等级的系统。

（2）组配分类法　它是为适应现代信息资源标引和检索的需要发展起来的分类法类型。它运用概念可分析和综合的原理，将可能构成文献主题的概念分析成为单元或分面，设置若干标准单元的类表，使用时，先分析标引对象的主题，根据主题分析的结果通过相应概念类目的组配表达主题内容，以这些类目标识的组合，表示该项主题在分类体系中的次序。例如，中华网设计了2个分面：一个是地域面，分省级行政区、城市两级类目；另一个是主题面，一级类目为工商经济、电脑网络、社会文化、教育就业等。

（3）混合式分类法　这是介于上述 2 种分类法之间，既应用于概念划分和概括的原理，又应用概念分析和综合的原理而编制的分类法，根据侧重面不同，又有体系—组配分类法和组配—体系分类法之分。体系—组配分类体系它是等级分类体系和分面组配分类体系相互结合、相互融合的一种分类体系。因此兼有两者的优点。现在一些著名的中文搜索引擎如新浪、搜狐、网易、中文雅虎等均采用这种分类体系。

2. 主题法检索语言

主题法检索语言是一种从内容角度标引和检索信息资源的方法。它不像分类法那样，以学科体系为中心，用来表达信息资源的词语称为主题词，而是将自然语言中的词语经过人工规范后的语言，即经过词汇控制的词语。所谓主题检索语言就是根据信息的主题特征来组织排列信息的方法。它以语词作为检索标识，按字顺排列，直观性强。它也是一种普遍使用的信息组织方法。

传统的主题法包括标题词法、元词法、叙词法。

（1）标题词法　标题词法是主题法系统中最早出现的一种。标题法的主要特征是事先编表，加美国《subject headings for engineering，简称 SHE》就是《the engineering index》系统的配套词表。标题词法比较直观、容易掌握、查找速度快。但要查全一门学科或某一属性事物的文献却较为困难。

（2）元词法　元词法，又叫单元词法。它是将概念上不能再分的词作为一个单元，用来标识文献主题的方法。比如"数字化图书馆"不是单元词，而"数字化"和"图书馆"才是单元词。单元词法的优点是强调词汇的单元最小、使用灵活，但由于采用字面组配，容易发生概念含混或不统一的情况。

（3）叙词法　又称为主题词法。是将自然语言的语词概念，经过规范化和优选处理，通过组配来标识文献主题的方法。叙词具有概念性、描述性、组配性。叙词法综合了多种信息检索语言的原理和方法，采用灵活的概念组配，并在词与词之间建立参照系统，是主题法发展的最新方法。叙词法适用于计算机和手工检索系统，是目前应用较广的一种语言。我国目前使用的主题法类型基本上为叙词法。作为主题词的词和词组应该概念明确，一词一义，符合科学性、通用性的特点，如中国的《汉语主题词表》。

（4）非规范主题法　非规范主题法检索语言相对主题法检索语言而言，使用自然语言作为检索语言。自然语言是指直接使用不经过规范的自然语言中的词语作为标识，进行信息资源的标引和检索。因非规范主题法一般不对词汇进行控制。处理速度快、成本低，故在计算机检索中得到了广泛的应用。随着电子文本和网络的出现，非规范主题法已逐步发展成为主要的检索方式。

非规范主题法可分为关键词法和纯自然语言法。

关键词语言是直接选用文献中的自然语言作基本词汇，并将那些能够揭示文献题名或主要意旨的关键性自然语词作为关键词进行标引的一种检索语言。所谓关键词是指那些出现在文献的标题（篇名、章节名）以至摘要、正文中，对表征文献主题内容具有实质意义的语词，亦是对揭示和描述文献主题内容来说是重要的、关键性的（可作为检索"入口"的）那些词语。关键词语言是为适应目录索引编制自动化的需要而产生的。它与标题词语言、叙词语言同属主题法系统。但是，标题词语言、叙词语言使用的都是经规范化的自然语言，而关键词语言基本上不做规范化处理。例如，"国际联机检索概论"中的"国际联机""联机""检索"都是能描述这篇文献的主题的，可以作为检索词。概括地说，关键词法就是将文献原来所用的，能描述其主题概念的那些具有关键性的词抽出，不加规范或只作极少量的规范化处理，按字顺排列，以提供检索途径的方法。

关键词法目前已得到广泛的应用，出现了多种关键词索引形式，大体可分为两类：一类是带上下文的关键词索引，包括题内关键词和题外关键词索引等；另一类是不带上下文的关键词索引，包括单纯关键词索引、词对式关键词索引和简单关键词索引。

四、文献检索方法，途径与步骤

（一）根据文献的外部特征进行检索

1. 文献名途径

文献名主要指书名、期刊名、论文名等，文献名索引都按名称的字序或笔画排列。如检索石油化学类书籍时，查五划"石"字即可；脱蜡，Wax Removal。

2. 作者途径

这是根据已知作者的姓名来查找文献的途径。常用 Author Index 进行检索。但这种检索方法所查的文献不系统、不完整。

3. 序号途径

4. 其他途径

另外也可以根据文献是纸张出版物还是电子出版物版、是英文还是中文、出版日期等外部特征进行检索。

（二）根据文献的内容特征进行检索

1. 主题途径

这类检索工具有主题索引、关键词索引、叙词索引等。主题途径是按文献的内容进行分类的。

2. 学科分类途径

这类检索工具有分类目录、分类索引等。用此途径进行检索，能把同一学科的文献集中在一起查出来，但新兴学科、边缘学科在分类时往往难于处理。

3. 其他途径

根据学科的不同性质和不同特点，不同学科的文献检索工具有自己独特的检索途径，如分子式索引等。

五、主要的科技数据库

（一）中国学术期刊全文数据库

1. 数据库简介

中国期刊全文数据库（CJFD）是目前世界上最大的连续动态更新的中国期刊全文数据库，积累全文文献 800 万篇，题录 1 500 余万条，分九大专辑，126 个专题文献数据库。

知识来源：国内公开出版的 6 100 种核心期刊与专业特色期刊的全文。

覆盖范围：理工 A（数学、物理、化学、地理、生物）、理工 B（化学、化工能源与材料）、理工 C（工业技术）、农业、医药卫生、文史哲、经济政治与法律、教育与社会科学、电子技术与信息科学。

收录年限：1994 年至今，6 100 种全文期刊的数据完整性达到 98%。

产品形式：《中国期刊全文数据库（WEB 版）》《中国学术期刊（光盘版）》（CAJ-CD）、《中国期刊专题全文数据库光盘版》。1994—2000 的专题全文数据库已出版"合订本"，每个专题库 1~2 张 DVD 光盘。

更新频率：CNKI 中心网站及数据库交换服务中心每日更新，各镜像站点通过互联网或卫星传送数据可实现每日更新，专辑光盘每月更新（文史哲专辑为双月更新），专题光盘年度更新。

2. 数据库检索

（1）刊名导航检索　点击刊名导航——进入刊名导航检索主页面——通过拼音刊名导航直接选择刊名或者通过总目录选择类目——选择刊名、年、期——检索结果（题录、文摘、全文）。

（2）初级检索　进入初级检索主页面——选择检索范围（9 个总目录）——选择检索项（15 个字段选项）——输入检索词（1 个、多个 ［ * +］）——选择检索模式（模糊匹配、精确匹配）、时间范围（1997—）、期刊范围（全部 . EI 来源刊 . SCI 来源刊 . 核心期刊）、记录数（10~50）、结果排序（无、日期、相关度）——检索——检索结果（题录、文摘、全文）。

（3）高级检索　进入高级检索主页面——选择检索范围（9 个总目录）——选择检索项、输入检索词（6 个检索项、3 种逻辑组配、14 个字段选项）——选择时间范围（1997—）、期刊范围（全部 . EI 来源刊 . SCI 来源刊 . 核心期刊）、记录数（10. 20. 30. 40. 50）、结果排序（无、日期、相关度）——检索——检索结果（文摘、全文）。

（4）专业检索　进入专业检索主页面——选择检索范围（9 个总目录）——填写检索条件——选择时间范围（1997—）、期刊范围（全部 . EI 来源刊 . SCI 来源刊 . 核心期刊）、记录数（10~50）、结果排序（无、日期、相关度）——检索——检索结果（文摘、全文）。

（二）万方数据资源系统

万方数据资源系统由万方数据公司制作，内容包括五大部分。

1. 学位论文全文数据库

收录了自 1980 年以来我国自然科学领域博士研究生、博士后及硕士研究生论文，其中近 4 年的全文 30 多万篇。

2. 会议论文全文数据库

收录国家级学会、协会、研究会组织召开的全国性学术会议论文。每年增补论文 15 000 余篇。

3. 数字化期刊子系统

有全文期刊 3 000 多种，内容涉及各专业，自然科学较多。

4. 科技信息子系统

由 100 余个数据库组成，内容包括科技文献、名人与机构、中外标准、成果专利等。

5. 商务信息子系统

中国企业和产品数据库。

（三）中国学位论文全文数据库

1. 概况

该数据库数据由中国科技信息所提供，中国科技信息所是国家法定的学位论文收藏单位。各高校、研究生院及研究所均要向中国科技信息所送交硕士、博士和博士后的论文，内容主要是自然科学方面的论文。

2. 检索方法

（1）个性化检索　个性化检索针对数据库的特点，提供给用户直观方便的组配检索框，用户只需通过下拉菜单的点选，输入很少的检索词就可以组配出比较复杂的检索表达式。

（2）高级检索　用户可对数据库进行高级检索。在个性化检索页面点击"高级检索"，即可进入高级检索页面。

（3）字典检索　在字典检索页面，用户只需在"词头"栏输入检索词的开头部分后回车或点击"确定"按钮，系统就会分页逐行列出数据库中收录的所有以该字或词为词头的字典词及其词频数。

（4）浏览检索　用户可以根据需要从不同的角度对检索数据库进行浏览。用户可以点击页面上"浏览全库"链接对全库进行浏览；个性化检索页面的右下部还提供了按中图法分类浏览的途径，用户点击相应的分类号，可直接浏览相应类目的文章。

（四）中国学术会议论文全文数据库

1. 概况

《中国学术会议论文数据库》主要收录国家级学会、协会、研究会组织召开的全国性学术会议论文。数据范围覆盖自然科学、工程技术、农林、医学等所有领域。

2. 检索方法

（1）会议名称检索

（2）会议论文检索

（3）浏览检索

（五）数字化期刊

1. 概况

数字化期刊集纳了理、工、农、医、人文等五大类的 70 多个类目的 3 000 种科技期刊。

主要有中华医学系列、大学学报系列、中国科学系列、科学普及期刊。

2. 检索方法

（1）刊物查询

（2）分类检索

（3）论文查询

（4）引文查询

六、检索结果处理

（一）显示

（二）打印

（三）发送电子邮件

（四）保存副本

（五）复制粘贴

（六）有关检索结果处理的说明

在显示、阅读全文之前，请在本地机上安装阅读 Acrobat Reader。

为了方便使用 PDF 原文，万方数据公司推出了万方数据文字识别插件试用版。该插件能够对由扫描图像生成的 PDF 文档进行汉字识别，并可将识别结果保存为文本文件。

学位论文不能够整本保存副本或整本下载。

七、特种文献信息检索

（一）标准的起源和发展

国际标准化是"由所有国家的有关机构参与开展的标准化"，国际标准化是在 19 世纪后期从计量单位、材料性能、试验方法和电工领域起步的。20 世纪 50 年代后，由于世界大战的结束，国际标准化组织（ISO）的成立，使国际标准化随着社会科技进步与经济发展逐步发展起来，标准范围也从基础标准如术语标准、符号标准、试验方法标准逐步扩展到产品标准，从技术标准延展到管理标准（如 ISO900 标准），1979 年关税贸易总协定东京回合谈判达成的《贸易技术壁垒协议》，又称《标准守则》（即 TBT 协议），使国际标准化的权威性得到空前提高，采用国际标准成为各国标准化的基本方法与政策。1956 年，我国成立主管标准化工作的专门部门。1978 年，以中国标准化协会名义加入世界标准组织。《中华人民共和国标准化法》自 1989 年 4 月 1 日起施行。

（二）标准的概念

据我国的国家标准 GB 3935-1—83 中对标准所做的定义是：标准是对重复性事物和概念所做的统一规定，它以科学、技术和实践经验的综合成果为基础，经有关方面协商一致，由主管机构批准，以特定形式发布，作为共同遵守的准则和依据。标准不仅是从事生产、建设工作的共同依据，而且是国际贸易合作，商品质量检验的依据。所谓技术标准，是指一种或一系列具有一定强制性要求或指导性功能，内容含有细节性技术要求和有关技术方案的文件，其目的是让相关的产品或服务达到一定的文件要求或进入市场的要求（符合条件、技术许可）。

（三）标准的类型

按标准的适用范围划分：国际标准；区域标准；国家标准；专业标准；企业标准。

按照标准化对象：技术标准、管理标准和工作标准三大类

按标准的成熟度划分：强制标准、推荐标准。

（四）标准文献及其作用

广义的标准文献包括一切与标准化工作有关的文献（如标准目录、标准汇编、标准年鉴、标准的分类法、标准单行本等等），标准文献是标准化工作的成果，也是进一步推

动科研、生产标准化进程的动力，标准文献有助于了解各国的经济政策、生产水平、资源情况和标准化水平。

1. 标准文献特点

标准文献与一般的科技文献不同表现为如下方面。

发表的方式不同：它由各级主管标准化工作的权威机构主持制订颁布，通常以单行本形式发行，一项标准一册（年度形成目录与汇编）。

分类体系不同：标准一般采用专门的技术分类体系。

性质不同：标准是一种具有法律性质或约束力的文献，有生效、未生效、试行、失败等状态之分，未生效和失效过时的标准没有任何作用价值（一般每5年修订一次）。

2. 标准文献表现形式

命名方式：

标准

规范

规程

Standard（标准）、

Specification（规格、规范）、

Rules、Instruction（规则）

Praction（工艺）

3. 标准文献概况

目前，世界已有的技术标准达75万件以上，与标准有关的各类文献也有数十万件。制订标准数量较多的国家有美国（10万多件）、原西德（约3.5万件）、英国（BS标准9 000个）、日本（JIS标准8 000多个），另外，法国和苏联制订的标准也较多。

通常所说的国际标准主要是指ISO（国际标准组织）、IEC（国际电工委员会）和ITU（国际电信联盟），同时，还包括国际标准组织认可的其他27个国际组织制定的标准论题（如ITU国际电信联盟）。我国于1978年重新加入ISO，于1957年加入IEC。

我国的标准分为国家标准，地方标准、行业标准和企业标准4个等级。到2000年底，我国已批准发布了国家标准近1.7万个、备案行业标准2.2万个、地方标准7 500个、备案企业标准3.5万个。

4. 国内标准的编号

中国标准的编号。我国国家标准及行业标准的代号一律用两个汉语拼音大写字母表示，编号由标准代号（顺序号）批准年份组合而成。国家标准用GB表示，国家推荐的标准用GB/T表示，国家指导性标准用GB/Z。行业标准用该行业名称的汉语拼音字母表示，机械行业标准用JB表示、化工行业标准用HG表示、轻工行业标准用QB表示等等，如QB 1007—90是指轻工行业1990年颁布的第1007项标准。企业标准代号以Q为代表，以企业名称的代码为字母表示，在Q前冠以省、自治区、直辖市的简称汉字，如：京Q/JB 1—89是北京机械工业局1989年颁布的企业标准。

5. 国际标准的编号

国际标准化组织（ISO）的标准编号。ISO负责制定和批准除电工与电子技术领域以外的各种技术标准。ISO标准号的构成成分为ISO+顺序号+年代号（制定或修订年份），

如，ISO3347：1976 即表示 1976 年颁布的"有关木材剪应力测定的标准"正式标准。

八、专利

（一）有关专利的基本知识

相关的专利概念。

1. 基本专利

指申请人就同一发明在最先的一个国家申请的专利。

2. 同等专利

指发明人或申请人就同一个发明在第一个国家以外的其他国家申请的专利。

3. 同族专利

某一发明其基本专利和一系列同等专利的内容几乎完全一样，它们构成一个专利族系，属于同一个族系的专利称为同族专利。

4. 非法定相同专利

第一个专利获得批准后，就同一个专利向别国提出相同专利的申请，必须在 12 月内完成，超过 12 个月的则成为非法定专利。

（二）专利的审查制度

1. 形式审查

又称登记制。

审查流程：申请→形式审查→授权。

实施国家：比利时、意大利、西班牙。

2. 实质审查

又称完全审查制。

审查流程：申请→实质审查→授权。

实施国家：美国。

3. 延迟审查

又称早期公开、延迟审查制。

审查流程：申请→形式审查→公开→实质审查→授权。

实施国家：英国、法国、日本。

4. 我国专利制度

发明专利：延迟审查制。

实用新型、外观设计：形式审查制。

（三）专利文献检索

1. 手工检索

2. 中国专利数据库

中国专利公报、发明专利公报、实用新型专利公报、外观设计专利公报、中国专利年度索引、分类号索引、申请人、专利权人索引、申请号、专利号索引、中国专利累积索引、发明专利、实用新型、外观设计、专利文献检索途径。

第二十八章　科技论文撰写

一、科技论文的含义

科学技术论文简称科技论文，是记载原始科研结果而写成的科学记录，是科学信息的一种有效载体。采用科技语言、科学逻辑思维方式，并按照一定的写作格式撰写，经过正规严格的审查后公开发表的论文。科技论文是在实验性、理论性或观测性上具有新的科学研究成果或创新见解和知识的科学记录；或是某种已知原理应用于实际中取得新进展的科学总结。在科学研究、科学实验的基础上，对自然科学和专业技术领域里的某些现象或问题进行专题研究、分析和阐述，揭示出这些现象和问题的本质及其规律性而撰写成的文章。通俗地说，科技论文要解决的是"怎样做"和"为什么"。对于"怎样做"的文章，最好要有"为什么这样做"的内容。

科技论文主要用于科学技术研究及其成果的描述，是研究成果的体现。运用它们进行成果推广、信息交流、促进科学技术的发展。它们的发表标志着研究工作的水平，为社会所公认，载入人类知识宝库，成为人们共享的精神财富。

二、科技论文的特点

（一）创新性

通过理论型科技论文对新的科学研究成果或创新见解和知识进行科学记录，技术型科技论文才能应用已知原理应用于实际中取得新进展。这是区别于一般科技文体作品的重要特征；是衡量科技论文价值的根本标准。也就是说没有新的观点、理论也就不会有相应的科技论文产生。

（二）科学性

论述内容应当真实、成熟、先进、可行，论文表述应当准确、易懂、全面。在研究和写作的方法上，应当具有严肃的科学态度和科学精神，始终如一、实事求是地对待一切问题，使得实验结果具有可重复性，反对科学上的不诚实态度。

（三）学术性

这是科技论文区别于其他论文的重要标志，它表现出来的是知识的专业性、内容的系统性。要用事物的基本定理进行符合逻辑的论证与分析或说明自己提出的科学论点。

（四）实践性

科技论文既要对客观事物的外部直观形态进行陈述，又要对事物进行抽象而概括的叙述或论证，要对事物发展的内在本质和发展变化规律进行论述，也表现在它的可操作性和重复实践验证上，还表现在论文叙述内容的广泛应用前景上。

三、科技论文选题

科技论文选题是确定专攻方向，明确要解决的主要问题过程。选题不能单凭个人兴趣，或者一时热情，而要从实际出发，不能盲目选题，要选择那些有科学价值的，能促进科学技术发展，或在生产和建设上、人民生活中，需要迫切解决的有重大社会、生态或经济效益的课题。可以从以下几方面进行选题。

（一）选择本学科亟待解决的研究方向

各个自然学科领域之中，都有一些亟待解决的课题。科研要注重质量，千万不要单纯地追求数量，要坚持为地方和国家建设服务的方向，选择急需解决的课题。

（二）选择本学科处于前沿位置的课题

凡是科学上的新发现、新发明、新创造都有重大科学价值，必将对科学技术发展起推动作用。课题要有可发展性。课题可发展性对高水平论文的持续产出具有极大作用。因此，选题要敢于创新，选择那些在本学科的发展中处于前沿位置，有重大科学价值的课题。经过苦心研究，取得独创性成果，为人类科学技术事业的发展做出新贡献。

（三）选择预想获得理想效果的论文主题

选题一定要避免盲目性。选择那些能发挥本人业务专长和利于展开的课题。选择具有较高实际应用价值，针对性较强的课题，或者选择那些比较熟悉或感兴趣的课题。这样可以发挥个人兴趣优势。题目大小适中，又选准了突破口，就能获得理想的效果。

（四）选择课题应注意可行性

选题时，要考虑到主客观条件，一定是经过努力能够实现的。具体来讲，表现在下述3个方面：①科学原理上是可行的，绝不能违反自然规律和科学原理；②考虑研究者本身的知识水平，科研能力，不可贪大、甚至超过个人实际能力；③考虑研究经费、实验场所、仪器、设备、检测手段等条件上的可行性。不能不顾及条件而盲目选题。

通过实践调查，搜集资料，发现问题，对问题进行分析、提升，最终确定论文选择的课题。初学写作人员选题不宜过大，涉及范围不宜过宽，否则，困难很大，不易完成，题目小点、论述主题和实验内容具体则容易写作。只要写作方法正确，思路正确，题目虽小点却可以把论题写深写透，这样的科研论文还是有较高价值的。

例如青海大学农牧学院魏卫东、李希来老师的《三江源区高寒草甸退化草地土壤侵蚀模型与模拟研究》探讨了三江源区高寒草甸退化草地土壤侵蚀模型的建立方法，并利用模型对土壤侵蚀进行了模拟，具有一定的现实意义。

四、科技论文基本结构

随着科学技术飞速发展，科技论文大量发表，越来越要求论文作者以规范化、标准化的固定结构模式来表达他们的研究过程和成果。这种通用型结构形式表达明确、易理解，是经过长期实践总结出来的论文写作的表达形式和规律。其通用型基本格式构成如下。

（一）标题

科技论文标题选择与确定问题，除了遵循前述的方法外，标题应尽量少用副标题。同时，标题不能用艺术加工过的文学语言，更不得用口号式的标题。一篇论文的题目也是论文的眼睛，是论文的总体内容。标题最基本的要求是醒目、能鲜明概括出文章的中心论题，以便引起读者关注。科技论文标题还要避免使用符号和特殊术语，应该使用一般常用的通俗化的词语，以使本学科专家或同行一看便知，而且外学科的人员和有一定文化程度的群众也能理解，这样有利于交流与传播。如尚占环等在《生态学报》的论文《退化草地生态恢复研究案例综合分析：年限、效果和方法》直接地体现出论文的主要内容及重点。

（二）作者及其工作单位

该项主要体现论文作者的文责自负的精神，记录了作者辛勤劳动及其对人类科学技术事业所做出的奉献。因此，发表论文必须签署作者姓名。署名时，可用集体名称，或用个人名义。个人署名只用真实姓名，切不可使用笔名或别名。并写明工作单位和住址，以便联系。由于现代科学技术研究工作趋于综合化、社会化，需要较多人员参与研究，署名时，可按其贡献大小，排序署名。只参与某部分，某一实验及对研究工作给予资助的人，不再署名，可在致谢中写明。

（三）摘要

一般论文的前面都有摘要。设立该项的目的是方便读者概略了解论文的内容，以便确定是否阅读全文或其中一部分，同时也是为了方便科技信息人员编制文摘和索引检索工具。摘要需要浓缩文章观点，重点展示研究结论、突出创新点；摘要是论文的基本思想的缩影，虽然放在前面，但它是在全文完稿后才撰写的，具有独立性与自含性，读者不阅读论文全文便可获得论文主要内容。有时，为了国际学术交流，还要把中文摘要译成英文或其他文种。其摘要所撰写内容大体如下。

1. 论文涉及的研究范围、目的以及在该学科中所占的位置
2. 研究的主要内容和研究方法
3. 主要成果及其实用价值
4. 主要结论

摘要撰写要求准确而有高度、简易和明确地概括论文的主要内容，一般不作评价。文字要求精炼、明白，用字严格推敲。摘要内容中一般不举例证，不讲过程，不做工作对比，不用图、图解、简表、化学结构式等，只用标准科学命名，术语、惯用缩写、符号。其字数一般不超过正文的5%。近年来，为了便于制作索引和电子计算机检索，要求在摘要之后提出本篇论文的关键词，以供检索之用。例如侯扶江等的《放牧草地健康管理的生理指标》中的摘要简明概括了文献中的主要内容，并指出了该研究对放牧草地健康管理的意义。

（四）关键词

这是表达文献主题概念的词汇，它可以从标题和摘要中提出（一般提出3~4个关键词），关键词可供检索性期刊（或数据库）编入关键词索引，供国内外科技人员查阅。

（五）引言

引言是一篇科技论文的开场白，它写在正文之前。每篇论文引言，主要用以说明论文主题，总纲，阐述该研究对学科发展的贡献。常见的引言包括下述内容。

1. 研究的提出背景、性质范围、研究目的及其重要性
2. 前人研究经过、成果、问题及其评价
3. 概述达到理想答案的方法

引言一般不分段落，若论文内容较长、涉及面较广，可按上述3个内容分成3个段

落。引言里，作者不应表示歉意，也不能抬高自己、贬低别人，对论文评价，应让读者去做评价。

例如叶旭君等的《利用牧草生长—消费模型优化草场放牧方案》分析了大量国内外的研究内容和论文，为论文主题的提出、科学问题的引出与该研究的现实意义奠定了理论基础。

（六）正文

正文是论文的主体，核心部分，占全文篇幅的绝大部分。论文的创造性主要通过本部分表达出来，同时，也反映出论文的学术水平。写好正文要有材料、内容，然后有概念、判断、推理、最终形成观点，也就是说，都应该按照逻辑思维规律来安排组织结构。这样就能顺理成章。正文一般由以下各部分构成。

1. 研究或实验目的

研究目的，是正文的开篇，该部分要写得简明扼要，重点突出。实验性强的论文，先写为什么要进行这个实验，通过实验要达到的目的是什么。如果课题涉及面较广，论文只写其某一方面，文内则要写清本文着重探索哪一方面的问题，并交代探索原因、效果或方法。有的论文将此部分并入引言之中，正文部分再不复述。

2. 实验材料和方法

科研课题从开始到成果的全过程，都要运用实验材料、设备以及观察方法。因此，应将选用的材料（包括原料、材料、样品、添加物和试剂等）、设备和实验（观测）的方法，并加以说明，以便他人据此重复验证。说明时，如果采用通用材料、设备和通用方法，只需简单提及。如果采用有改进的特殊材料和实验方法，应较详细地加以说明。如果文章在国外期刊上刊载，便于对外交流，就需要标明材料成分，对照外标号做相应的补充说明。

3. 实验经过

实验经过即实验研究过程，或称实验操作程序（或步骤）等。该部分主要说明制定研究方案和选择的技术路线，以及具体操作步骤，主要说明试验条件的变化因素及其考虑的依据。叙述时，不要罗列实验过程，而只需叙述主要的、关键的内容。并说明使用不同于一般实验设备和操作的方法，从而使研究成果的规律性更加鲜明。如果引用他人之法，标出参考文献序号即可，不必详述，如有改进，可将改进部分另加说明。叙述实验经过，通常采用研究工作的逻辑顺序，而不采用实验先后时间顺序，要抓主要环节，从复杂的事物中理出脉络，按其发展变化顺序写作。并且注意所述实验程序的连贯性，要从成功与失败、正确与谬误、可能性和局限性等方面加以分析，达到严谨的科学性、逻辑性。

4. 实验结果与分析

该部分是重中之重，应该充分表达，并且采用表格，图解、照片等附件。这些附件在论文中起到节省篇幅和帮助读者理解的作用。本部分内容中，对实验结果和具体判断分析，要逐项探讨。数据是表现结果的重要方式，其计量单位名称、代号必须采用统一的国际计量单位制的规定。文中要尽量压缩众所周知的议论，突出本研究的新发现及经过证实的新观点、新见解。要让读者反复研究数据，认真估价判断和推理的正确性。作者在研究中，某些见解虽未充分证明，也可阐明。有些实验结果，在某些方面出现异常，无法解释，虽不影响主要论点，但要说明，供其他研究者参考。实验结果与分析，可称讨论或对各种因素分析，这一部分一般应包括以下具体内容。

（1）主要原理或概念。

（2）实验条件。尤其是依靠人力未能控制的缺点，要突出讲明。

（3）研究的结果与他人研究结果的相同或差异要讲明，并且突出研究中自己的新发现或新发明。

（4）解释因果关系，论证其必然性或偶然性。

（5）提出本研究存在的难解或尚需进一步探索的问题。

分析上述几个方面内容时，要根据各个问题的地位，相关性、因果关系以及一些例外或出现相反的结果等。均要妥当排序论述，论述中一定要符合逻辑推理形式。本部分最后也可提出下一步研究设想或工作大纲，将其提供读者参考。

如宋波等的《应用牧草生长—消费模型分析牧民的放牧行为》对模型的改进和介绍及模型在放牧草地中的应用分析得出一定的结论，并对结果进行分析，对政府指导牧民放牧行为有一定的现实意义。

（七）讨论

讨论是将实验研究中的感性认识提高到理性认识高度。其重点内容是对实验数据和现象进行科学分析，并对数据误差和影响实验结果的因素进行解释，探讨对实验材料及方法的改进。在讨论的撰写中，表述要全面、辩证、客观、切忌武断。

（八）结论

该部分是整个研究的总结，是全篇论文的归宿，起着画龙点睛的作用。一般说来，读者选读某篇论文时，先看标题、摘要、前言，再看结论，才能决定阅读与否。因此，结论写作也是很重要的。撰写结论时，需要经过判断、推理、归纳等逻辑分析过程而得到的对事物的本质和规律的认识，从而形成整篇论文的总论点，论点不仅要对研究的全过程、实验的结果、数据等进一步认真地加以综合分析，准确地反映客观事物的本质及其规律，而且，对论证的材料、选用的实例，语言表达的概括性、科学性和逻辑性等方方面面，也都要一一进行总判断、总推理、总评价。同时，撰写时，不是对前面论述结果的简单复述，而要与引言相呼应，与正文其他部分相联系。总之。结论要有说服力，恰如其分。语言要准确、鲜明。结论中，凡归结为一个认识、肯定一种观点、否定一种意见，都要有事实、有根据，不能想当然，不能含糊其词，不能用"大概""可能""或许"等词语。如果论文得不出结论，也不要硬写。凡不写结论的论文，可对实验结果进行一番深入讨论。

如侯扶江等的《阿拉善草地健康评价的 COVR 指数》建立了草地健康评价的 COVR 综合指数和测算模型，并应用于阿拉善草地的健康评价，结论显示其适用性较好，并且可以适用于其他土地类型，具有综合、简单、准确、适用的特点。

（九）致谢

致谢是尊重知识产权的科技道德行为，科学研究的过程中，我们往往需要很多人的支持、协助和指导。特别是大型课题，更需联合作战，参与人数众多。在论文结论之后或结束时，应对整个研究过程中，曾给予帮助和支持的单位和个人表示谢意。在当今科技合作不断加强的情况下，有时不是所有对研究工作有贡献的成员都能成为论文作者，这时致谢就能弥补这个不足。"致谢"已经演变成学术论文的组成部分。在论文中引入"致谢"，体现作者对他人工作、他人贡献和帮助的尊重。既是认真、严谨、慎重的科研态度的体现，也是对作者个人科研素养、为人处事态度的反映。如果写上一些从未给予帮助和指导的人，为照顾关系，提出致谢也是不应该的。有些名人、学者或教授，从未指导，也没有阅读过论文，借致谢提名抬高身价，更是不对的。我们要坚守科学道德规范，切实杜绝不良风气。

（十）参考文献

参考文献是优秀科技论文必不可少的组成部分，可以在一定程度上说明作者研究工作的创新性及论文水平。作者在论文之中，可以将引用的文章放在任意位置，对于数量需要做到多且全面，凡是引用他人的报告、论文等文献中的观点，数据、材料、成果等，都应按本论文中引用先后顺序排列，文中标明参考文献的顺序号或引文作者姓名。应该注意的是，凡列入参考文献，作者都应详细阅读过，不能列入未曾阅读的文献。

（十一）附录

附录是指附在文章后面与文章有关的数据或参考资料，一般作为说明书或论文的补充部分。它包括有实验部分的详细数据、图谱、图表等，有时论文写成，临时又发现新发表的资料，需加以补充，可列入附录。附录里所列材料，可按论文表述顺序编排。必要时才添加，一般情况是省略掉的，把原文中要说明的相关材料，最好是整理成表格放到论文的最后，并且标上标号，方便在原文出现的地方找到。

以上是论文写作的大致的步骤和框架，需要根据不同杂志和学报的要求，对论文进行修改至符合规范之后，再进行投稿。

第二十九章 科技项目申请书撰写

一、科技资料的搜集与加工

（一）科技资料的搜集

搜集资料是科学研究工作的开始，为后期科技论文的撰写打下坚实的理论基础。搜集资料需要我们具有对于有价值信息的选择与认识能力。在科技论文的内容初步确定之后，搜集资料随之开始，材料收集要尽可能地广泛且精深，既要横向搜索，又要纵向搜索。一般说来，至少要做好以下几个方面的知识、材料准备。

1. 资料能够反映研究对象的各项属性特征

充分熟悉、正确认识研究的对象才能使研究目标的步骤变得清楚明了。科技研究需要通过正确、严密的分析、概括和抽象工作，从具体的事物和现象中找出本质性和规律性的内容。这时能反应对象各项属性特征的资料就显得尤为重要，将研究对象分析得十分透彻，对问题的轻重进行取舍，就可以更容易制定逻辑严谨的研究方法。

2. 资料能够反映研究对象所处环境的特征以及环境的影响

在直接了解对象本身的各种具体特征之后，还要把握一切能够影响研究对象的生成和发展变化的社会、历史条件或其他环境因素。个体永远不可能独立存在，任何事物的发展都依托于环境，环境变化就会影响个体变化，如果研究的是环境，那相邻环境的变化也会对该环境造成影响。对环境的搜索要具体到方方面面，比如时间、地域、周围生物和天气，甚至是研究目标与同类目标之间的互相影响。只有尽可能全面地掌握这些环境对研究目标的影响，才能在研究时充分对具体情况做具体分析。

3. 资料可以作为明确方向和思想指导的理论准备

所有的科学研究都不是独立发展的，都需要依托其他科学知识作为铺垫、工具和向导。比如科学研究必然需要数学知识来进行统计分析。通过前两方面的分析研究，在初步定下研究方案之后，分析判断研究过程中需要的其他学科的理论支持，并搜集相应的技术材料。所以我们在进行一项研究工作的时候，不仅需要充分的专业理论知识，还要对其他有关学科的理论知识有广泛的涉猎。借助其他学科的理论优势，可以建立更加牢固的研究理论基础。

4. 对于这一问题已经发表过意见的资料

这方面的材料的搜集是必要的。需要确定的研究方向是否已被别人解决，如果已经解决，自然不必再花力气去重复劳动，通过充分吸收已有的经验，或是了解他人所遇疑难的焦点所在，对不同观点仔细进行比较研究，对研究方向进行提升，既可以少走弯路，也便于发现问题。

例如，朱志红等在《矮嵩草对模拟放牧反应的研究》一文中，对研究对象矮嵩草的营养物质储藏部位根颈（分蘖节及木质根状茎和残留叶鞘）中总非结构碳水化合物（TNC）的含量最高值等进行了深入研究。对其生长地祁连山东段冷龙岭南麓的海拔、气候、季风影响、地形影响、气温年较差、平均日较差、平均气温、年降水量、年均蒸发量、绝对无霜期进行了统计调查。并在深入研究的基础上，对比前人研究方式选择适合的方法，并借鉴吸收已有的经验，确定了研究方向和研究问题。

（二）资料加工整理的方法

通过各种方法收集到的资料数目庞杂、杂乱无章，必须要对这些资料进行科学加工，以便抽象出所需的结果。整理资料，就是对资料进行归纳整理，取研究之所需，对资料进行碎片整理、细化、梳理，从中发掘出更有价值的信息。整理研究资料的过程既是资料增量的过程，也是资料增值的过程。同样也是对自我知识的扩充，运用正确的科学思维和甄别能力，从庞杂的资料找出其本质，把资料加工成为能为研究方向服务的储备知识，以提高研究速度。

1. 逻辑分析法

这种方法精确有效。通过辨析资料的适用性、真实性、典型性、影响力等来进行归纳整理，运用比较、分类、综合、归纳、类比等逻辑方法，来实现以上辨析目标，使结果具有很强的条理性和概括性。通过逻辑分析法，从现象深入到本质，最后获得对资料的规律性认识，形成所需的科学理论。

2. 关键词搜索分析法

找出一个或是多个有关研究方向的关键词，通过在资料中对关键词进行检索，获得研究目标的有关内容，再通过分析甄别，挑选出合适的、真实的部分，以达到对资料的统一检索分析。

3. 二分研究分析法

首先对资料进行分析，如果资料是按照某一线索进行发展叙述的，便可用二分研究分析法。例如，如果一份资料是按照时间线索发展，制定好研究所需的事物要达到的标准，先从资料中部入手，检查事物的发展情况，如果偏早就去检索后半部分的中部的事物的发展情况，如果偏晚就去检索前半部分的中部的事物的发展情况，不断缩小搜索区间便会获得最佳的事物发展资料。

4. 树形研究分析法

首先对研究资料进行分析，如果资料中的研究事物是按照树形结构逐步分级介绍分析的，我们就可以运用树形分析方法。我们将所需的研究事物的特征标准和检索方向称为"所需叶子"，将总目录称为"根"，以下每一级目录都成为"结点"，通过分析每一层的结点内容，与"所需叶子"进行比对，选择比对最契合的结点，再从这个结点向下来选择更契合的结点，直至检索到我们需要的，重要的研究资料结果。

例如，叶鑫等在《草地生态系统健康研究述评》中，对草地系统是否健康，生态系统破坏的阈限，如何实施有效的生态系统管理，如何实现系统的服务功能和可持续性，如何使生态系统健康等问题，从6个方面：自我平衡、没有病征、多样性、有恢复力、有活力和能够保持系统组分间的平衡进行了查证。

（三）资料整理完毕的判断方法

在我们收集资料，整理资料时，都是先制定好目标再去做，整理结束的依据就是判断这些研究目标是否已经达到。在庞杂的资料数据中是否找到了满足研究方向所需的各项信息。比如判断环境影响因素是否整理齐全，研究所需的各类知识如地理知识、生物知识等是否完备，是否可以满足日后研究需要。最重要的是在整理完这些资料之后，判断自己是否对研究对象有了清楚的认知，对研究目标的理解是否清晰，研究方法是否严谨通顺。在这些条件都满足的情况下才算是资料整理完毕。

二、科技项目申报书的撰写

（一）题目的选择与确定

项目的题目是申请书的核心，申请科研项目时应首先注意阅读《项目指南》，了解重点与优先领域，以利于确定选题范围。拟定题目时要具体、明确、清晰，不抽象、不笼统，要能体现出立项依据、研究内容、研究方法、研究的创新点及独特之处，此外，还要注意避免项目名称重复。例如，在《青藏高原高寒草地固碳功能对人类活动的适应与维持》项目中，其选题就先从全球关注的气候变暖问题入手，根据国家对温室气体减排的需求，提出自己的研究优势——高寒草地生态系统的碳功能，以此来发现问题，提出问题，进行思考，最终选定项目题目。

（二）摘要

主要概括申请项目的主要内容，包括项目背景、研究目标、研究内容、研究方法和技术路线，但语言要尽可能简练。不同的项目有不同的要求，如国家基金、省级科研项目，科技部项目，农业农村部项目等都有不同要求。具体语言表述如："用……方法（手段）进行……研究，探索/证明……问题，对阐明……机制/揭示……规律有重要意义，为……奠定基础/提供……思路"等。例如，在《梯度增温对高寒草甸植物地上—地下物候与植物群落组成变化之间关系的影响》中，先阐述了研究方向，然后提出具体问题，再陈述自己的研究方法、研究平台、研究内容及研究目标，最后表明自己的研究意义，对该项目进行了一个全面概括。

（三）立项依据和国内外动态

立项依据主要是解决"要做什么、为什么做。"的问题，从科学问题切入，简要论述国内外研究现状及研究成果，并引出当前的热点研究方向，分析并结合在本方向的科学研究发展趋势来论述科学意义；或围绕国内外社会发展中迫切需要解决的关键问题来论述其应用前景。

一般的项目，还分不同类型。对于基础研究项目，如国家自然科学基金、国家 973 计划等，立项依据着重结合国际科学发展趋势，论述项目的科学意义；对于应用研究项目，如国家重点研发项目、国家 863 计划、国家科技支撑项目等，则着重结合学科前沿，围绕经济和社会发展中的重要科技问题论述其应用前景。

书写立项依据时，要注意写作的条理性和逻辑性，力求通俗易懂，与别人产生共鸣，并且抓住项目的关键点，说明前期工作，进行项目论证。关于国内外研究现状及发展动态，关键在于归纳和分析。要层层展开，有事实、有分析，可以分别从国内外研究动态进行叙述，叙述时要围绕着科研思路成立的几个关键点展开，注意语言的科学性、准确性、逻辑性和层次感，并随时点题，避免"假大空"。同时，对拟采用的技术方法进行介绍和分析，成熟的方法只需进行简要介绍，新方法要详细介绍其原理，并阐明可以应用于本研究的理论基础和实验依据，提出本项目的研究设想和科学假设。同时，必须对项目中所运用的技术方法的原理、流程及在实际应用中可能出现的问题十分清楚，绝不能是一种简单的移植。一定要强调自己的优势和研究基础。

要注意参考国内相关专业知名专家的论著，尽量引用最新的文献和综述（近3年），文献回顾时，不能回避国内外最新研究进展。通过对这部分文献的综述和分析，提炼出与申请项目相关方向的研究热点和难点，简单阐明研究项目要解决的重点内容，说明研究项目的意义。没有人做过的项目不能作为立项的依据，但国家级资助的项目必须是国际上没人做过的。

例如，在《青藏高原寒草地固碳功能对人类活动的适应与维持》项目中，分别从人类活动对高寒草地生态系统碳库的影响及尚未解决的问题、国内外的研究进展、本项目组的工作积累与本项目的研究重点和拟解决的科学问题4个方面进行立项依据的阐述，表现出了该项目的优势及项目前的准备。

（四）研究目标

研究目标的关键是"解决科学问题、学术问题"，是对标题的进一步的具体化，也是对研究对象、研究方法、研究成果和应用的高度概括，而不是研究内容的阶段性成果的罗列。研究目标通常用一、两句话表达，复杂的也只要一小段文字，如针对某一个选定的体系，探索……问题，明确……关系，揭示……规律，阐明……原理（机制），建立……方法等。研究目标的内容要详细，但不能太具体，要抓住关键问题，重点突破，力求学术上的创新，且目标不宜过多，2~4个即可。

例如：开展碳通量过程与放牧的耦合关系，解决在三江源区草地生态系统治理和重建过程中所面临的三江源区人工草地生态系统的服务能力，即固碳能力，人为活动对草地生态系统碳循环过程的影响，"碳库效应—放牧"的最佳耦合关系和最佳放牧制度4个问题，评价三江源区草地生态系统碳温室气体的汇源功能，揭示三江源区草地生态系统碳循环的关键过程及其控制机制，给出最佳放牧强度，为保护和建设三江源区的生态环境，实现该区域经济社会的可持续发展提供理论基础。

（五）研究内容

研究内容要与研究目标相呼应，即每一项研究内容对应相应的研究目标，顺序上应与研究目标一致。

研究内容要层次清楚，有层次递进，详略得当，抓住关键，重点突出，力求创新，围绕目标逐次展开，要相互印证、逐步深入、有理有据，同时要确保研究周期内完成，篇幅要适度，注意与技术路线区别。研究内容还要有针对性，要针对关键的科学问题，把研究内容分为几个组成部分，彼此之间互相关联，层层深入。

（六）拟解决的关键问题

拟解决的关键问题主要是指研究过程中按逻辑顺序提出的对研究目标有重要影响的某些研究内容或因素及为达研究目标所需掌握的关键技术或研究手段。并针对上述提出的关键问题解释其产生的原因，并提出解决办法。

（七）研究方案

研究方案主要是指实施研究内容时具体、正确、合理、可执行的工作方案和技术路线。研究方案应当明确，技术路线应当清晰。既可以时间顺序为主线设计技术路线，也可以研究内容为主线设计技术路线。

写作时应写清楚每个具体步骤，阐述研究方法和技术路线的先进性和创新性，必要时可以分大小标题，突出逻辑关系。建议在简要的文字说明后，可以用流程图表示。技术方法尽可能使用经典的、公认的研究方法，至少是有相关实验基础，或虚拟的基础。所有关键技术要有文献出处，最好是自己实验室发表的。关键实验材料必须已经具备，或可以获得。尽量避免大量罗列一些常规的实验方法。

（八）可行性分析

研究项目的可行性分析主要是指实验材料（体系）的可靠性、实验方法的可行性、预实验结论的可靠性、理论的预见性等。具体撰写时，可以从以下方面论证项目的可行性：项目的理论可行性分析，研究手段、方法合理性分析，预实验结果分析，所用特殊实验材料（试剂）的分析，对所具备的实验条件可支撑性分析，对项目组成员搭配及其运用技术方法能力的分析。不一定面面俱到，可以有侧重撰写，但一定要客观，避免夸大。

（九）项目特色和创新之处

项目的特色主要指在本项目研究领域中申请者与国内外同行所不同的，也即前人未曾有过的新学术思想、新理论，新的研究方法、手段或应用性结果。项目的创新性主要包括理论创新、方法创新、材料（样品）创新等等。

项目的特色与创新即在本项目研究领域中申请者与国内外研究人员所不同的，应从包括项目的立论依据、研究内容、研究方法与手段、技术路线及实验方案上的研究与创新点进行高度概括、提炼，并集中反映出来，但要避免"率先，首先，填补空白"等字眼；避免"综合研究，多层次研究"等空洞提法。项目的创新点可以体现出近期的研究成果，更要突出深入和后续研究的必要性。

对于基础研究类项目，着重对科学意义、前沿性和探索性进行陈述；对于应用基础研究类项目，在阐述学术价值的同时，还要对项目的应用前景进行分析。

（十）年度研究计划

按照年度研究目标具体写出要做的工作，如研究内容及其阶段目标；拟组织的重要学术交流活动、国际合作与交流计划等。应切合实际，注意操作、实施的可行性，说明年度结点目标。

在列研究计划时，最好依据自己的题目，具体写出如何调研，如某年某月到某月，到某某图书馆、档案馆，从国外某某图书馆查阅某方面的资料，体现出一个认真且详细的计划。

（十一）预期研究结果

研究结果是研究目标的结论性论述，应是各研究阶段的研究方案、阶段成果与时间进度的综合表述。要表达成果形式如理论成果、技术方法、专利申请、成果和获奖、论文发表、人才培养等，或其他可以考核的指标。研究成果表达要适度，且留有余地。如：建立/丰富/补充/填补某理论成果；建立/完善某技术方法；可望获得某专利；发表国际、国内论文；撰写地方、行业或国家标准；建立数据库；培养青年科技骨干、博士、硕士研究生等。

（十二）研究工作基础

研究工作基础指与本项目研究相关的工作积累，已取得的工作成绩，包括项目的理论基础、所在单位与申请项目直接相关的研究工作的积累和特色、论文论著、项目与获奖情况、预实验的结果、技术平台的建立和必备设备的来源、主要研究材料的获得、研究人员梯队和基本素质及对本项目的深刻认识等等。

（十三）工作条件

要表明已具备的实验条件，如本项目独立（或相对独立）的研究体系、实验室，必要的技术支持，项目团队人员梯队和经验，与国内该领域有关学者、实验室的合作。要介绍与申请项目直接相关的研究结果，提供有关的研究论文、成果及专利等材料，介绍以往应用与申请项目有关的技术方法的经历。同时，还要提到尚缺少的实验条件和拟解决的途径，包括利用国家重点实验室和部门开放实验室等研究基地的计划与落实情况。

在申请者及项目组成员简历介绍中，所有项目组成员的工作简历及发表相关论著均应介绍，尤其是要针对项目组成员的分工介绍研究工作经历；对于基金项目有人才培养的任务，有适量的研究生参加研究工作是合理的；理想的梯队一般由 5~8 人组成，其中包括研究员、副研究员、助理研究员、实习研究员、研究生。

申请者在填写个人简介时，要有针对性地把个人的研究经历、论文、成果展示出来。辅助性的证明材料要充分，包括，论文论著论文以及引用情况、评价情况，一般应附上检索证明材料。获奖情况、发明申请专利等情况也要注明。注意，发表的一些低水平文章尽量不列。

（十四）承担科研项目情况

主要介绍申请人和项目组主要参与者正在承担的与本项目相关的科研项目情况，包括国家自然科学基金的项目和国家其他科技计划项目，要注明项目的名称和编号、经费来源、起止年月、与本项目的关系及负责的内容等。

主要需说明各类基金的申请及其在项目中的作用、已结题项目的完成情况及成果、在研项目的进展等，但关键在于说明与现在正在申请项目之间的关系，而不是列出所有承担的项目以自抬身价。

总体来说，项目的申请需要做到以下几点。申请人对自身科研的定位一定要精准，明确个人的研究方向，要注意所申请项目与前期工作的相关性和延续性。申请项目时应拟定一个简明扼要的题目，准确浓缩研究内容，不宜大而全，根据研究内容确定好关键词，对国内外现状的文献查阅应当全面，准确提出存在的问题。对于基金项目来说，应当做到小而精，知识面要广，思路要开阔。对于 973 等大项目来说，应当广而全，点面结合，注重创新点。不过分夸大自己的科研工作积累，拟取得的研究成果不宜过大或过多，要留有余地。

同时，填写申请书时，应仔细研读项目申请指南和要求，应很好地体现研究基础和预试验结果，加强项目的创新性和可行性，把写作重点放到立项依据上，将自己已有的研究基础体现在立项依据中的适当位置，使立项依据、研究内容、技术路线和研究基础之间相互呼应，形成一个完整的逻辑链。同时，项目选题最好是目前地方或国家急需解决的问题，对国内外的动态有系统的、深入的了解，避免雷同的研究或相似的研究计划。要反复修改申请书，避免出现错别字、语句不通顺等问题，要简洁明了，没有歧义。申请书的排版也应简洁、大方，前后排版应保持一致。

主要参考文献

白庆生，王英永，项辉，等，2007. 动物学实验 ［M］. 北京：高等教育出版社.

方洛云，周先林，2014. SPSS20.0 在生物统计中的应用 ［M］. 北京：中国农业大学出版社.

福山，2009. 草履虫采集与培养方法的研究 ［J］. 内蒙古民族大学学报，15 （2）：86-87.

盖钧镒，管荣展，2021. 试验统计方法（第五版）［M］. 北京：中国农业出版社.

刚存武，王宏生，胡绍玲，等，2011. 高寒草甸上应用狼毒净后续 5 年狼毒及牧草产量变化趋势研究 ［J］，植物保护，37 （6）：198-201.

戈峰，2008. 昆虫生态学原理与方法 ［M］. 北京：高等教育出版社.

龚军辉，2003. 草履虫的采集、培养和观察方法 ［J］. 高等函授学报（自然科学版），16 （1）：41-43.

郭军，邓生荣，谯华彬，2017.6 种药剂对草地螟幼虫的田间防治效果 ［J］中国植保导刊，37 （5）：74-76.

花立民，张鲜花，2021. 草地调查规划学实习指导 ［M］. 北京：中国农业出版社.

黄诗笺，2006. 动物生物学指导 ［M］. 北京：高等教育出版社.

姜会飞，2014. 农业气象观测与数据分析 ［M］. 北京：科学出版社.

蒯国锋，1998. 草履虫的采集、纯化、培养与观察方法 ［J］. 内蒙古教育学院学报（4）：124-128.

拉措吉，2017. 草原狼毒的防除技术 ［J］. 当代畜牧（14）：43-44.

李春喜，姜丽娜，邵云，张黛静，2014. 生物统计学（第五版）［M］. 北京：科学出版社.

连欢欢，侯秀敏，于红妍，等，2021. 高寒牧区无人机防控草原毛虫药效试验 ［J］. 草业科学（2）：66-69.

梁天刚，2017. 草业信息学 ［M］. 北京：科学出版社.

刘长仲，2009. 草地保护学 ［M］. 北京：中国农业大学出版社.

刘长仲，2016. 植物昆虫学 ［M］. 北京：中国林业出版社.

刘凌云，郑光美，1998. 普通动物学实验指导 ［M］. 北京：高等教育出版社.

刘荣堂，2004. 草坪有害生物及其防治 ［M］. 北京：中国农业大学出版社.

刘若，1998. 牧草病理学（第二版）［M］. 北京：中国农业出版社.

龙瑞军，姚拓，2004. 草坪科学实习试验指导 ［M］. 北京：中国农业出版社.

马相如，2015.R 语言与生物统计学实习指导书 ［M］. 武汉：中国地质大学出版社.

梅安新，彭望琭，秦其明，刘慧平，2001. 遥感导论［M］. 北京：高等教育出版社.

青海省农业资源区划办公室，1997. 青海土壤［M］. 北京：中国农业出版社.

沙玉圣，胡广东，2015.《饲料质量安全管理规范》实施指南［M］. 北京：中国农业出版社.

饲料工业职业培训系列教材编审委员会，1998. 饲料加工设备维修［M］. 北京：中国农业出版社.

孙彦坤，2014. 农业气象学实验指导书［M］. 北京：气象出版社.

汤国安，杨昕，2012. ArcGIS 地理信息系统空间分析实验教程［M］. 北京：科学出版社.

王善隆，2001. 牧草病虫害防治［M］. 北京：中国农业出版社.

许鹏，2000. 草地资源调查规划学［M］. 北京：中国农业出版社.

于红妍，2020. 2%甲氨基阿维菌素苯甲酸盐·0.4%苏云金杆菌混合剂防治青藏高原草原毛虫药效试验［J］. 青海草业，29（1）：14-16，26.

于义良，罗蕴玲，安建业，2009. 概率统计与 SPSS 应用［M］. 西安：西安交通大学出版社.

袁聿军，2010. 草履虫的采集、培养与活体观察方法研究［J］. 实验室科学，13（1）：139-141.

张国安，2012. 赵惠燕. 昆虫生态学与害虫预测预报［M］. 北京：科学出版社.

张今是，1998. 大草履虫的采集和观察［J］. 武汉教育学院学报（3）：64-68.

张明庆，2016. 气象学与气候学实习指导［M］. 北京：首都师范大学出版社.

张润生，1991. 无脊椎动物学实验［M］. 北京：高等教育出版社.

张随榜，2001. 牧草保护［M］. 北京：中国农业出版社.

章家恩，2012. 生态学野外综合实习指导［M］. 北京：中国环境科学出版社.

中国农业科学院饲料研究所，2021. 饲料法规文件汇编［M］. 北京：中国农业出版社.

周燕，邓晗嵩，詹孝慈，2008. 草履虫的采集、培养及实验探究［J］. 黔西南民族师范高等专科学校学报（4）：119-121.

朱进忠，2009. 草业科学实践教学指导［M］. 北京：中国农业出版社.

朱进忠，2010. 草地资源学［M］. 北京：中国农业出版社.